Helga Wingert-Uhde

# Schätze und Scherben

Neue Entdeckungen der Archäologie
in Deutschland, Österreich und
der Schweiz

Mit einem Vorwort
von Rudolf Pörtner

Stalling

© 1977 Verlag Gerhard Stalling AG, Oldenburg und Hamburg
Schutzumschlag: E. Beaufort
Gesamtherstellung: Gerhard Stalling AG, Oldenburg

ISBN 3-7979-1946-8 · Printed in Germany

# Einleitung

*Von Prof. Karl J. Narr*

Mit einem gewissen Erstaunen sieht die Fachwelt, daß in den letzten Jahren die Präsentation archäologischer Funde und Forschungen in Museen und in Schriften auf breites Interesse stößt. Archäologische Ausstellungen erzielen Besucherrekorde, archäologische Sachbücher finden ihren Käufer- und Leserkreis, die Studentenzahlen im Bereich der Archäologie vervielfachen sich – und das offensichtlich nicht nur aus »Parkplatznot«. (»Archäologie« meint hier – wie das in anderen Ländern schon seit langem üblich ist – allgemein die Erforschung der Vergangenheit mit Hilfe materieller Überreste und Spuren, also nicht nur – wie das im deutschen Sprachgebrauch, z. B. im Fächerkanon der Universitäten, noch nachwirkt – lediglich das Klassische Altertum, genauer gesagt: die Kunstgeschichte des Klassischen Altertums und einiger seiner Randgebiete.) Offensichtlich begegnet heute das seit langem vorhandene stetige und geduldige Bemühen der Museen einem durch andere Medien geweckten Verlangen nach Anschaulichkeit und nach Kenntnis räumlich und zeitlich ferner Völker und Kulturen. Aber ist es deshalb berechtigt, auch schon von einem wiedererwachenden historischen Interesse zu sprechen, d. h. von einem Bestreben, über die flüchtige Kenntnisnahme hinaus das Gesehene einzuordnen, etwa durch ein mit mehr Mühe und Zeit verbundenes Studium umfangreicherer Buchtexte? Zumindest bricht hier jedoch ein natürliches Bedürfnis des Menschen durch, etwas über seine Herkunft und Vergangenheit – zumal die ferne Vergangenheit – zu erfahren, wenn das auch in den Schulen nicht ausreichend berücksichtigt wird und er vielleicht gerade deshalb Hilfe sucht im Ausstellungsbesuch und im reich bebilderten, d. h. ebenfalls anschaulichen Buch.

Das hier vorgelegte Buch unterscheidet sich von anderen seiner Art in zweifacher Hinsicht: Es ist mehr der Archäologie oder den Archäologen »am Werk« gewidmet und verleugnet nicht den Charakter der Reportage. Deshalb sind die Kapitel zwar chronologisch geordnet, aber es ist keine systematische Darstellung angestrebt. Die Auswahl der Themen und damit zugleich notwendigerweise auch der vielberufene »Mut zur Lücke« werden in einem solchen Fall immer bis zu einem gewissen Grade subjektiv bleiben müssen und von mancherlei Faktoren beeinflußt werden. Das möge vor allem der Fachmann bedenken, der vielleicht seine eigenen Arbeiten nicht genug gewürdigt glaubt oder die eine oder andere des einen oder anderen für wichtiger hält. Fachleute pflegen – zumindest in Deutschland – in der Regel keine solchen Bücher zu schreiben und sollten deshalb in ihrem Urteil zurückhaltend sein. Sie können nicht erwarten, ihre eigenen und nicht selten kontroversen Ansichten wiederzufinden. Auch »Durchsicht« eines fertigen Manuskripts durch einen Spezialisten und »beratende Tätigkeit« bedeuten nicht, daß sich im Ergebnis alles mit seinen eigenen Meinungen decke oder alle seine Skrupel hätten berücksichtigt werden können. Mancherlei Faktoren setzen dem Grenzen.

Das Interesse an archäologischen Dingen und Fragen ist zweifellos vorhanden. Zu hoffen bleibt, daß ein Blick auf die Tätigkeit der Archäologen und nicht zuletzt auf deren Schwierigkeiten dazu beiträgt, diese Arbeit, vor allem die Denkmalpflege, durch das Melden von Funden (möglichst beim nächsten Museum oder Denkmalpflegeamt) zu unterstützen. (Im »Jahr der Denkmalpflege« wurden leider viele Chancen vertan, denn die »offiziellen« Veranstaltun-

gen waren fast ausnahmslos den Baudenkmä-
lern, der Erhaltung alter Stadtbilder usw. gewidmet, während die archäologische Denkmalpflege 1975 kaum mehr als durch Ausstellungen
zur Geltung kam, die anderen Initiativen zu
danken sind.) Traditionelle »Stützpunkte« der
archäologischen Denkmalpflege, wie der Lehrer
auf dem Lande, schwinden mehr und mehr dahin, und sie bedarf dringend neuer Kreise von
Helfern, wenn sie ihre Aufgaben bewältigen
soll. Vielleicht kann dieses Buch dazu beitra-
gen, sie zu gewinnen.

# Warum Archäologie?

*Vorwort von Rudolf Pörtner*

Eine Baustelle. Die Zähne eines Baggers fressen eine mehrere Meter tiefe Fundamentgrube in das Erdreich. Im Abraum, den die Greifer mit Schwung auf einen LKW verladen, werden Scherben sichtbar. Scherben, Metallschlacken, Ziegelsteinreste. Auf dem Boden der Grube kommt so etwas wie eine Mauer zum Vorschein. Auch ein kleines, rundes, klumpiges Etwas wird entdeckt. Vielleicht eine Münze.

Die Diagnose ist klar. Der Bagger hat eine archäologische Fundstelle angekratzt. Er ist, ohne es zu wollen, »fündig« geworden. Er hat ein unterirdisches Archiv entdeckt, Zugang zu neuen, bisher unbekannten bodenkundlichen Dokumenten geschaffen.

Was geschieht nun? Wird das nächste Museum, wird ein Mitarbeiter der staatlichen Bodendenkmalpflege verständigt? Wird wenigstens die zuständige Baubehörde informiert? Nichts dergleichen. Der Bauherr (oder der Unternehmer, der Architekt, der Bauleiter, der Polier...) spendiert einen Kasten Bier, vielleicht auch eine Flasche Schnaps dazu, und verpflichtet die Arbeiter auf der Baustelle zum Schweigen.

»Mund halten!« sagt er. »Denn wenn sich das herumspricht, ist Feierabend. Dann kommen die Archäologen. Und wenn's der Teufel will, dauert es wochenlang, bis wir sie wieder los sind.«

Und so nimmt der Bagger schnellstens seine Arbeit wieder auf. Und niemand spricht mehr über den Vorfall. Der Bauherr (der Unternehmer, der Architekt, der Bauleiter, der Polier...) reibt sich die Hände. Eine kleine Lage ist dem Fortgang der Arbeit dienlicher als ein wochenlanger Baustopp. Und billiger obendrein.

Freilich – häufig ist damit das letzte Wort noch nicht gesprochen. Es kann durchaus sein, daß der Vorfall die Jagdinstinkte eines Beteiligten geweckt hat. Der wird dann vielleicht nach der Arbeit die Baustelle genauer inspizieren. Er wird die noch nicht abgefahrene Erde sieben. Er wird weitergraben, jeder Spur nachgehen. Und er wird, wenn er Glück hat, noch etliche Scherben und Münzen mehr finden. Vielleicht auch einen schönen Tonkrug. Oder gar eine kleine, grazile Bronzegöttin.

Und er wird diese Funde seiner privaten Sammlung einverleiben oder – was wahrscheinlicher ist – an Meistbietende »verscherbeln«. Interessenten dafür gibt es überall. Und wenn nicht – auch Antiquitätengeschäfte fragen nicht immer nach dem Woher.

Aber was auch geschieht, ob nun der Baggerführer sein Vernichtungswerk fortsetzt oder ein nächtlicher Schatzgräber ans Werk geht – in beiden Fällen hat die Wissenschaft das Nachsehen. Geschädigt wird die Archäologie, deren Aufgabe es ist, derartige Fundstellen – seien es nun die Reste eines eiszeitlichen Lagers, einer bandkeramischen Niederlassung, einer keltischen Werkstatt, einer römischen Villa oder eines fränkischen Weilers – aufzunehmen, zu überprüfen und, wenn notwendig, methodisch »auszugraben«. Denn nur eine gründliche Bestandsaufnahme vermag die Fundstelle zum Sprechen zu bringen, vermag festzustellen, was sie enthält, was sie überliefert.

Eine solche Grabungsstelle ist wie ein Schriftstück. Richtig gelesen, vermag sie mancherlei mitzuteilen, vermag sie zumindest die elementaren Tatsachen ihrer Geschichte zu nennen. Die Daten der ersten Besiedlung etwa, die Lebensdauer der frühen Behausungen, die Gewohnheiten der Menschen, die hier kampiert, vielleicht gearbeitet, vielleicht längere Zeit gelebt haben.

Und selbst wenn das Ergebnis mager ist und keine neuen Erkenntnisse vermittelt – auch die Vielzahl magerer Ergebnisse hat ihren Wert. Die moderne Archäologie lebt nicht zuletzt vom Addieren, Vergleichen und Auswerten zahlreicher Einzelbefunde, genau wie der Historiker, der sich erst dann entscheidet, geschichtliche Tatbestände aufzuzeichnen, wenn er alle in Frage kommenden Quellen gesichtet, geprüft und analysiert, auf ihren Aussagewert hin abgeklopft hat.

Auch Grabungsstellen sind Quellen, sind Dokumente, sind Aufzeichnungen, und ihr Aussagewert ist um nichts geringer als der schriftlicher Mitteilungen. Um so unverständlicher, bestürzender, alarmierender ist die Tatsache, daß die Mehrzahl der alljährlich entdeckten archäologischen Fundstellen unmittelbar nach der Entdeckung vernichtet wird, und zwar methodisch, ungehemmt und in ständig zunehmendem Maße. Noch vor zehn Jahren rechnete man mit einem Verlust von achtzig Prozent, heute ist bereits von neunzig, ja, fünfundneunzig Prozent die Rede: eine unfaßbare, kaum glaubliche Zahl, die aber auf genauen Beobachtungen und verläßlichen Schätzungen beruht – und die nicht mehr und nicht weniger besagt, als daß hier ein ungeheuerlicher Vandalismus, gespeist aus Ignoranz, Eigensucht und totaler Verachtung historischen Kulturgutes, tätig ist.

Ältere Publikationen berichten, daß nach der Säkularisation zu Beginn des vorigen Jahrhunderts die Schätze und Kunstwerke alter Kirchen und Klöster zum großen Teil sinnlos verschleudert wurden. Auf der Reichenau zum Beispiel sollen damals mittelalterliche Handschriften, Produkte der kontinental berühmten Reichenauer Scriptorien, auf den Straßen und Feldern der Bodenseeinsel herumgeflattert, dann zusammengefegt und schließlich verbrannt worden sein. Genau das gleiche Vernichtungswerk wird betrieben, wenn archäologische Fundstellen den stählernen Greifern sinnlos zufassender Bagger überlassen werden.

Auch die Nacht-und-Nebel-Aktionen heimlicher Schatzgräber oder die Bemühungen von Sonntags- und Feierabend-Archäologen dienen der Sache nur wenig. Sie bringen zwar manches Fundstück ein, und manchmal gelangt dieses Fundstück sogar in ein Museum, aber der einzelne Fund gilt schon längst nicht mehr so viel wie früher. Die Zeiten sind vorbei, da man auszog, »Altertümer« fürs Kuriositätenkabinett zu erwerben oder an einer »Mauer entlangzugraben« und die freigelegten Fundamente mit phantasievollen romantischen Vorstellungen anzureichern.

Ein vielzitierter Satz von heute behauptet, die beste und ergiebigste Grabung sei die, bei der nichts gefunden werde. Das ist zweifellos eine überspitzte Formulierung, denn natürlich gibt es Fundobjekte, die auch heute noch das Frohlocken der Archäologen und noch mehr der Museumsleiter erregen – die gläsernen Schuhe von Köln oder der Mainzer Augustus-Kopf haben ihren dreisternigen Wert, auch wenn man ihre Herkunft nicht genau kennt. Doch wäre ihre wissenschaftliche Aussagekraft natürlich wesentlich größer, wären auch die Fundumstände, etwa die »Vergesellschaftung« mit anderen Gegenständen, bekanntgeworden.

Wer je Zeuge einer Grabung gewesen ist, hat erfahren, wie sehr es dem Archäologen von heute zunächst darum geht, das Gesamtbild eines Grabungsbefundes zu fixieren, und zwar mit dem Ziel, es jederzeit bis in die letzten Einzelheiten rekonstruierbar zu machen.

Daher die spürbare Sprödigkeit und Kühle der archäologischen Praxis, die in so auffälligem Gegensatz zu der ihr innewohnenden Dramatik steht: dieser ständige Umgang mit Senkblei und Meßlatte, dieser Massenverbrauch von Millimeterpapier, dieses unaufhörliche Zeichnen, Filmen und Fotografieren, dieses Registrieren und Protokollieren, das gewissenhafte Einsortieren von unansehnlichen Scherben, geduldige Eingipsen empfindsamer Gegenstände, vorsichtige Schaben und Putzen, diese fast lautlose Zusammenarbeit aller Ausgräber, die kaum je durch ein lautes Wort gestört wird – das alles beweist ja, daß es hier um mehr geht als um die Freilegung eines Mauerstücks oder die Bergung einer antiken Vase.

Denn die Grabung schafft lediglich die Voraussetzungen für die später beginnende »eigentliche« Arbeit, die Arbeit im Labor, in der Bücherei und am Schreibtisch. Denn hier erst wird ja Inventur gemacht, wird die Ernte eingefahren und verwertet. Hier beginnt jenes ingeniöse Zusammenspiel von Chemikern, Physikern, Botanikern, Anthropologen, Physiologen, Medizinern, Technikern, ohne das moderne Archäologie nicht mehr möglich ist. Hier werden die Experimentalreihen durchgeführt, die die einzelnen Grabungsbefunde erst lesbar machen.

Hier wird zum Beispiel die Zusammensetzung des Tons untersucht, der bei der Herstellung der gefundenen keramischen Reste Verwendung fand. Hier wird mit Hilfe der Pollenanalyse das

Vegetationsbild des Fundortes vor zweitausend oder zehntausend Jahren erkundet. Hier werden Metallschlacken mit Röntgenstrahlen durchleuchtet, Scherben auf ihre Herkunft und Typologie geprüft, Gläser auf ihre chemische Zusammensetzung untersucht. Hier werden Knochen getestet und identifiziert, zerstörte Objekte wieder zusammengebastelt, bisher unbekannte Produktionsverfahren experimentell nachvollzogen. Hier wird vor allem das Alter der gefundenen Gegenstände festgestellt, wobei die vor drei Jahrzehnten entdeckte C-14-Methode neben »Scherbo-« und Dendro-Chronologie noch immer die wichtigste ist.

Alle diese Ergebnisse zusammen liefern erst das Gesamtbild und damit die Details zu Vorgängen und Gestalten der Zivilisationsgeschichte, von denen wir ohne die gewissenhafte, scharfsinnige Arbeit der Archäologen keine Ahnung hätten.

Die Haustierhaltung im alten Sumer, die Bierherstellung in Babylon, die Parfümproduktion im alten Ägypten, der Handelsaustausch zwischen Phönikern und Arabern, die bei der Gewinnung und Bearbeitung griechischen Marmors angewandten Techniken, metaphysischer Hokuspokus in den heiligen Hainen der Kelten, Haarmoden in römischer Zeit, die Bräuche und Riten der Mithras-Anhänger in der Germania Romana, das Zeremoniell bei der Bestattung frühchristlicher Märtyrer, die Essensgewohnheiten germanischer Bauern, das Mobiliar und die Waffen eines merowingischen Fürsten – alle diese Kenntnisse verdankt die heutige Geschichtsschreibung der Archäologie, das heißt, um es noch einmal zu sagen: weniger dem einzelnen spektakulären Fund als der genauen Fundplatzanalyse und der ständigen Überprüfung tausender und abertausender Befunde – und natür-

lich dem Bienenfleiß und dem kriminalistischen Spürsinn, der Kombinationsgabe und der Schlußkraft der Bodenforscher.

Damit hat die Bodenforschung ihre Existenzberechtigung, ihre Notwendigkeit längst nachgewiesen. Mortimer Wheelers Forderung, nicht nur die Tonne, sondern auch den dazugehörigen Diogenes auszugraben, wird heute täglich an Hunderten, vielleicht Tausenden von Grabungsstellen erfüllt. Um so beunruhigender und deprimierender, daß die meisten archäologischen Fundstellen noch immer sinnlos zerstört werden, daß die Archäologie trotz des riesigen Interesses, das ihr in aller Welt entgegengebracht wird, noch immer grenzenloser Verständnislosigkeit begegnet, häufig genug auch bei den staatlichen Behörden, die ihr eigentlich zur Hand gehen sollten; daß sie ständig unter Geld- und Personalmangel leidet, unzureichend organisiert und nur mit geringen gesetzlichen Kompetenzen ausgestattet ist – und das alles in einer Zeit, die ihre Umwelt rücksichtsloser und unbedenklicher denn je verändert und damit die Archäologie vor ständig neue Aufgaben stellt.

Ein wenig Verständnis zu wecken und auch dem interessierten Laien zu sagen, was Archäologie bedeutet und zu welchen Leistungen und Resultaten sie gelangen kann, ist auch die Aufgabe des vorliegenden Buches. Es verdient, aufmerksam gelesen zu werden; denn es läßt ahnen, welche Schätze unsere Erde noch immer birgt – und daß es lohnt, sie sicherzustellen, zu prüfen und auf ihre geschichtliche Aussagekraft zu befragen.

Denn auch bei der Bodenforschung geht es darum, das verlorene historische Bewußtsein wiederzufinden, das noch immer eines der wichtigsten Fermente im geistigen Stoffwechsel eines Volkes ist.

# Inhalt

# Ein Metall verändert die Welt *81*

# Deutsche Archäologie international anerkannt *103*

# Handwerker begründen eine Großmacht *110*

# Methoden der Archäologie *119*

# Die Eroberer *126*

# Die Leute, die Hosen trugen *142*

# Archäologische Reise *165*

# Anhang

# Vom Abenteuer der Menschwerdung

Das Picknick ist vorbei. Die Holzkohle schwelt noch unter der aufgeschütteten Erde weiter. Cola-Flaschen, Kotelettknochen und Pfirsichkerne sind im hohen Gras verschwunden, Plastikteller und -becher und die Folie, in der die Mahlzeit eingewickelt war, sind vergraben. Der Schlüsselanhänger mit der Mickymausfigur, den das kleine Mädchen aus dem Kaugummiautomaten gezogen hatte, ist und bleibt verloren. Suchen hat keinen Zweck. Die Autotür klappt zu, der Motor heult kurz auf. Ein Wochenende im Jahre 1977 ist zu Ende.

Kämen tausend Jahre später Archäologen an diesen Ort, wüßten sie spätestens in dem Augenblick, da sie die Feuerstelle sähen, daß sie vor einem Rastplatz stünden – aus der Cola- oder auch Plastik-Epoche. Je nachdem, welcher Lehrmeinung die betreffenden Archäologen gerade angehörten. Durch die Flaschenform ließe sich der Zeitpunkt des Lagers annähernd genau bestimmen. Die Plastikverpackung mit Nahrungsresten brächte sie unter Umständen auf den Gedanken, daß diese Menschen vor tausend Jahren nicht selbst jagten – sei es, weil das Klima ungünstig war, sei es, weil sie zu schwächlich oder ungeübt waren. Und der Schlüsselanhänger schließlich wäre der eindeutige Hinweis darauf, daß diese Leute Angehörige des »Mickymauskultes« waren, wenngleich es möglicherweise Schwierigkeiten bei der exakten Interpretation dieses ganz speziellen »Kultgegenstandes« geben könnte . . .

Ein bißchen anders liegt die Sache schon, denn ganz so einfach machen sich die Archäologen die Arbeit nicht. Archäologie bedeutet mehr, als nur nach Schätzen und Scherben zu fahnden und auf den ersten Blick Vermutungen anzustellen. Gerade die deutschen Wissen-schaftler kamen in den vergangenen Jahren unter Einsatz der modernsten Methoden zu Ergebnissen, die internationale Beachtung fanden. Mit Bagger, Radiocarbon und NASA-Computer versuchen sie, die Masse von Funden zu bewältigen, die seit 1950, bedingt durch anhaltende Bautätigkeit, Tag für Tag aus der Erde kommen. Archäologie in Deutschland ist heute spannender als je zuvor. Gilt es doch, hinter Knochen, Steinen und Scherben den frühen Menschen aufzuspüren, seinen Alltag zu rekonstruieren, seine Kultur, seine Gedankenwelt. Darin liegt die Faszination der Wissenschaft, die sich mit der Vergangenheit beschäftigt, aber für die Gegenwart große Bedeutung hat. Sie macht uns mit unserer Vergangenheit bekannt.

98 bis 99 Prozent unserer Kulturgeschichte fallen in die Altsteinzeit. Aus einem einfach zugeschlagenen Hauwerkzeug entwickelte sich etwa um 500 000 v. Chr. der Faustkeil. Nach und nach kommen weitere Werkzeuge hinzu – Schaber, Speerspitzen, Abschlagsteine und Geräte aus Knochen.

### Elefantenjagd in Thüringen

Funde aus der Altsteinzeit beziehungsweise aus dem Eiszeitalter sind selten, und sie werden spärlicher und unsicherer in ihrer Bedeutung, je weiter man in der Zeit zurückwandert; mit jedem Vorstoß der Eismassen, die sich im Laufe der Jahrtausende über weite Teile Europas schoben, wurde das Land bis auf den felsigen Untergrund abgehobelt und damit die Spuren der Anwesenheit früherer Bewohner zerstört. Alte Menschenfunde sind selten. Aus diesem Grunde war die Entdeckung des Haller Archäologen Dieter Mania eine kleine Sensation: Am 17. April 1974 fand er bei der Aufarbeitung von Fundmaterial ein menschliches Hinterhauptbein von ungewöhnlicher Dicke. Anthropologische Untersuchungen ergaben, daß der Schädelknochen höchstwahrscheinlich 350000 Jahre alt ist. Ein Jahr später kam ein Stirnbeinstück hinzu.

Ganz neu ist der Fundplatz Bilzingsleben nicht. Bereits der Haller Prähistoriker V. Toepfer wies in den sechziger Jahren mehrfach darauf hin, und schon im vorigen Jahrhundert fanden Steinbrucharbeiter immer wieder »alte Sachen«, doch der Urmenschenfund von Bilzingsleben, am Nordrand des Thüringer Beckens, macht das Dutzend unserer Vorfahren voll, die aus dieser frühen Zeit überhaupt bekannt sind. Der Mensch von Bilzingsleben ging aufrecht. Die stark ausgeprägten Überaugenwülste und die fliehende Stirn lassen darauf schließen, daß er tatsächlich dreimal so alt ist wie der Neandertaler.

Die Beschaffenheit der Knochenreste allein reichte natürlich nicht aus, um ihr Alter zu bestimmen. Dennoch brauchten die Archäologen vom Landesmuseum für Vorgeschichte in Halle/Saale nicht erst die Ergebnisse der Labors abzuwarten. Die Schädelfragmente gehören zu einem kompletten Lagerplatz mit einer Fülle von Hinterlassenschaften. Die Zeitbestimmung war klar: Man hatte es mit Resten eines altsteinzeitlichen »Picknicks« zu tun.

Die Menschen von Bilzingsleben hatten ihr Lager an einer Stelle aufgeschlagen, wo ein kleiner Bachlauf an der westlichen Seite des heutigen Wippertales in einen flachen See mündete. Die Uferzone des Gewässers säumten breite Schilfgürtel, dahinter lagen »Sauergraswiesen, sumpfige Moosrasen, Buschwerk und Bruchwälder«. Auch die Hochfläche oberhalb des heutigen Talrandes war bewaldet, zwischen die Wälder schoben sich Grasflächen mit niedrigem Gestrüpp.

Die Bilzingslebener gingen auf Großwildjagd – das beweisen die Knochen von Waldelefanten, Nashorn und Wisent. Obgleich die Archäologen zu ihrer großen Überraschung neben winzigen Feuersteingeräten auch riesige Knochen- und Geweihkeulen fanden, beweist das noch nicht, daß der »Homo erectus«, der »aufrecht gehende Mensch«, damit den Kolossen frontal zuleibe rückte. Weitaus wahrscheinlicher ist, daß man die Tiere in morastige Stellen am Rand des Seeufers trieb, wo sie steckenblieben,

kampfunfähig wurden und eine verhältnismäßig leichte Beute waren. Es könnte allerdings auch sein, daß die Leute von Bilzingsleben ähnliche Lanzen besaßen wie jene Menschen bei Lehringen/Aller, die um 100000 v. Chr. Altelefanten mit Eibenholzlanzen töteten, deren Spitze im Feuer gehärtet war.

Elefantenjagd in Thüringen – vielleicht ging es damals ähnlich zu wie heute noch im tropischen Afrika, etwa wie es der Schriftsteller W. Kuhnert schildert: »Unter ohrenbetäubendem Geschrei, Gezanke und Gedränge geht es an die Arbeit. Im Augenblick ist nichts mehr vom Elefanten zu sehen, sondern nur eine dichtgedrängte Masse blutglänzender Menschenkörper, die säbeln, schneiden, reißen und zerren. Dort wischt sich einer den Schweiß mit der blutigen, verkehrten Hand von der Stirn, dort wetzt ein anderer mit erstaunlicher Sicherheit ein Messer auf dem Handballen, und da steht wieder ein anderer, solange es noch angängig, oben auf dem Koloß. Er kommandiert die ganze Gesellschaft, soweit sich das tun läßt, und fährt häufig ganz gehörig dazwischen...«[1]

Feiglinge waren die Bilzingslebener übrigens nicht, denn abgesehen von Wildpferden, Wildschweinen und Hirschen, die sie möglicherweise ebenfalls in den Morast trieben, nahmen sie es auch mit dem Höhlenbären auf, der mit seinen zweieinhalb Metern Größe und einem Gewicht von rund fünfzehn Zentnern das größte Raubtier jener Zeit war.

Sämtliche Markknochen waren kurz und klein geschlagen und auf Abfallhaufen geworfen worden. Ganz in der Nähe lagen jene Stellen, an denen die Jäger ihre Waffen aus Feuerstein und Felsgeröll zuschlugen. Kleine Bohrer aus Stein könnten bedeuten, daß man bereits Holz zu bearbeiten wußte. Vom Holz sind natürlich – wie meistens – keine Spuren erhalten geblieben.

Schlecht ging es den Leuten von Bilzingsleben also nicht, Fleisch war keine Mangelware. Das beweisen die Riesenmengen von Knochen und Waffen: In einem Kubikmeter Fundschicht lagen im Schnitt 500 Steinwerkzeuge und fünf bis zwanzig Kilogramm Knochen.

Kein Zweifel – mit ihrem Werkzeug gingen die Altsteinzeitmenschen nicht sonderlich pfleglich um. Das war wohl auch nicht nötig, denn Steine sind recht einfach zuzuhauen: Für einen brauchbaren Faustkeil benötigt man nur etwa 15 Minuten. Geröllwerkzeuge und Abschläge sind mit ein paar kräftigen Hieben noch schneller hergestellt. Man schlug sie der Einfachheit halber erst dann zu, wenn man sie gerade brauchte.

Daß sich mit den recht einfachen Steinwerkzeugen tatsächlich arbeiten läßt, bewies ein Experiment, das Alfred Tode vom Landesmuseum in Braunschweig durchführte.

Tode hatte 1952 einen steinzeitlichen Jägerrastplatz bei Salzgitter-Lebenstedt ausgegraben und dort unter anderem sorgfältig zugeschlagene Steingeräte gefunden, die die meisten seiner Kollegen als Winkelschaber bezeichneten. Tode drückte einen dieser Schaber einem Schlachter in die Hand und bat ihn, damit eine Kalbskeule zu zerteilen. Hier Todes Bericht:

»Ich hätte gewünscht, daß Hunderte gesehen hätten, wie elegant die Arbeit vonstatten ging... Mit wenigen Schnitten war... die Keule aufgetrennt und das Schulterblatt, kaum sichtbar geworden, freigelegt. Die linke Hand faßte stets nach unten und zog das Fleisch vom Knochen, mit der rechten wurde geschnitten und getrennt.«[2]

Bei dieser Gelegenheit stellte sich dann auch heraus, daß der sogenannte Schaber in Wirklichkeit wohl eher ein Schneide- und Trenngerät war und weniger zum Schaben benutzt wurde.

## In London weideten Nilpferde

In diesem Kapitel ist immer wieder von Eis und Steinen die Rede – zwei Begriffe, mit denen man unwillkürlich Kälte und Leblosigkeit verbindet. Doch von dieser Vorstellung sollte man sich lösen. Das Pleistozän, eine Periode extremer Klimaverhältnisse, die Epoche, in der sich der Mensch zum Homo sapiens, zu jener Menschenform, zu der auch alle heute lebenden Menschen gehören, entwickelte, war über weite Strecken wärmer als unser heutiges Klima. Die vier großen Eiszeiten, die nach den Voralpenflüssen Günz, Mindel, Riß und Würm benannt wurden, wurden immer wieder unterbrochen durch langanhaltende Wärmeperioden, in denen mitten in Europa tropisches Klima herrschte. So lebten in einer dieser Zwischeneiszeiten in der Gegend von London Nilpferde! Allerdings glauben die Geologen heute, daß es mehr als nur vier Eiszeiten gegeben hat.

Wie die Eiszeiten im einzelnen verliefen, wissen wir einigermaßen genau:

Das Klima auf der Erde war kälter geworden, der Schnee in den Bergen Skandinaviens und Schottlands konnte im Frühjahr nicht mehr

schmelzen. Im folgenden Winter legte sich eine neue Schneedecke über die alte und so fort. Die Schichten wurden immer dicker, und allmählich wurde die untere Lage zu Gletschereis zusammengepreßt. Im Laufe der Zeit schoben sich die Gletscher ins Tiefland vor, bis schließlich der größte Teil Nordeuropas unter einer fast zwei Kilometer dicken Eisschicht lag. Ähnliches geschah auch in Nordamerika.

Von Schottland und Skandinavien aus rückten die Gletscher weiter nach Süden vor, wo die Alpengletscher die gesamte heutige Schweiz und die Nachbargebiete bedeckten. Wo heute Dublin, London, Amsterdam, Berlin, Warschau, Kiew, Moskau und Leningrad liegen, erstreckte sich eine riesige Eiswüste. Zwischen den beiden Eiszonen verlief ein schmaler, eisfreier Korridor. Er verband quer durch Mitteldeutschland Teile Spaniens, Frankreichs, Südenglands und Irlands mit dem Donautal, dem Balkan und Südrußland.

Die Temperaturen auf der Erde waren gesunken, in Sibirien allerdings machte sich dieser Vorgang nicht so stark bemerkbar wie in Mittel- und Westeuropa. Zwar war es dort kälter als heute, doch das Gefälle war nicht so stark. Auch in Europa konnten jetzt Mammut, Wollnashorn, Rentier und Lemminge leben.

An einem bestimmten Zeitpunkt kippte dieser Prozeß um, das Eis begann zu schmelzen, es wurde wärmer. In diesen Zwischeneiszeiten lebten in Europa Elefant und Nashorn, das Flußpferd, verschiedene Rotwildarten, Antilopen, Löwe und Säbelzahntiger.

Die letzte Eiszeit ließ uns die Mittelgebirge als Andenken zurück. Und wo derzeit Hering und Kabeljau schwimmen, streiften damals Wisente und Bären herum, denn die riesige Ebene, über die sich heute die Nordsee erstreckt, bildete eine Landbrücke zwischen England und dem Kontinent. Wo die Küstenlinie zwischen England und Dänemark in jenen Zeiten verlief, ist unsicher, doch auch am Ende des Pleistozäns

*Steinerne Faustkeile dienten über lange Zeit hinweg dem Menschen als Universalwerkzeug. Dieses Exemplar aus dem Mittelpaläolithikum wurde in der »Bocksteinschmiede«, einer Höhle im Lonetal, gefunden.*

reichte das Festland noch bis nördlich der Doggerbank.

So richtig zu Ende war die letzte Eiszeit gegen 8000 v. Chr., als auch die Eisflächen Skandinaviens allmählich wieder auftauten. Gegenwärtig leben wir allem Anschein nach in einer Zwischeneiszeit, und die nächste Eiszeit sei gewiß, sagen die Klimatologen. Allerdings erst in zwanzigtausend Jahren.

### Der Mensch entwickelte sich während des Eiszeitalters

Über die Dauer der Eiszeit und ihre Ursachen gehen die Ansichten erheblich auseinander, dennoch gibt es allgemein akzeptierte Werte, mit denen die Wissenschaftler arbeiten können.

Der serbische Mathematiker Milutin Milankovič fand heraus, daß die Schwankungen der Strahlenintensität der Sonne periodisch auftreten, daß sich diese Intensitätsveränderungen, die jeweils durch einen Höhepunkt (Maximum)

und einen Tiefpunkt (Minimum) markiert werden, entsprechend der geographischen Breite mathematisch berechnen lassen. »Dessen haben sich dann Klimatologen und Geologen angenommen und rückwärts zählend diese Minima mit jenen Kältemaxima verbunden, die sie nach damaliger Auffassung erschließen zu können glaubten und dabei haltgemacht, als sie bei dem ältesten der von ihnen erschlossenen Kältemaxima ankamen, und das war um 600000.« Die Theorie von einer einzigen Ursache des Eiszeitphänomens und die entsprechende Gliederung sind heute überholt. »Kein seriöser Wissenschaftler arbeitet deshalb heute noch mit der Zahl 600000. Sie schleppt sich aber wie eine magische Zahl durch die Literatur fort«, schreibt der Münsteraner Prähistoriker Karl J. Narr, und er führt zwei Punkte dafür an, daß heute ganz andere Zahlen genannt werden:

»Auf ein System der Gliederung und des Anfangs des Eiszeitalters hat man sich 1932 auf einem geologischen Kongreß in Leningrad geeinigt. Danach sollte das Eiszeitalter mit den er-

| Vor »einigen« Jahren | | | Jetztmensch Neandertal Steinheim Heidelberg | Gegenwart |
|---|---|---|---|---|
| | Gorilla Pongo | | | |
| 2 Millionen | | | | Pleistozän |
| | | (robust) (grazil) | | |
| | Gigantopithecus | Australopithecus | | Pliozän |
| 5 Millionen | | | | |
| | | ? | | Spätes Miozän |
| | Oreopithecus | ? | | |
| 12 Millionen | | | | Mittleres |
| | Dryopithecus | Ramapithecus | | Miozän |
| | | ? | | |
| 22 Millionen | Dryopithecus (Proconsul) | | | Frühes Miozän |
| 30 Millionen | ? | | | Spätes Oligozän |
| | Aegyptopithecus | | | |

**Vereinfachte Darstellung der Entwicklungsstufen des Menschen**

sten Kältephänomenen beginnen. Nach und nach hat sich herausgestellt, daß diese Kältephänomene schon früher einsetzen. Man hat dann auch eingesehen, daß es vernünftiger ist, sich nicht einer solchen klimatologischen Grenzmarke zu bedienen, sondern, wie allgemein in der Geologie üblich, der Fossilien.

Da sich gezeigt hatte, daß man mit den ersten Kältephänomenen in einen Faunenhorizont hineinkommt (Villafranca), der teilweise noch zum Tertiär gerechnet wurde, hat eine Geologenkonferenz in London 1948 beschlossen, die Grenzmarke zwischen Pliozän und Pleistozän mit dem Beginn dieses Faunenhorizontes festzulegen. (Dabei hat zwar auch immer noch der Beginn der Kältephänomene eine Rolle gespielt, aber es zeigt sich, daß diese wahrscheinlich nicht sofort mit dem Beginn des Pleistozäns eingesetzt haben, und deshalb vermeidet man in der Wissenschaft auch heute weitgehend die Bezeichnungen Eiszeit und Eiszeitalter.)«[2a])

Aufgrund der Vereinbarungen anläßlich der Geologenkonferenz von London gilt auch heute noch, daß der Mensch im Tertiär nicht auftritt – obgleich Funde, die auf die Anwesenheit des Menschen hinweisen, immer weiter zurückreichen.

»Für die Datierung hat man heute ganz andere Verfahren als damals; nach den radiometrischen Messungen ist ohne Zweifel der Beginn des Pleistozäns (Eiszeitalters), obwohl die 1948 festgelegte Grenzmarke mancherorts schwer

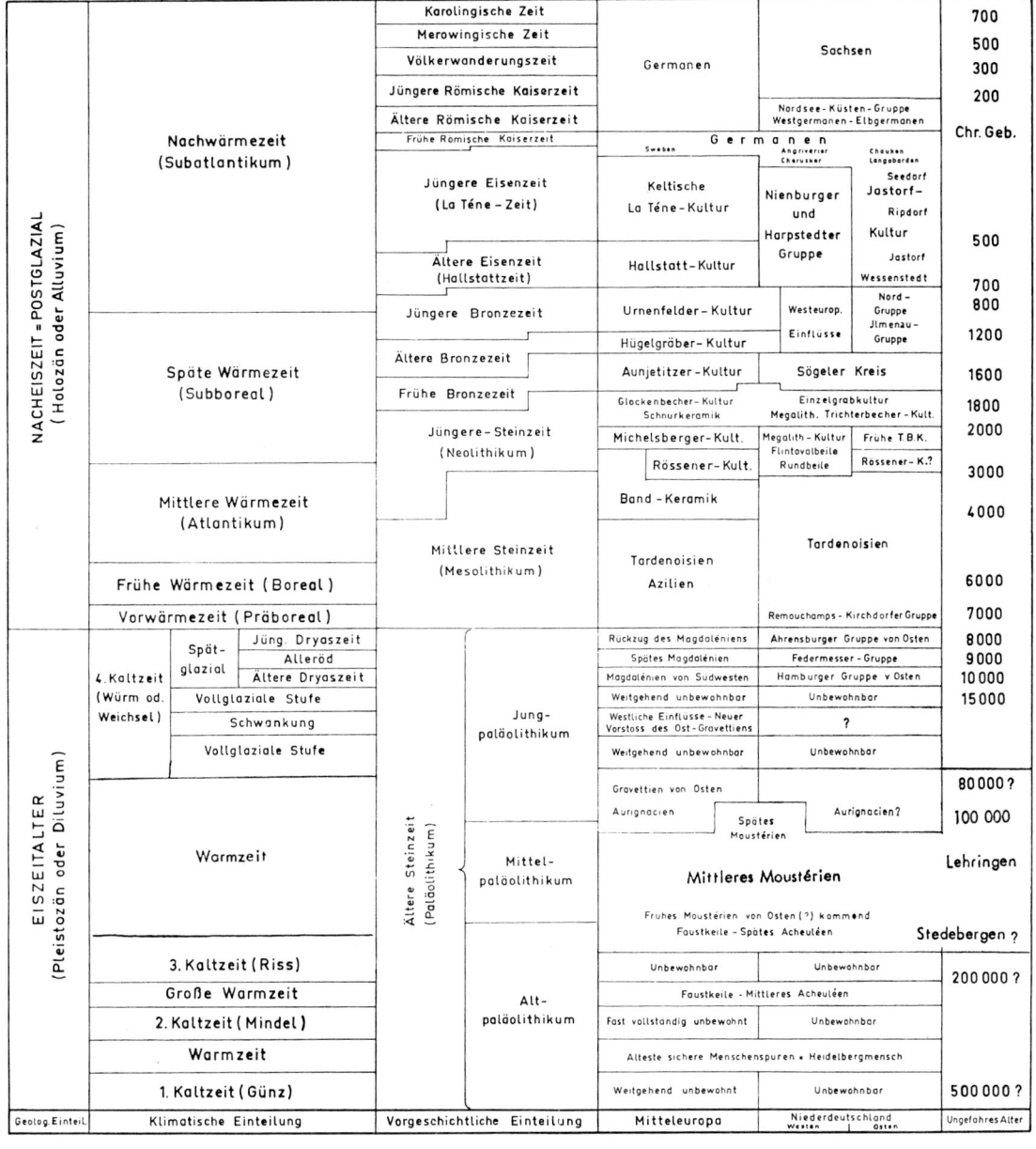

Einteilung der vorgeschichtlichen Zeit in Niederdeutschland und Mitteleuropa. Entnommen: D. Schünemann und W. Eibich »Aus der Vor- und Frühgeschichte des Kreises Verden«, Verlagsbuchhdg. August Lax, Hildesheim 1974 (nach K. H. Brandt und K. J. Narr, mit Zusätzen von D. Schünemann).

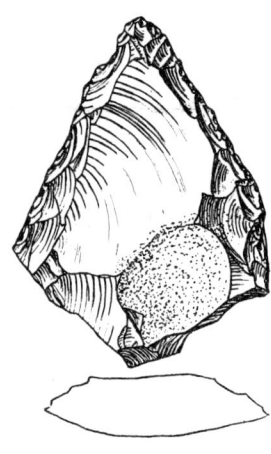

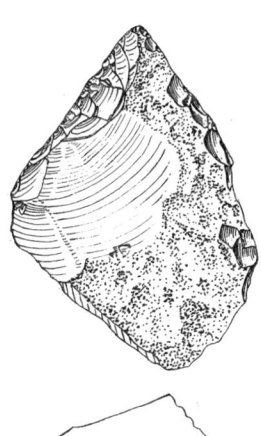

*Steinwerkzeuge aus dem Mittelpaläolithikum. Sie stammen aus einer Ziegeleigrube bei Rheindahlen, wo die Archäologen menschliche Spuren über rund 200 000 Jahre hinweg in vier Erdschichten zurückverfolgen konnten.*

festzustellen ist, vor mehr als zweieinhalb Millionen Jahren anzusetzen ... Hielte man sich aber an die alten Abgrenzungen von 1932, hätten wir bereits heute den Tertiärmenschen! Im übrigen müssen wir damit rechnen, daß man vielleicht doch mit Zeugnissen des Menschen eines Tages bis ins Tertiär zurückkommt, das heißt bis auf mehr als drei Millionen Jahre. Aus dieser Zeit gibt es bereits Funde von Hominiden.«

Die Hominiden (s. Anhang) sind allerdings nicht gleichzusetzen mit »Menschen«, sie bezeichnen lediglich eine Gruppe von Fossilien, die auf der Linie zum heutigen Menschen liegen.

Die Ursachen, die zum Eiszeitphänomen führten, sind nach wie vor ungeklärt. Den Archäologen und Anthropologen kümmert das allerdings nicht weiter. »Für ihn ist lediglich die Folge der Kalt- und Warmzeiten und aller ihrer Konsequenzen wichtig, nicht aber die Ursache dieser Phänomene selbst. Die kann er für seine Arbeit völlig außer acht lassen, mag sie auch ein wichtiges Problem für Klimatologen usw. darstellen.«[3]

Der Mensch entwickelte sich im Pleistozän, ein Grund dafür, daß speziell die »Archäologie der Eiszeit« nicht zu trennen ist von der Anthropologie. Suchen die Archäologen nach den Anfängen, nach den Spuren menschlicher Kultur, dann suchen die Paläanthropologen nach dem Menschen, nach seinem Ursprung, seiner Herkunft schlechthin. Oft haben sie nur ein Knochenstückchen in der Hand und bringen es doch fertig, im Vergleich mit anderen Funden recht genau Körperbau, Gesichtszüge, Haltung und Entwicklungsstand eines Individuums zu rekonstruieren.

### Was unterscheidet den Menschen vom Tier?

Zu den berühmtesten Anthropologen gehört das Ehepaar Mary und Louis Leakey. Sie lieferten der Weltpresse im Jahre 1959 zum ersten Mal Schlagzeilen. In einem längst ausgetrockneten See in Tansania fanden sie Reste vom Schädel eines Frühmenschen, der zwei Millionen Jahre alt ist.

Anno 1636 hatte ein irischer Erzbischof namens Ussher kategorisch verkündet, die Welt sei im Jahre 4004 v. Chr. geschaffen worden. Charles Darwin machte 1859 mit seinem Buch »Über die Entstehung der Arten durch natürli-

che Zuchtwahl« Schluß mit der Vorstellung, der Mensch sei die Krone der Schöpfung. Er wies nach, daß der Mensch vielmehr »vorläufiges Endprodukt« eines Jahrmillionen andauernden natürlichen Ausleseprozesses ist. Die frühen Menschenfunde in Afrika schließlich, die in den zwanziger und dreißiger Jahren bekannt wurden, bestätigten Darwins Thesen, ließen sich aber außerordentlich schwer datieren. Die Angaben über das Alter der Knochen schwankte zwischen 500 000 und 5 Millionen Jahren.

Die Leakeys nun lieferten Tatsachen. 1960, schon ein Jahr nach ihrem ersten Fund, präsentierten sie Skelettreste, die dem heutigen Menschen wesentlich ähnlicher sind, dazu Werkzeuge und Spuren primitiver Behausungen.

Sohn Richard Leakey trat in die Fußstapfen seiner Eltern, Jahr für Jahr wartet er mit neuen, immer älteren Menschenfunden auf. Sein »ältester« Urmensch ist dreieinhalb Millionen Jahre alt.

Was unterscheidet den Menschen nun wirklich vom Tier? Ist es sein Gehirnvolumen, die Fähigkeit, Werkzeuge herzustellen, die Sprache, die Fähigkeit zu lachen und zu weinen? Schuf ihn gar die Arbeit, wie es der Marxismus will?

Im allgemeinen werden drei Merkmale als Trennungsstrich zwischen Mensch und Tier angenommen:

- *eine verlängerte Kindheit und Jugend und die damit verbundene Schutzbedürftigkeit,*
- *aufrechter Gang, der die Hand frei macht zum Werkzeuggebrauch, und*
- *das Fehlen jeder körperlichen Spezialisierung.*

Diese drei Eigenschaften treffen mit Sicherheit auf den Vertreter des Australopithecus zu, den Richard Leakey in Afrika, am Ostufer des Rudolfsees, entdeckte, und der später offenbar von einem fortschrittlicheren Vetter ausgerottet wurde. Leakey hält den Australopithecus für eine Sackgasse in der Entwicklung des Menschen.

Leakeys Schlußfolgerungen sind vielleicht ein bißchen voreilig. Dazu der Prähistoriker Karl J. Narr: »Man kann eigentlich nur sagen, daß es vor drei Millionen Jahren, wahrscheinlich auch noch früher, bereits Lebewesen vom Status der Hominiden gegeben hat, deren Form anscheinend sehr variabel war, ohne daß sich daraus bisher schon ganz präzise Schlüsse auf Gliederung und Abstammung ziehen ließen, und weiterhin, daß die Hersteller der ältesten bisher bekannten Werkzeuge aus Stein, die für eine Zeit von etwa zweieinhalb Millionen Jahren festzustellen sind, irgendwie in den Kreis dieser Hominiden, der Australopithecinen (in einem weiteren Sinne des Wortes), hineingehören. Für alles übrige gibt es eine Unzahl von Theorien und Hypothesen, ohne daß dabei schon eine wirkliche Entscheidung möglich wäre.«[4]

## Starb der Neandertaler wirklich aus, weil er nicht sprechen konnte?

Der erste Homo erectus, der in Asien gefunden wurde, ist der sogenannte Pekingmensch.[5] Seine Knochen und die seiner Sippe wurden von amerikanischen Anthropologen in einer Höhle des Drachenfelsens bei Peking entdeckt. Sie sind eine halbe Million Jahre alt und sie beweisen, daß die Menschen dieser Rasse bereits individuell verschiedene Züge besaßen.

Als der Pekingmensch in der Drachenfelshöhle am Feuer saß, war in Europa gerade die Günz-Eiszeit zu Ende. Die Gletscher zogen sich zurück. Der Heidelberger Mensch tauchte auf. Seine sterblichen Reste fanden die Archäologen in Form eines Unterkiefers in den Gruben von Mauer, in einem Strudelloch des Ur-Neckar. Es muß hier leider angemerkt werden, daß es eine verbindliche Datierung für den Heidelberger Menschen nicht gibt, er mag vor 450 000 Jahren erschienen sein. Die Jäger von Bilzingsleben, die 100 000 Jahre später am Nordrand des Thüringer Beckens rasteten, sind ihm auf jeden Fall recht ähnlich.

Im selben großen Interglazial (Holstein), vor Beginn der vorletzten Eiszeit (Riß-Eiszeit), aus dem die Bilzingsleber Funde stammen, lebte eine junge Frau, deren Schädel im Jahre 1933 beim Kiesbaggern aus der Murr geborgen wurde. Am sogenannten Steinheimer Schädel sind deutlich die wulstigen Brauenbögen der Rasse des Neandertalers zu erkennen, der hunderttausend Jahre später leben wird, andere Schädelpartien ähneln bereits dem Jetztmenschen.

Mit der dritten, der Riß-Eiszeit, schob sich erneut die Eisdecke über das Land. Dann riß der Vorhang wieder auf: der Neandertaler tritt ins Rampenlicht, der wohl berühmteste Deutsche, für viele der »Steinzeitmensch« schlechthin.

Doch »der Neandertaler« hat nie existiert! Die Anthropologen gehen heute davon aus, daß es eine ganze Typenskala dieses Frühmenschen

gegeben hat, dessen beide Extreme außerordentlich verschieden aussahen. Dennoch waren beide »echte« Neandertaler.

Der westeuropäische Neandertaler, auch der »klassische« genannt, erschien vor etwa 75 000 Jahren, am Anfang der letzten Kaltzeit, der Würm-Eiszeit. Er war kaum größer als einreinhalb Meter, die Gesichtszüge geprägt von äußerst kräftigen Überaugenwülsten, einem fliehenden Kinn und starken Backenknochen. Ihm geht der Ruf nach, Kannibale gewesen zu sein.

Die Geschichte seiner Entdeckung ist zwar hinlänglich bekannt. Aber sie ist so schön, daß sie hier für jene, die sie vielleicht doch noch nicht kennen, wiederholt werden sollte:

Als der Lehrer Johann Carl Fuhlrott aus Elberfeld Anno 1856 von seinen Schülern hörte, daß Arbeiter bei Sprengungen in den Kalksteinwänden des Neandertals bei Düsseldorf Knochen gefunden hatten, ahnte er sicher nicht, daß er in die Geschichte der Wissenschaft eingehen würde. Seine kühne Behauptung, bei den Knochen müsse es sich um einen Menschen aus der Eiszeit handeln, konnte er nicht beweisen. Der damals prominenteste Arzt und Urgeschichtsforscher, Rudolf Virchow, entgegnete, hier handele es sich um eine »Abnormität der Natur«.

Später schob Virchow eine mit wissenschaftlichen Argumenten untermauerte Diagnose nach. »Das fragliche Individuum hat in seiner Kindheit an einem geringen Grad von Rachitis gelitten, hat dann eine längere Periode kräftiger

*Dieses Urpferd hat vor 45–50 Millionen Jahren gelebt. Die Bedeutung des Fundes liegt darin, daß 1973 in der Grube Messel bei Darmstadt erstmals ein vollständiges Skelett aus dem Mitteleozän (Lutetium) geborgen wurde. Knochenfunde menschlicher Wesen konnten bisher nur bis auf 3,5 Millionen Jahre zurückdatiert werden.*

19

*Oben: Dieses Porträt eines Wildpferdkopfes gehört zu den schönsten Schieferritzungen von Gönnersdorf-Neuwied. Es entstand vor rund zwölftausend Jahren.*

*Rechts: Die Elfenbeinplastik aus dem Hohlenstein-Stadel (Lonetal) ist das größte bislang bekannte jungpaläolithische Kleinkunstwerk. In mehrere hundert Splitter zerfallen, lag sie dreißig Jahre lang vergessen in einer Kiste, bis der Tübinger Eiszeitspezialist Joachim Hahn sie entdeckte.*

Tätigkeit und wahrscheinlicher Gesundheit durchlebt, welche nur durch mehrere Schädelverletzungen, die aber glücklich abliefen, unterbrochen wurde, bis sich später Arthritis deformans (verbildende Altersgicht) mit anderen, dem hohen Alter angehörigen Veränderungen einstellte, insbesondere der linke Arm ganz steif wurde; trotzdem aber hat der Mensch ein hohes Greisenalter erlebt. Es sind dies Umstände, die auf einen sicheren Familien- und Stammesverband schließen lassen, ja, die vielleicht auf Seßhaftigkeit hindeuten. Denn schwerlich dürfte in einem bloßen Nomaden- oder Jägervolk eine so vielgeprüfte Persönlichkeit bis zum hohen Greisenalter sich zu erhalten vermögen.«[6]

Herr Virchow irrte. Allerdings muß man seine Einschätzung des Neandertaler-Fundes im zeitlichen Zusammenhang und im Zusammenhang mit dem damaligen Stand der Wissenschaft sehen. So manchem fiel es noch schwer,

sich nach der Veröffentlichung von Darwins Evolutionstheorie von der langgehegten Illusion zu trennen, daß der Mensch am sechsten Tage der Schöpfung fix und fertig als Ebenbild Gottes in die Welt gesprungen wäre.

»Zur Beurteilung der Haltung von Virchow muß festgehalten werden, daß Fuhlrott auch nicht den Schatten eines Beweises für das hohe Alter des Neandertalers beibringen konnte«, schreibt Karl J. Narr, »abgesehen von der Überzeugung, daß eine solche primitivere Menschenart eben älter sein müsse. Was er an vermeintlichen Beweisen beigebracht hat, zum Beispiel die Behauptung, aus dem gleichen Lehm stammten zwei geschliffene Steinbeile, mußte einen kenntnisreichen Prähistoriker wie Virchow sogar notwendigerweise zu der Annahme führen, daß dann der Neandertaler bestenfalls in die jüngere Steinzeit gehören könne. In dieser Situation war es das Recht und sogar die Pflicht eines Wissen-

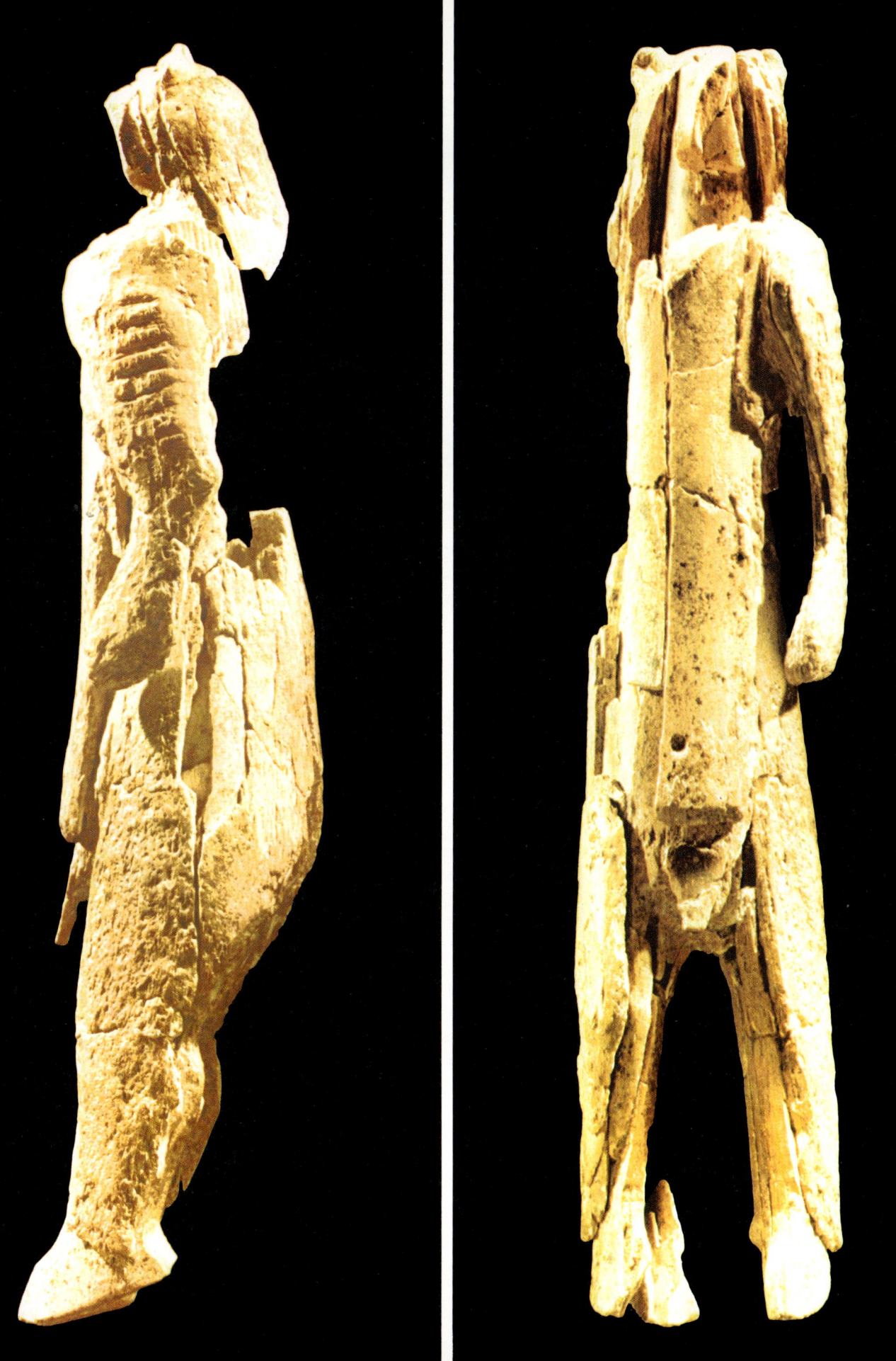

schaftlers, zunächst einmal zu prüfen, ob die Besonderheiten der Schädelbildung nicht anders erklärt werden könnten.

Erst als man weitere gut datierte Funde besaß, konnte man sagen, daß eben nicht alle Besonderheiten dieses Fundes auf krankhafte Veränderungen zurückzuführen seien, sondern typisch für eine ältere Menschenform sind. Im übrigen hat Virchow gar nicht so gründlich geirrt, denn mit der Feststellung, daß der Neandertaler einer frühen Menschenform angehört, ist nicht die Krankheitsgeschichte dieses Individuums widerlegt, wenn Virchow auch in einigen Punkten zu korrigieren ist. Man kann heute sogar sagen, daß man gut daran getan hätte, Virchow nicht so vollständig zu verdammen, sondern diese Dinge ernst zu nehmen. Dann hätte es nämlich nicht erst des Fundes von Shanidar bedurft, um zu der Erkenntnis zu gelangen, daß auch ein 50jähriger Neandertaler (und das ist für damalige Verhältnisse ein Greis!), der körperlich behindert war, doch im Schutze und unter der Fürsorge einer Gruppe dieses Alter erreichen konnte – aber das paßte eben nicht zum Bild des brutalen und ›ungesell'gen Wilden‹.«[6a])

Die neueste Annahme der Wissenschaftler, daß sich ein Zweig des Neandertalers auf den Jetztmenschen, den modernen Menschen hin entwickelte und uns damit sehr viel enger verwandt ist, als bisher angenommen, läßt eine überraschend einfache Erklärung für einen bislang geheimnisvollen Umstand zu: Der Neandertaler verschwand vor 35000 bis 40000 Jahren urplötzlich von der Bildfläche. Zu diesem Zeitpunkt erschien der Jetztmensch. Folgt man der neuen These, dann wäre der Jetztmensch kein völlig neuer Typus, der gewissermaßen aus dem Nichts kam, sondern einfach der progressive Zweig des Neandertalers, der – zumindest in Westeuropa – seinen zurückgebliebenen Bruder oder Vetter ersten Grades ausrottete.

Eine andere Erklärung für das teilweise Verschwinden des Neandertalers bietet die aufsehenerregende Theorie, mit der der amerikanische Linguist Philip Lieberman von der Yale-Universität 1973 beim Anthropologenkongreß aufwartete.[7])

## Der Mensch lernt zu abstrahieren

Die meisten Anthropologen gehen davon aus, daß der Mensch spätestens in jenem Augenblick so etwas wie Sprache besaß, als er Jagdzüge or-

ganisierte. Man mußte diese Unternehmungen im voraus planen, abmachen, wo und wann man sich treffen wollte, welche Taktik angewendet werden sollte. Unter diesem Gesichtspunkt müßten bereits die Leute von Bilzingsleben vor 350000 Jahren in der Lage gewesen sein, sich miteinander zu verständigen über Dinge, die über den Augenblick hinausgingen.

Der Neandertaler, so erklärte Lieberman dessenungeachtet seinen verblüfften Kollegen, sei deshalb ausgestorben, weil er nicht sprechen konnte.

Lieberman hatte den Sprechapparat eines Neandertalers, eines Jetztmenschen, eines Säuglings und eines Schimpansen nachgebaut. Er legte die Kunststoffabdrücke auf die fossilen Schädelreste und bestimmte durch komplizierte Messungen mit Computer und Lichteffekten, welche Laute der Neandertaler artikulieren konnte. Das Ergebnis war niederschmetternd. Die wichtigsten Vokale, nämlich a, i und u, fehlten auf der Skala. Fazit des Linguisten: Der Neandertaler konnte bestenfalls grunzen und lallen und war damit seinem Nachfolger, dem zweifellos redegewandteren Homo sapiens, hoffnungslos unterlegen. Liebermans These ist umstritten, überdies »kommt es nicht darauf an, wie gut jemand artikulieren konnte, um ihm Sprache zuzubilligen«.

Wann der Mensch zu sprechen begann, weiß niemand. Doch da es ziemlich sicher ist, daß sich Denk- und Sprechfunktionen bei unseren Vorfahren gleichzeitig entwickelten, ist es zulässig, aus den archäologischen Funden, den Werkzeugen, den Behausungen, den Kunstwerken, der Art der Totenbehandlung gewisse Rückschlüsse auf den Entwicklungsgrad der Sprache zu ziehen. Denn eine Zusammenfassung mehrerer Vorstellungen wird erst dann möglich, wenn ein besonderes Lautzeichen dafür vorhanden ist. Der Lautkomplex dürfte sich also in dem Maße entwickelt haben, in dem er einen Inhalt, einen Sinn erhielt, der ihn unmittelbar von anderen Lautgebilden unterschied. Daß dies schon recht früh der Fall gewesen ist, unterstreicht auch Karl J. Narr.

»Es ist schwer vorstellbar, wie ein menschliches Gemeinschaftsleben selbst so einfacher Art ohne wirkliche Sprache hätte funktionieren können. Versteht man unter echter Sprache mindestens ein künstliches Gebilde, bei dem die Bedeutungen mit Symbolen kombiniert werden, die nicht notwendig diesen Sinn haben müssen, sondern ihn auch wandeln, verlieren und wechseln können, so kann die Urgeschichtswissenschaft zur Frage einer frühen Sprache nur die folgenden Aussagen beisteuern: Wir dürfen die für die echte Sprache notwendige Fähigkeit zur Abstraktion und zur Zufügung und Aufprägung nicht vorgegebener Qualitäten auch den frühesten bekannten Werkzeugherstellern wohl ebenso zubilligen wie ein ausreichendes Vermögen zur sinnvollen Aufeinanderfolge und Zueinanderordnung, und es gab Traditionen und Gemeinschaftsleistungen mit einem Maß von Planung und Ordnung (z. B. bei der Vorbereitung und Durchführung der Großwildjagd und der Verteilung der Beute), das kaum ohne sprachliche Bestimmung von Orten, Zeiten und Tätigkeiten (über die unmittelbare Gegenwart und Verbindung hinaus) möglich gewesen sein dürfte.«[8]

Die Sprache versetzte den Menschen also in die Lage, Sachverhalte und Erkenntnisse weiterzugeben. Das bedeutete eine Beschleunigung der geistigen und der materiellen Entwicklung. Der Einzelne mußte nicht mehr alles für sich selbst erfahren, man konnte statt dessen eine Fülle von Informationen weitergeben und Wissen anhäufen. Denk- und Abstraktionsvermögen, gekoppelt mit der Sprache – und später dann der Schrift –, befähigten den Menschen das zu schaffen, was wir Kultur nennen. Denn der Mensch ist das einzige Tier, das mit Hilfe abstrakter Symbole Botschaften übermitteln kann. Die Fähigkeit zu sprechen dagegen, der Sprechapparat, wird vererbt. Im Gegensatz zu den tierischen Kommunikationsformen sind alle Menschensprachen reine Lernsprachen. Versuche mit Schimpansen ergaben, daß auch sie – obgleich sie menschliche Laute nur bedingt zu artikulieren vermögen – in gewissem Grade den Sinngehalt der menschlichen Sprache erlernen und an ihresgleichen weitergeben können.[9]

Fraglich ist, ob so etwas wie eine Ursprache existiert hat, aus der sich dann alle anderen Sprachen entwickelten. In diesem Zusammenhang ist es interessant, daß dem Anschein nach in allen Sprachen eine allgemeingültige Lautsymbolik steckt. So ergaben Experimente mit Angehörigen der verschiedensten Nationalitäten, daß Laute mit hohen Frequenzen im allgemeinen kleinere Gegenstände bezeichnen, während niedrige Frequenzen – die Vokale a und u – für größere Gegenstände gebraucht werden. Ähnliches bestätigt eine Versuchsreihe, bei der Versuchspersonen in Deutschland, Tansania und den USA sinnlose Wörter mit bestimmten Figuren assoziieren mußten. Die beiden Kunstwörter »maluma« und »takete« sollten entweder einer unregelmäßigen Zickzackfigur mit vielen herausragenden Spitzen oder einer wie eine Doppelbrezel geformten rundbogigen Figur zugeordnet werden. Das Ergebnis ließ keinen Zweifel. Die meisten Versuchspersonen ordneten das Wort »takete« der Zackenfigur zu; »maluma«, so fanden sie, passe besser zur rundlichen Doppelbrezel.[10]

Wir sind in der letzten Eiszeit angelangt. Der Mensch heißt inzwischen Homo sapiens und hat sich eingerichtet in der Welt. Er ist den Tieren überlegen, wegen seiner Unspezialisiertheit, so paradox das klingt. Er muß sich Hilfsmittel schaffen. Das macht ihn erfinderisch. Er versteht es, mit Hilfe des Feuers, mit Hilfe seiner Waffen und Werkzeuge in unwirtlichen Gegenden zu überleben. Er fertigt Kleidung aus Fellen, baut Hütten und einfache Behausungen. Er hat gelernt, zu abstrahieren. Er hat eine Sprache. Er beginnt, seine Umwelt zu erobern.

*Die Archäologie entdeckt, parallel zur Verfeinerung ihrer wissenschaftlichen Hilfsmittel, ständig neue Einzelheiten im Bild des Ur- und Frühmenschen:*

- *Mit jedem neuen Knochenfund müssen die Wissenschaftler den Stammbaum des Menschen zurückdatieren. Die frühe Trennung der Ahnenreihe des Menschen von der der Menschenaffen geht auf Fossilien zurück. Die Anthropologen-Familie Leakey hat sich als ausgezeichnete und erfolgreiche Fossilienjäger bewährt, die Datierung und Auswertung ihrer Funde wurde von anderen Wissenschaftlern vorgenommen;*
- *Richard Leakey fand den ältesten Frühmenschen in Afrika: Er ist 3,5 Millionen Jahre alt; dabei muß allerdings offenbleiben, ob es sich tatsächlich um einen »Menschen« handelt. »Die ersten Hinweise für menschliches Tun und Handeln, genauer gesagt, für ein Tun, das sich deutlich von dem der Menschenaffen abhebt, kennen wir ›erst‹ aus der Zeit vor zweieinhalb Millionen Jahren.«[11]*
- *Hatte man vom »Ersten Deutschen«, dem Heidelberger Menschen, nur ein Schädelfragment ohne nähere Fundumstände, so beweist das Lager von Bilzingsleben, daß dieser früheste Mensch unserer Region bereits Gemeinschaftsunternehmungen planen und Werkzeuge herstellen konnte;[12]*
- *es gibt noch immer keine verbindliche Erklärung für die Entstehung der Eiszeiten;*

Das untere Bild zeigt
zwei Amor-Figür-
chen aus Bernstein.
Beide wurden in
Köln gefunden.

- »der Neandertaler« hat nie existiert. Schon sehr früh bildeten sich unterschiedlich entwickelte Zweige des Frühmenschen heraus. Der am weitesten entwickelte Zweig wurde möglicherweise zum »Jetztmenschen«. Der am wenigsten entwickelte starb vermutlich aus, weil er nicht sprechen konnte;[13]

- wahrscheinlich existierte eine ganze Reihe von Eiszeitsprachen – nur, wir kennen sie nicht.

Rechts: Funde aus
der Römerzeit sind
in Deutschland zahl-
reich und gut er-
halten. Die bronzene
Gesichtsmaske eines
Helmes war ur-
sprünglich vergoldet
und stammt aus dem
berühmten »Schatz-
fund von Straubing«,
der 233 n. Chr. ver-
graben und vergessen
wurde.

# So arbeiten Archäologen

Die Altertumsforschung ist, wie es ein prominenter amerikanischer Archäologe einmal formulierte, die phantasievolle Zurückeroberung der Vergangenheit innerhalb der strengen Grenzen des Beweismaterials. Woher weiß der Archäologe nun, wo er dieses Beweismaterial finden kann?

Schriftliche Quellen fallen für die Ur- und Frühgeschichtsforschung für unsere Gebiete fort. Zur systematischen Suche kommt ein deutscher Archäologe heute nur noch bedingt, und selbst wenn er sucht, dann in den meisten Fällen um zu wissen, wo etwas im Boden vorhanden ist, damit man es schützen kann – ohne unbedingt auszugraben. In der Bundesrepublik sind Grabungen normalerweise Notbergungen, die – wenn sich die Funde und Befunde als wichtig und ungewöhnlich erweisen – mit Hilfe der DFG, der Stiftung Volkswagenwerk und privater Geldgeber zu systematischen Grabungen ausgeweitet werden können.

Schauen wir uns eine ganz normale Grabung an, einen Vorgang, den es eigentlich gar nicht gibt. Denn der Archäologe muß auf Überraschungen gefaßt sein und improvisieren können.

Die Arbeit beginnt im allgemeinen mit einem Suchgraben, einen Meter breit, drei bis sechs Meter lang, der bis auf den gewachsenen Boden hinunterreicht, das heißt, bis man auf Erdschichten stößt, in denen keine Funde mehr lagern. Ein solcher Einschnitt ins Erdreich gibt den Blick frei auf die Schichtenfolge, ein Bild, das an eine Schichttorte erinnert. Die Suchgräben helfen dem Wissenschaftler, ungefähr das Grabungsgelände abzuschätzen, es wird abgesteckt, mit Pflöcken markiert. Alle Grabungsvorgänge, vom ersten »Spatenstich« an, werden auf Millimeterpapier in einem bestimmten Maßstab, der variiert, festgehalten. Sobald die einzelnen Schichten mit kleinen Schildern versehen sind, machen sich Zeichner und Fotograf daran, das sogenannte Bodenprofil festzuhalten. Das geschieht in jeder einzelnen Phase der Grabung, denn notfalls – das heißt im Idealfall – müßte man ja in der Lage sein, den gesamten Vorgang zu rekonstruieren. Jede Ausgrabung bedeutet die Zerstörung einer Fundstelle, eines historischen Beweisstückes. Danach können sich die Wissenschaftler nur noch anhand der »Grabungsaufzeichnungen« orientieren und informieren.

Je nachdem, was ausgegraben wird – ein Grab, eine Siedlung, ein Lagerplatz – wendet der Wissenschaftler unterschiedliche Methoden an. Bei großflächigen Grabungen legt man ein Koordinatengitter über das Gelände, markierte Pflöcke an den Überschneidungspunkten gliedern die Fläche in einzelne Quadrate, die gelegentlich schachbrettartig ausgegraben werden. Bei Hügelgräbern etwa teilt man das Grabungsgelände durch einen kreuzförmigen »Profilsteg« von einem Meter Breite in vier Quadrate, die ausgegraben werden, während die Balken des Kreuzes, die Profilstege, zunächst unberührt bleiben. Im allgemeinen kombiniert der Archäologe jedoch verschiedene Methoden.

Das eigentliche Graben verläuft ebenfalls dem Objekt entsprechend. Bei den Siedlungsgrabungen im Rheinischen Braunkohlenrevier kam es in erster Linie auf die Pfostenlöcher an, die sich als Verfärbungen im Boden erhalten haben. Das darüberliegende Erdreich wurde mit Baggern freigeräumt.

Soll ein Hügelgrab freigelegt werden, kann man natürlich keinen Bagger einsetzen. Selbst das Abtragen der Erddecke mit der Schaufel kann schon riskant sein, weil man nicht genau weiß, wo Funde zu erwarten sind. Im »Werkzeugkasten« des Archäologen liegen Spachtel verschiedener Größe, Pinsel, Löffel, Drähte, Bohrer. Welches Werkzeug verwendet wird, hängt von der Beschaffenheit des Bodens und von dem gefundenen Gegenstand ab. Gelegentlich werden selbst Obstmesser, Zahnbürsten und Stricknadeln zu Hilfsmitteln. Stoffreste, die in trockenes, lockeres Erdreich eingebettet sind, lassen sich ohne weiteres durch den Luftstrom einer Fahrradpumpe freilegen. Wie man sieht, sind der Improvisation keine Grenzen gesetzt. Eines jedoch ist in jedem Fall zu beachten: Nach Möglichkeit sollte das Werkzeug nicht mit dem Fund in Berührung kommen, denn alte Textilien und fossile Knochen zerfallen oft schon bei der leisesten Berührung.

Um ganz sicher zu sein, daß nichts übersehen wird, füllt man das abgetragene Erdreich mit einem Kehrblech oder einem Löffel in einen Plastikeimer. Der Schutt wird dann durch ein Sieb gegeben, in dessen engen Maschen selbst millimetergroße Scherben, Splitter und Pflanzenreste hängenbleiben. Bei größeren Grabungen, wie zum Beispiel in Gönnersdorf, wo ein eiszeitliches Wildpferdjägerlager freigelegt wurde, schüttete man den hauchdünn abgeschabten Lößboden in eine Schlämmanlage.

Anschließend werden die Funde, die aus der Erde kommen, gewaschen, beschriftet und sorgsam verpackt. Beschriften und beschreiben, das sind zwei Tätigkeiten, die einen großen Teil der Zeit des Archäologen in Anspruch nehmen. Das Grabungsjournal ist das wichtigste Dokument der Grabung und wird ergänzt durch Formulare, Fotos und Zeichnungen. Hier werden technische Daten und Fundbeschreibungen notiert, aber auch spontane Meinungsäußerungen und Gedankenblitze, intuitive Einfälle, die oft von unschätzbarem Wert sind, wenn späterhin die Fakten und Unterlagen ausgewertet werden.

Diese Arbeit beginnt im Anschluß an die Grabung. Archäologen, Anthropologen, Biologen, Zoologen, Geologen – sie alle haben im Idealfall bereits auf der Grabungsstelle zusammengearbeitet und gehen nun daran, jeden Fund aufgrund seiner Beschaffenheit, Lage usw. zu analysieren. All diese vielen einzelnen Ergebnisse zusammen geben dann Aufschluß darüber, was die Archäologen tatsächlich ausgegraben haben.

Ein wichtiger Aspekt der Altertumsforschung, die als Wissenschaft seit rund 150 Jahren besteht, ist die Altersbestimmung, die Datierung. Denn erst wenn die bekannten Fakten zeitlich eingeordnet sind, kann man den nächsten Schritt tun und allgemeingültige Schlüsse ziehen, Theorien aufstellen, etwa über parallellaufende Entwicklungen oder die gegenseitige Beeinflussung zweier oder mehrerer Kulturen. Diese Bewertung aber hängt von einer brauchbaren Chronologie ab.

Es gibt zwei Möglichkeiten der Zeitbestimmung: die relative und die absolute Chronologie. Den ersten Hinweis auf die Zeitfolge, das relative Alter, gewinnt der Archäologe bereits bei der Ausgrabung, wo ja ein Einschnitt ins Erdreich vorgenommen wird, der einen Blick auf die Schichtenfolge des Bodens freigibt. Gegenstände, die direkt unter der Oberfläche liegen, sind im allgemeinen jünger als die in den Schichten darunter, vorausgesetzt, der Boden ist unberührt geblieben. Das Alter solcher Funde, von denen man nicht weiß, wo und in welcher Schicht sie lagen, kann man später bestenfalls noch mit naturwissenschaftlichen Methoden bestimmen.

Wohl die bekannteste Methode der relativen Zeitbestimmung, die speziell im nordeuropäischen Raum (Moorarchäologie) verwendet wird, ist die Pollenanalyse.

Eine ähnliche Bedeutung wie die Pollenanalyse für die Moorforschung hat die Dendrochronologie, die Altersbestimmung durch Abzählen der Jahresringe an Bäumen. Diese Methode führt allerdings zur Bestimmung des tatsächlichen, des absoluten Alters – sofern das Fundstück aus Holz ist. Sie wurde von dem Amerikaner Andrew E. Douglass entwickelt.

Auch die zweite Methode der absoluten Altersbestimmung wurde in Amerika entwickelt. Sie ist aus der modernen Archäologie nicht mehr fortzudenken.

Die Amerikaner Libby und Arnold entdeckten die radioaktive Altersbestimmung, die C-14-Methode. 1960 erhielt Libby den Nobelpreis für Chemie.

Als die Archäologie in den Kinderschuhen steckte, kam es immer wieder vor, daß man ein Grab öffnete, dessen Inhalt auf den ersten Blick vorzüglich erhalten schien. Doch schon kurze Zeit später schrumpften die Gegenstände, sofern sie organischen Ursprungs waren, zusammen und zerfielen nicht selten vor den Augen der enttäuschten Archäologen zu Staub.

Objekte, die lange Zeit im Erdboden ruhen, erreichen bei konstanter Bodenfeuchtigkeit und einer stabilen Temperatur eine Art Gleichgewichtszustand mit ihrer Umgebung, wodurch sie nicht selten Jahrtausende überdauern. Der Zustand ändert sich schlagartig mit der Bergung des Fundes. Beim Öffnen eines kühlen, aber trockenen Grabes zum Beispiel gelangt mit der eindringenden Luft auch Feuchtigkeit hinein, die in extremen Fällen sogar zu Tröpfchen kondensiert. Ist die eindringende Luft jedoch trockener als die im Grab, trocknen die Gegenstände aus, was ebenso gefährlich ist. In beiden Fällen verändert organisches Material seine Dimensionen: es schrumpft oder quillt, und ist dadurch vom Zerfall bedroht.

Genau das muß der Archäologe verhindern,

denn er will die Funde ja erhalten. Es genügt also nicht, die Funde zu fotografieren und maßstabgetreu zu zeichnen – sie müssen für spätere, intensivere Untersuchungen konserviert und restauriert werden.

Funde aus Stein, Keramik und Metall brauchen meist keine besondere Vorbehandlung, bei organischen Funden muß der Archäologe jedoch oft unmittelbar nach der Bergung an Ort und Stelle etwas unternehmen, bevor die Objekte zur endgültigen Konservierung ins Labor einer Universität oder eines Museums geschickt werden.

Nehmen wir einmal an, Wissenschaftler graben ein Gräberfeld aus, in dem die Skelette

*Die reichverzierte Henkelschale (u.) und der Teller mit dem Kinderkopf (rechte Seite) aus dem »Hildesheimer Silberschatz« zeugen vom Tafelluxus reicher römischer Bürger. Die Schale wurde 1976 auf einer Briefmarke der Bundespost abgebildet.*

noch nicht vergangen sind. Die Knochen sind zum Teil so brüchig, daß sie leicht beschädigt werden könnten. Beschädigte Knochen werden gleich nach dem Freilegen mit einer mehrfachen Schutzschicht aus verdünntem Schellack und Alkohol zusammengehalten (es gibt auch andere Mittel). Besonders mürbe Knochen werden mit einer Azetonlösung bepinselt und anschließend mit einem stabilisierenden Schutzüberzug aus flüssiger Zelluloidmasse versehen.

Soll ein Skelett in seiner ursprünglichen Lage ins Labor geschafft werden – und das ist meistens der Fall –, dann läßt man beim Ausgraben einen Erdsockel stehen, ein Podest, auf dem die Knochen liegen. Herausragende Teile des Skeletts bestreicht man mit einer dünnen Schellacklösung und breitet dann ein Tuch oder feuchtes Zeitungspapier darüber. Dann legt man in Gipsbrei getauchtes, in Streifen geschnittenes Sackleinen über die Knochen und preßt es gegen die Konturen, man umgibt das Skelett gewissermaßen mit einem Gipsverband. Zum Schluß sägt man den Erdsockel einfach ab und schiebt ihn samt Skelett vorsichtig auf ein Brett. Nun wird die untere Seite vergipst. Der Fund kann verpackt und transportiert werden.

Im Labor werden die Gipshüllen dann wieder abgelöst, falls notwendig, schmilzt man den chemischen Überzug der Knochen ab und konserviert das Skelett endgültig. Wie das im einzelnen geschieht, hängt vom Konservator ab, der seine eigenen geheimen Hausrezepte für die einzelnen Materialien und Verfallstadien hegt. Gerade in den letzten Jahren wurden auf dem Gebiet der Konservierung sehr wirkungsvolle Methoden und Mittel entwickelt.

Die nächste Stufe der Fundbergung ist die Restaurierung. Man versucht, beschädigte Gegenstände wieder in die ursprüngliche Form zu bringen. Relativ einfach ist die Sache meistens bei Scherben und Statuen, wo es in erster Linie darauf ankommt, die Bruchstücke wie bei einem Puzzlespiel in der richtigen Reihenfolge aneinanderzufügen – seit neuestem versucht man sogar, Computer dafür einzusetzen.

Braucht der Fachmann für die Restaurierung mehrerer tausend Scherben zu einer Vase, einem Krug, in der Hauptsache Geduld, Phantasie und Klebstoff, so muß er bei empfindlichen, leicht verderblichen Funden (Papier, Leder, Stoff etc.) chemische Verfahren anwenden.

Doch die Fachleute aus den Labors und Werkstätten können sogar Dinge rekonstruieren, die es praktisch überhaupt nicht mehr gibt.

Seitdem die Archäologen erkannten, welche Bedeutung ein Loch im Boden bei der Rekonstruktion von Gebäuden spielen kann, wurden immer effektivere Methoden zur Auffindung und Auswertung dieser Spuren erdacht. Organisches Material vergeht zwar im Laufe der Zeit, hinterläßt aber meistens Spuren. Ein Pfahl zum Beispiel oder ein Balken hinterlassen Verfärbungen im Boden, die dem Archäologen wertvolle Hinweise auf die Konstruktionsform eines verschwundenen Hauses geben können.

Zum Schluß noch drei Beispiele dafür, was der Wissenschaftler »zurückerobern« kann, drei Beispiele aus der internationalen Archäologie:

Als am 24. August 79 n. Chr. der Vesuv ausbrach, kamen in Pompeji mehr als zweitausend Menschen um. Viele von ihnen erstickten im Rauch und in den Dämpfen, stürzten zu Boden und wurden von einer Ascheschicht zugedeckt. Die Asche verdichtete und verfestigte sich, unter der steinharten Masse vergingen die Leiber, ihr Abbild jedoch blieb als Negativform erhalten. Der italienische Archäologe Fiorelli ließ diese Hohlformen mit Gipsbrei ausgießen. Er »rekonstruierte« auf diese Weise nicht nur Menschen, die vor fast zweitausend Jahren bei der Naturkatastrophe umkamen, selbst Sträucher aus den Gärten der verschütteten Stadt kann der Besucher heute bewundern.

Ganz ähnlich verfuhr der Engländer Sir Leonard Woolley bei der Ausgrabung der Königsgräber von Ur in Chaldäa. Er füllte im Grab der Königin Shub-ad ein Loch mit Gipsbrei – und erhielt die Form des Schallkastens einer altsumerischen Harfe.

Ein drittes Beispiel für die Rekonstruktion »aus dem Nichts« ist das Schiff von Sutton Hoo in der englischen Grafschaft Suffolk, in dem man vor etwa 1 300 Jahren einen Mann mit reichen Grabbeigaben prunkvoll bestattete. Die hölzernen Planken und Spanten waren bis auf wenige Reste vergangen. Allerdings waren im hellen Sand noch immer die Konturen der Holzteile an dunklen Verfärbungen zu erkennen. Es war ein glücklicher Umstand für die Archäologen, daß man seinerzeit das Innere des Schiffes mit Sand gefüllt hatte. Die eisernen Nägel, die einst die Planken hielten, staken noch an Ort und Stelle im Sand. Nachdem man die Verfärbungen im Boden sorgfältig geprüft und die genaue Lage und Anordnung der Nägel festgestellt hatte, wußte man, daß das Schiff ursprünglich 26 Rippen hatte. Einer Rekonstruktion stand nichts mehr im Wege.

# Sensationen auf Schiefertafeln

Wir haben die Zeit um 30 000 v. Chr. erreicht. Der Mensch lebt noch immer in der Eiszeit, die meisten seiner Werkzeuge bestehen weiterhin aus Stein.

Schon der Neandertaler bestattete seine Toten liebevoll und gab ihnen Werkzeuge mit ins Grab, Erwachsenen wie auch den Kindern. Ob er schon sang und tanzte, wissen wir nicht. Die ersten greifbaren Zeugnisse dafür, daß der Mensch zum Künstler wurde, sind etwa 32 000 Jahre alt.

Ebensosehr wie sich die »zivilisierten« Zeitgenossen Darwins gegen die Tatsache sträubten, daß sie vom Affen abstammen – was letzten Endes eine Frage der Definition ist, denn beide, Mensch und Affe, haben einen gemeinsamen Vorfahren, dem heute in Südostasien lebenden Spitzhörnchen ähnlich –, ebensowenig wollten sie wahrhaben, daß es, rund 25 000 Jahre vor den ersten Hochkulturen in Mesopotamien und etwas später im Mittelmeerraum, mitten in Europa, mitten in der letzten Eiszeit eine Kunst gab, die einzig dasteht.

»Ihre 20 000 Jahre Dauer, von etwa 30 000 bis etwa 10 000 v. Chr., machen sie zum längsten und ältesten künstlerischen Abenteuer der Menschheit«, schreibt André Leroi-Gourhan, einer der besten Kenner der Eiszeitkunst. »Auf ihrem Weg lassen sich ein sehr langsames Anfangsstadium, eine Blütezeit von etwa 5000 Jahren Dauer und eine rasch endende Schlußphase unterscheiden ... Sie ging zu Ende, nachdem sie alle Möglichkeiten gegenständlicher und abstrakter Darstellung erschöpft und einen Katalog aller Ausdrucksformen geschaffen hatte, die Stichel und Pinsel zur Verfügung stehen.«[14])

Die großartigste Höhlenmalerei beschränkt sich auf Frankreich und Spanien. Einige der schönsten und auch ältesten Kleinkunstwerke und Einzelzeichnungen jedoch wurden in Deutschland gefunden.

## Der »Zauberer« lag dreißig Jahre vergessen in einer Holzkiste

Das Lonetal zieht sich zwischen Geislingen und Giengen gut zwanzig Kilometer weit als flache Mulde durch die Hochfläche der Schwäbischen Alb. Ein Paradies für Langstreckenwanderer und Eiszeitforscher, eine der berühmtesten Fundlandschaften Württembergs. Denn in den Höhlen, Grotten und Felsspalten der Kalkfelsen saßen vor mehr als 30 000 Jahren unsere Vorfahren, zerlegten die Jagdbeute, reparierten Werkzeuge und schnitzten Statuetten aus Elfenbein. Ihre »Wohnungen« gehören zu den wenigen archäologischen Stätten aus jener Zeit, die man heute noch besichtigen kann.

Seit der zweiten Hälfte des 19. Jahrhunderts wurden die Höhlen wiederholt untersucht, doch erst ab 1932, wohl auch begünstigt durch das politische Klima, ging man daran, die Gegend systematisch zu erforschen. Die Grabungen im Lonetal sollten internationalen Modellcharakter erhalten. Zwar gelang es nicht, ein »Idealprofil« der zeitlichen Schichtenfolge und damit eine exakte Chronologie zu erarbeiten, doch dieses Manko machten die zum Teil einzigartigen Funde wieder wett.

Aus der Vogelherdhöhle, die gleich drei Eingänge besitzt, stammen Schädelreste und Knochen. Die dreizehn Plastiken aus dieser Höhle wurden weltberühmt. Einige von ihnen sind sehr stark verwittert und in ihrer ursprünglichen Form kaum noch zu erkennen, doch ein Mam-

mut und ein Wildpferd aus Elfenbein zeugen von der Kunstfertigkeit jener Eiszeitmenschen, die wohl nur vorübergehend in den Höhlen wohnten, wenn sie dem Wild folgten. Unbestrittenen Seltenheitswert besitzt die kleine Elfenbeinfigur, die offensichtlich einen Menschen darstellt.

Das Prachtstück der Lonetalfunde indes stammt aus einer anderen Höhle, dem Hohlenstein-Stadel. Im Jahre 1939 unterbrach der Krieg die Grabungen im Lonetal. Die letzten Grabungen brachten aber noch einige ungewöhnliche Funde zutage: eine sogenannte Knochentrümmerstätte aus der Jungsteinzeit mit zerschlagenen und versengten Knochen von ungefähr 41 Personen, »die mittelsteinzeitliche Kopfbestattung eines Mannes, einer Frau und eines Kindes, deren abgeschnittene Köpfe in einer durch Rötel gefärbten Grube beigesetzt wurden«.[15] Und ganz zuletzt Elfenbeinfragmente, die allem Anschein nach bearbeitet waren.

Die Knochen von Höhlenbär, Rentier und Fuchs wurden mitsamt den Elfenbeinsplittern verpackt und in die Prähistorischen Sammlungen Ulm transportiert. Dreißig Jahre lang stand die Kiste sodann unbeachtet im Magazin des Instituts. Niemand ahnte, welcher Schatz noch zu heben war. Bis eines Tages, lange nach dem Krieg, der Tübinger Eiszeitspezialist Joachim Hahn einen Blick hineinwarf ...

Mit unendlicher Geduld machte sich Hahn an die Arbeit und setzte dieses 32000 Jahre alte Elfenbeinpuzzle Stück für Stück aus seinen mehreren hundert Bestandteilen zusammen. Die Plastik stellt zweifellos einen Menschen dar.

»Obwohl die männliche Statuette in stark fragmentarischem Zustand erhalten ist, läßt sie doch eine einmalige künstlerische Leistung ahnen. Aus dem Stoßzahn eines wahrscheinlich jungen Mammuts hatte der eiszeitliche ›Künstler‹ eine Menschendarstellung von erstaunlich guter Naturbeobachtung geschaffen ... Bei den Proportionen fällt freilich der lange Körper im Gegensatz zu den kurzen muskulösen Armen und Beinen auf, der Kopf war wahrscheinlich recht klein. Die Beine sind gut beobachtet, das Knie leicht angedeutet, der Wadenmuskel ausgeprägt. Auffällig sind die schräggestellten Fußsohlen, die die Figur scheinbar in der Luft schweben lassen. Zum Gebrauch bedurfte sie also einer Stütze, sei es, daß sie in der Hand gehalten, sei es, daß sie angelehnt oder gar liegend benutzt wurde.«[16]

Die Figur ist 28 Zentimeter hoch und damit das größte jungpaläolithische Kleinkunstwerk, das wir kennen.

»Ein solches Maß war aber nur zu erreichen, wenn der Künstler den Mammutstoßzahn in seiner ganzen Breite verwandte und nicht nur einen peripheren Teil davon. Dies wiederum hatte zur Folge, daß die Plastik in einer für Elfenbein typischen Art zerfiel: der mittlere Stoßzahnzapfen ist herausgebrochen, und viele Teile der ehemaligen Oberfläche fehlen.«[17] Vom rechten Arm sind nur noch Splitter übrig, und auch der Penis scheint abgebrochen zu sein. Nun streiten die Fachleute, ob es sich um Männlein oder Weiblein handelt!

Daß der Elfenbeinschnitzer, der vor mehr als dreißigtausend Jahren diese Figur schuf, etwas von seinem Handwerk verstand, beweisen die fein herausgearbeiteten Knöchel und die Ohren, die allerdings für einen Menschen zu hoch am Kopf sitzen. Vielleicht trug die Figur eine Tiermaske. Es geht die Rede, daß sie einen Zauberer darstelle.

Am noch vorhandenen linken Arm fallen die waagerechten Kerben auf. Diese Einkerbungen, die sich häufig kreuzen, und Punktreihen finden sich auch bei den anderen Vollplastiken der Lo-

*Links: Die Menschendarstellungen von Gönnersdorf zeigen durchweg Frauen. Offenbar lag der eigentliche Sinn der Gravierungen in der Herstellung, nicht im Bilde. Nur so läßt sich die mehrfache Verwendung vieler Platten erklären.*

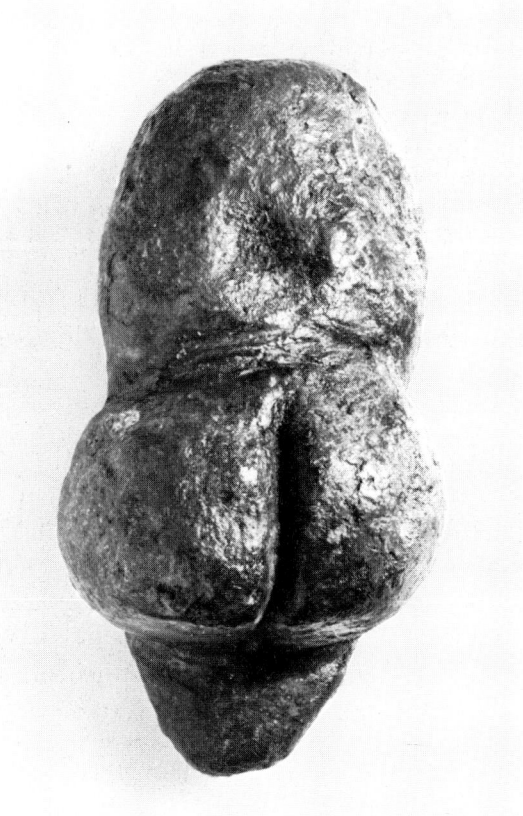

*Die »Venus«-Figürchen des Jungpaläolithikums waren wahrscheinlich Fruchtbarkeitssymbole. Diese Statuette, »die Rote« aus den Weinberghöhlen bei Mauern, ist eines von mehr als hundert ähnlichen Exemplaren, die bisher bekannt sind.*

netalhöhlen Vogelherd und Hohlenstein-Stadel. Bisher hat man keine Erklärung für sie. Sie tauchen allerdings auch an anderen Orten auf.

Inzwischen wissen die Archäologen, wonach sie bei Höhlengrabungen Ausschau halten müssen. Es ist sehr wahrscheinlich, daß bei früheren Entdeckungszügen verwitterte Elfenbeinreste einfach übersehen wurden. Und so war Joachim Hahn, der kürzlich in einer Höhle des Achtals bei Blaubeuren, ganz in der Nähe des Lonetals, grub, sofort klar, welche Bedeutung das armselige Häufchen Elfenbeinstücke hatte, das unter Erde und Steinen vergraben lag. Wiederum sortierte er Splitter und abgeplatzte Plättchen. Dabei stellte er fest, daß es sich um offenbar zwei Figuren handelte. Eine davon konnte er bereits rekonstruieren, und siehe da: Auch das »Mammut aus dem Geißenklösterle« trägt Kerben wie die Plastiken aus dem Vogelherd und die Mensch-Tier-Figur aus dem Hohlenstein.

Über den Stellenwert, den diese Kleinkunstwerke im Leben der eiszeitlichen Jäger besaßen, können wir nur Vermutungen anstellen, und es könnte sein, daß die Art von Kunst durchaus nicht »um der Kunst willen« entstand, sondern in gewisser Weise ebenso notwendig war für jene Menschen wie Essen und Trinken:

»Die Darstellung der Hauptjagdtiere der Umwelt scheint zu zeigen, daß diese im Denken dieser Jäger eine zentrale Rolle spielten. Die Mensch-Tier-Kombination aus dem Hohlenstein-Stadel besitzt einen etwas anderen Informationsgehalt. Diese Verbindung scheint nahezulegen, daß im Bewußtsein dieser Menschen keine scharfe Trennung zwischen der natürlichen und kulturellen Umwelt gezogen wurde ... In diesem Sinne ist das, was wir als ›Kunst‹ bezeichnen, weniger ein Kunstwerk, das geschaffen werden konnte, weil ein Produktionsüberschuß seine Herstellung erlaubt, sondern ein notwendiger ›Gebrauchsgegenstand‹. Soweit sich die Darstellungen beurteilen lassen, zeigen nur männliche Wesen eindeutige tierische Merkmale, wie in den Wandbildern des Magdalénien.«[18])

Es ist eine Besonderheit der Eiszeitkunst, daß in der Mehrzahl Frauen dargestellt sind, meist als »Venus«-Figürchen, wie die berühmte Dame von Willendorf, die inzwischen als Nippes bei einschlägigen Versandhäusern bestellt werden kann. Andere Figuren sind so stark stilisiert, daß sie häufig nur noch aus dem Zusammenhang oder von der typologischen Entwicklung her als weibliche Statuetten zu erkennen

sind, und sie stammen meist aus der späten Eiszeit, dem sogenannten Magdalénien.

Diese Epoche der ausgehenden Eiszeit trägt ihren Namen nach dem ersten Fundort im südfranzösischen Kernland, der Grotte La Madeleine im Departement Dordogne. Einen möglichen Beweis dafür, daß sich auch im Gebiet des Mittelrheins eine eigenständige Magdalénien-Kultur entwickelte, erbrachte Professor Gerhard Bosinski vom Institut für Ur- und Frühgeschichte der Universität Köln. Die Grabungen von Gönnersdorf bei Neuwied sind einmalig für Europa. Sie wurden im September 1976 abgeschlossen. Bis die Funde vollständig ausgewertet und in den vorgeschichtlichen Zusammenhang integriert sind, wird noch einige Zeit vergehen, doch ihre Bedeutung ist schon jetzt unbestritten.

### Ein Tag im Steinzeit-Lager

In der Ferne verschwinden blauschwarze Hügelketten im Septemberdunst. Man hat von hier oben einen freien Blick über den Mittelrhein und das Neuwieder Becken. Dieses Landschaftsbild hat sich in den letzten 13 000 Jahren kaum verändert. Nur, wo heute Fabrikschornsteine, Beton und Teer die Rheinufer beherrschen, wuchsen am Ende der Eiszeit Röhrichtdickichte. Schwäne, Enten und Gänse hatten hier ihre Nester. An ruhigen Tagen gingen die Männer des Lagers zum Fischen.

Zwischen dem träge dahinfließenden Strom, den hin und wieder Erlengebüsch säumte, und der Mittelterrasse des Ufers, fünfzig Meter über dem Rhein, kroch ein Kiefernwald den steilen Hang hinauf. Hier lebten Hirsche, Ure und Wölfe – doch auf sie machten die Männer nur selten Jagd. Oberhalb des Lagerdorfes, das sich in einen spornartigen Winkel zwischen einem kleinen Bach und dem Hang zum Rhein schmiegte, schloß sich ein weiterer Hang zur Hochterrasse an, der vor rauhen Nordwestwinden Schutz bot. Hier, auf dem Hochplateau, jagte es sich angenehmer auf Ren und Wildpferd. Zudem bot diese Graslandschaft mit vereinzelten Büschen ein ideales Revier für Eisfuchs und Saigaantilope.

Gönnersdorf war also ein überaus günstiger Siedlungsplatz – vor Wind und Wetter geschützt, Brennstoff, Wasser und Wild direkt vor der Hütte, das Baumaterial war auch unmittelbar zur Hand. Mit den Schieferplatten, die an den Abbruchkanten der Täler noch heute in großen Mengen herumliegen, pflasterte man vor zwölfeinhalbtausend Jahren das Innere der Behausungen, ja sogar Gehwege zwischen den Hütten.

Die letzten Wochen waren anstrengend gewesen. Frauen und Kinder hatten Schieferplatten herbeigeschleppt und Felle zusammengenäht, während die Männer Pfosten zuschlugen und in der Erde verkeilten. Zum Schluß zogen alle gemeinsam die zusammengenähten Pferdefelle als Dach- und Wandbekleidung über die Pfahlgerüste. Das Winterlager war fertig. Bis zum Frühjahr, wenn das Wild am Rande des zurückweichenden Eises weiter nordwärts ziehen würde, konnte die Gemeinschaft verschnaufen. Feste und feierliche Zeremonien kündigten sich an. Zwischendurch, wenn das Wetter es erlaubte, zogen die Männer zur Jagd aufs Hochplateau. Abends und an regnerischen Tagen saßen die Jäger und ihre Familien am Feuer, erinnerten sich an vergangene Wanderungen und wechselndes Jagdglück, planten den Aufbruch eines Teils der Gruppe im nächsten Frühjahr. Nebenbei schnitzten sie Harpunen aus Knochen oder schlugen Messer und Schaber aus Feuersteinknollen. Das Material dazu hatten sie auf der letzten Wanderung bei einer Gruppe eingetauscht, die aus Norden kam. Ein Mann hatte neben sich ein Häufchen runder Schieferscheiben liegen, die er durchbohrte.

Die Frauen stießen mit einer Art Ahle Löcher in Felle und führten dann die beinerne Nadel mit der Lederschnur durch die Öffnungen; Kinder zerrieben Hämatitbrocken in Sandsteinschalen. Später würde man das Pulver mit Fett zu einer roten Farbe vermischen und damit das Innere der Behausungen streichen. Ab und zu warf jemand einen heißen Stein in den mit Wasser gefüllten Lederbeutel, der in eine Grube versenkt war. Auf diese Weise brodelte das Wasser leise vor sich hin.

Wohin die Männer und Frauen und Kinder, die hier im Neuwieder Becken vor zwölfeinhalbtausend Jahren ihr Winterlager aufgeschlagen hatten, weiterzogen, kann niemand sagen. Doch aus dem, was sie verloren, fortwarfen, zurückließen, konnten die Archäologen ein recht anschauliches Bild des Alltags rekonstruieren.

Die Hänge der Rheinterrassen sind heute dicht besiedelt. Bei Gönnersdorf-Neuwied reiht sich eine Villa an die andere, der Bach ist versiegt. Zu beiden Ufern des Rheins, der heute schmaler ist und schneller dahinfließt, entstellen

*Diese Lampe fertigten die Gönnersdorfer aus einem eingetieften und an den Kanten behauenen Konglomerat (zusammengebackene Steine).*

*In Reibschalen aus Sandstein zermahlten die Wildpferdjäger Hämatitbrocken zu jener roten Farbe, mit der sie das Innere ihrer Behausungen bestrichen.*

Bimssteinwerke und Industrieanlagen die Landschaft, der Kiefernwald ist längst gerodet. Nur am Horizont verschwinden noch immer die dunklen Hügelketten im Dunst des Herbsttages.

Das einstmals stille Land ist dicht bevölkert. Auf dem eiszeitlichen Siedlungsplatz wohnt ein Team von rund zwanzig Archäologen und Studenten in Zelten, Wohnwagen und Baubuden, umzingelt von Einfamilienhäusern und Swimming-pools. Von den fellbespannten Hütten der eiszeitlichen Jäger ahnt der zufällige Besucher nichts mehr. Doch Millimeter für Millimeter entreißen die Archäologen dem zähen Lößboden die Kunde von den Bewohnern der Eiszeit.

**Notbergung im Wettlauf mit der Zeit**

Das Abenteuer Gönnersdorf begann im Frühjahr 1968. Bei den Ausschachtungsarbeiten für ein Wohnhaus fiel dem Architekten auf, daß Steinplatten und Tierknochen im ausgehobenen Erdreich lagen. Ohne lange darüber nachzudenken, was das für seinen Bau bedeuten könnte,

meldete er seine Beobachtung dem zuständigen Staatlichen Amt für Ur- und Frühgeschichte in Koblenz-Ehrenbreitstein. Von dort aus ging die Meldung weiter an das Kölner Institut für Ur- und Frühgeschichte. Den zuständigen Archäologen war sofort klar, daß sich ihnen in Gönnersdorf eine einmalige Gelegenheit zur Erforschung der Vorzeit bot, denn sie wußten, daß der Laacher-See-Vulkan im Jahre 9 500 v. Chr. ausgebrochen war und das Gebiet des Neuwieder Beckens mit einer stellenweise 20 Meter dicken Bimssteinschicht überzogen hatte. Wenn tatsächlich Reste einer menschlichen Besiedlung unter dieser Bimsdecke lagen, mußten sie aus der Eiszeit stammen und gut erhalten sein.

Die Baugrube war ausgehoben, was am Grund lag, war verloren oder doch so sehr aus dem ursprünglichen Zusammenhang gerissen, daß es für die Wissenschaftler kaum noch Wert hatte. Dies war ein typischer Fall von Notbergung. Der Wettlauf mit der Zeit begann. Ein Teil des Geländes mußte untersucht sein, bevor das Haus fertiggestellt war.

Anschließend ließ man es dann ruhiger angehen. Die Deutsche Forschungs-Gemeinschaft (DFG) stellte sofort ausreichende Mittel zur Verfügung. Nun begannen systematische Grabungen und man konnte insgesamt siebenhundert Quadratmeter Gelände untersuchen. Bereits die ersten Funde kündigten eine archäologische Sensation an.

Der Leiter der Ausgrabungen, Professor Gerhard Bosinski, Prähistoriker aus Köln – er grub übrigens in Rheindahlen eiszeitliche Siedlungen aus, die über 200 000 Jahre hinwegreichten und in vier übereinandergelagerten Erdschichten überdauert haben –, hat die Sache fest im Griff. In einer Hand die Pfeife, in der anderen einen neu-bayerischen Bierseidel – das erste Fundstück der Grabung –, geht er von einem zum anderen, trifft Entscheidungen, fertigt Besucher ab – und gräbt. Das heißt, von Graben kann eigentlich nicht die Rede sein, denn Spaten und Schaufel werden höchstens zum Abräumen fundleerer Schichten verwendet – wenn gerade kein Bagger zur Hand ist. Ansonsten wird geschabt und gespachtelt.

Zu Beginn einer Grabung läßt sich, von raren Ausnahmen abgesehen, schwer abschätzen, was der Boden verbirgt – Scherben oder Schätze. Die Zeiten, als die Archäologie in den Kinderschuhen steckte und die Ausgräber nach materiellen Werten wühlten, um sie mit oft horrenden Gewinnen zu verscherbeln, sind vorbei.

Wenn man bedenkt, daß jede archäologische Grabung zugleich die endgültige Zerstörung des Fundplatzes bedeutet, wird verständlich, warum die Archäologen derart versessen darauf sind, jede einzelne Arbeitsphase so genau festzuhalten, daß man notfalls den ursprünglichen Zustand der Fundstelle wiederherstellen könnte. Da wird vermessen, gezeichnet, fotografiert, untersucht und eingeordnet.

Zur Sicherung des Befundes gehen einzelne Stücke an Fachwissenschaftler anderer Disziplinen weiter. Mit größter Genauigkeit wird noch der kleinste Mausezahn, der Splitter einer Schieferplatte geborgen, die Verfärbung eines Pfostenloches registriert. Und aus all diesen Arbeitsvorgängen, die bei näherem Hinschauen gar nicht so langweilig sind, wie es scheint, schält sich nach und nach das Bild vergangener Situationen heraus. Gleich einem Zauberer vermag der Archäologe mit Hilfe seiner Kollegen aus der Geologie, der Botanik, der Zoologie, der Anthropologie, der Ethnologie – um nur einige zu nennen – die Vergangenheit wieder lebendig zu machen. Doch von Zauberei kann natürlich nicht die Rede sein, hier geht es um mühselige Kleinarbeit. Und das ist es wohl, was die Archäologie so faszinierend macht wie einen Kriminalfall: Hunderte und Tausende von – im Einzelfall nichtssagenden – Mosaiksteinen werden nüchtern aneinandergereiht zur beweiskräftigen Kette.

## Importe vom Mittelmeer

Daß es sich bei dem Gönnersdorfer Lager nicht um ein eiszeitliches Pompeji handelte, das von dem Laacher-See-Vulkan verschüttet wurde, erkannten die Archäologen rasch. Zwischen dem Siedlungshorizont und der Bimsdecke lag eine dicke Lößschicht. C-14-Daten erbrachten dann, daß die eiszeitlichen Jäger runde tausend Jahre vor der Naturkatastrophe ihre Zelte abgebrochen hatten.

Als die Zoologen die Knochenreste bestimmt hatten, stand fest, daß die Gönnersdorfer in erster Linie Wildpferde und Ren jagten, mitunter auch Hirsch und Elch. Die eiszeitlichen Großsäuger Mammut und Wollnashorn dagegen waren kaum noch vertreten, und auch das paßt gut zu unserem Bild. Denn sie waren damals im Aussterben begriffen. Des weiteren standen Wisent und Ur auf der Gönnersdorfer Speisekarte neben Fischen und verschiedenen Vogelarten.

Wie gesagt: Das Klima war kälter als heute, doch von einer Tundra kann in der Gegend von Gönnersdorf nicht die Rede sein.

»Wir machen sicher einen Fehler«, meint Gerhard Bosinski, »wenn wir versuchen, die eiszeitliche Umgebung Europas oder hier des Neuwieder Beckens dadurch zu veranschaulichen, daß wir mit dem Finger auf der Landkarte nach Lappland oder Sibirien wandern. Für das heutige subarktische Klima ist von ganz großer Bedeutung, daß die Sonne in diesen Gebieten sehr flach einfällt, daß der arktische Winter sehr lang ist. Diese Erscheinungen, die ja doch die Vegetation und in ihrem Gefolge auch die Fauna, wesentlich prägen, entfielen für das Mittelrheingebiet – da schien die Sonne immer. Daraus folgt, daß es heute eigentlich keine wirklich vergleichbare Umweltsituation gibt.«[19]

Keine Tundra also, sondern Kontinentalsteppe. Doch allem Anschein nach lebten die Gönnersdorfer Jäger »am Rande der Ökumene«, das heißt, sie lebten unmittelbar am Rande der zu dieser Zeit bewohnbaren Gebiete. Sie standen gewissermaßen auf Außenposten, und zwar freiwillig. Denn von einem Bevölkerungsdruck, wie wir ihn aus späteren Zeiten kennenlernen werden, kann um 10 500 v. Chr. noch nicht die Rede sein. Allerdings kennen wir auch »Außenposten«, die trotz kälteren Klimas viel weiter nördlich lagen.

Wenn man zunächst angenommen hatte, in Gönnersdorf auf ein reines Winterlager gestoßen zu sein, dann korrigierten die Funde dieses Bild nach und nach. Bosinski legte drei fast runde Behausungsgrundrisse frei mit einem Durchmesser zwischen fünf und zehn Metern. In jeder dieser Behausungen war für rund ein Dutzend Menschen Platz. Daneben fand man die Pfostenspuren von drei kleineren Zelten, die wohl nur aus aneinandergelehnten Stangen und darübergeworfener Fellbespannung bestanden. Offenbar war wenigstens eine Unterkunft auch im Sommer bewohnt.

*Das Foto zeigt ein Bodenprofil: Deutlich ist die Fundschicht mit den teilweise herausragenden Platten zu erkennen. Das Koordinatennetz erleichtert die genaue Dokumentation der einzelnen Funde.*

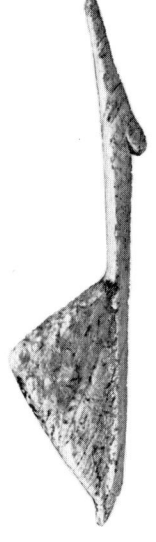

*Neben den Schiefer-*
*ritzungen kamen in*
*Gönnersdorf Elfen-*
*beinstatuetten ans*
*Licht. Es sind dies*
*ausschließlich stark*
*stilisierte Frauen-*
*figuren, die vielleicht*
*als »Amulett«*
*getragen wurden.*

Hier freilich beginnen die Spekulationen. Die Intensität der Siedlungsspuren spricht dafür, daß eine Gruppe von siebzig bis hundert Menschen, oder doch zumindest ein Teil der Gruppe, nicht nur wenige Wochen, sondern vielleicht ein Jahr oder auch länger hier lebte. Sicher ist, daß Gönnersdorf kein Jägerlager war, sondern ein dauerhafter Lagerplatz, denn man hatte die Alten und die Kinder dabei.

Aus Südfrankreich, dem Kernland des Magdalénien, sind sie wohl nicht eingewandert, obgleich sie Verbindungen in diese Gegend hatten. Das beweist ihr Schmuck. Neben Ketten aus durchbohrten Tierzähnen und Perlenschnüren aus kunstvoll bearbeitetem Holz fanden die Archäologen zudem Schmuckschnecken. Sie stammen ohne Zweifel aus dem Mittelmeergebiet. In den Grotten von Monaco gab es seinerzeit regelrechte Produktionszentren, und Depotfunde mit vielen Hunderten dieser begehrten Schnüre markieren in den Pyrenäen und in der Dordogne die Handelswege, auf denen man diese Luxuswaren über Tausende von Kilometern hinweg, unter anderem auch an den Rhein, transportierte.

**Am liebsten malten sie Frauen mit Wespentaille und ausladendem Hinterteil**

Die eigentliche Sensation von Gönnersdorf waren, wie sich jedoch erst später herausstellte, jene unscheinbaren Schieferplatten, mit denen die Eiszeitjäger Häuser und Gehwege gepflastert hatten. Die Tatsache ihrer Existenz hatten die Archäologen registriert, in ihre Fundberichte aufgenommen und ad acta gelegt. Doch dann kam es zu einer jener Riesenüberraschungen, mit denen man in der modernen Archäologie kaum noch rechnet: Grabungsleiter Bosinski hielt eine dieser grauschwarzen Platten in der Hand, drehte und wendete sie – und entdeckte, was ihm früher entgangen war. Feine Linien und Rillen liefen über die schuppige Oberfläche und bildeten Muster. Da hatte jemand mit einer Art Griffel Figuren auf die Schiefertafel geritzt!

Fieberhaft untersuchte man die bisher geborgenen Platten und entdeckte weitere Zeichnungen, inzwischen sind es mehr als tausend. Rund zehn Prozent der Fußbodenplatten sind graviert. Daß man die Zeichnungen nicht eher entdeckte, liegt daran, daß die Ritzungen vielfach nur sehr zart sind. Eine frische Zeichnung ist gut zu erkennen, weil der feine helle Staub die Ril-

len ausfüllt. Wischt man ihn fort, scheint die Platte leer und kann aufs neue benutzt werden. Ganze Generationen von Schulkindern kennen diesen Vorgang.

Und das erklärt auch, warum viele Platten ein kaum noch entwirrbares Netz von Linien tragen, von Zeichnungen, die sich überdecken. Für die Archäologen bedeutet ihre Auswertung eine wahre Sisyphusarbeit, und so wird es noch eine Weile dauern, bis die Platten geprüft, alle Figuren entwirrt sind, soweit das möglich ist.

Soviel steht fest: bei den Darstellungen handelt es sich um Menschen, Tiere und Zeichen, deren Sinn unbekannt ist. Diese Dreiheit ist typisch für die Eiszeitkunst, die wir vor allem aus den Höhlen in Frankreich und Spanien kennen. Neben den berühmten Höhlenmalereien, die sicherlich im Zusammenhang mit Ritualen zu sehen sind, gibt es die sogenannte »Kleinkunst« (frz. art mobilier, engl. home art), das sind Darstellungen von Menschen, Tieren und Zeichen, die man an Lagerplätzen fand, also im Zusammenhang mit dem alltäglichen Leben.

Die Gönnersdorfer Schieferplatten hatten zunächst eine ganz profane Funktion. Sie sollten den Boden der Behausungen gegen Feuchtigkeit isolieren. Daß sie tatsächlich als Bodenbelag benutzt wurden, bestätigen die Abnutzungsspuren an den Oberflächen. Später mögen sie »höhere« Zwecke erfüllt haben.

Graviert wurde offenbar in der Nähe des Herdfeuers und am Hütteneingang, dort also, wo es hell war. Warum die Gönnersdorfer die stark abstrahierten Frauengestalten in den Schiefer ritzten, die zu mehreren hintereinander oder einander zugewandt abgebildet sind, und die zu tanzen scheinen, wissen wir nicht. Auf einer Platte trägt vermutlich eine der Frauen ein Kind auf dem Rücken. Männer sind nicht dargestellt – es sei denn, man interpretiert jene Gestalten, die ohne weibliche Geschlechtsmerkmale dargestellt sind, als »Menschen« schlechthin.

Die Frauen von Gönnersdorf sehen ganz anders aus als die üppigen »Venus«-Figuren, die wir aus Willendorf/Österreich oder aus den französischen Höhlen kennen. Sie haben allesamt eine Wespentaille, die schwungvoll in ein ausgeprägtes, fast dreieckiges Gesäß ausläuft. In der Kniegegend enden die Linien, auch der Kopf fehlt. Gelegentlich ist die Brust abgebildet. Ganz ähnlich stilisiert sind auch die kleinen Elfenbeinstatuetten, die in Vorratsgruben gerieten und auf diese Weise recht gut erhalten blieben. Eine »Kultecke« gab es allem Anschein nach nicht, denn die Platten lagen wahllos verstreut umher – abgesehen von den Häufungen in der Nähe des Feuers und des Eingangs.

Im Gegensatz zu den Menschfiguren sind die Tiere frappierend lebensecht gezeichnet. Für alle Bilder aber gilt, daß sie von sehr unterschiedlicher Qualität sind. Da gibt es Frauenfiguren, die aus vier Strichen bestehen, an anderen sind deutlich erkennbar Korrekturen vorgenommen worden. Manche Zeichnungen scheinen flüchtig hingeworfen, andere sind tief eingegraben in den Schiefer. Der Leib eines dicken Vogels wirkt auf den ersten Blick wie die Zeichnung eines Erstkläßlers, doch der gebogene harte Schnabel und die Krallen sind typisch für den Auerhahn. Auch der seltsame Vogel, dessen Hals unvermittelt in den Kopf und ein fast reptilförmiges spitzes Maul übergeht, läßt spüren, daß hier eine ganz bestimmte Vogelart gemeint ist. Reliefartig herausgearbeitet ist ein wunderschöner Wildpferdkopf. Der Künstler, der dieses Bild zeichnete, verstand etwas von Tieren. Fast ist man versucht, über die samtigen Nüstern zu streicheln.

Die Kunstgalerie von Gönnersdorf sucht ihresgleichen. Zwar kennen wir vereinzelte Menschendarstellungen des Gönnersdorfer Typs von insgesamt 19 Fundstellen zwischen den Pyrenäen und der Ukraine, doch nirgendwo bietet sich uns ein so eindrucksvolles Bild von der Kleinkunst späteiszeitlicher Jäger, die als Nomaden durch das unwirtliche Land zogen.

Was es mit den Gravierungen, insbesondere der Frauenbilder, auf sich hat, ist schwer zu sagen. Auf jeden Fall handelt es sich um Darstellungen von Menschen, nicht von Geistern oder Göttern. Und sicher ist auch, daß nicht ein einzelner »Künstler vom Dienst« die Figuren zeichnete, denn sie zeigen deutlich unterschiedliche Handschriften.

»Gefühlsmäßig würde man sagen, die Zeichnungen wurden von Männern ausgeführt«, meint Bosinski. Doch nichts spricht dagegen, daß es Frauen waren, die diese weiblichen Figuren ritzten. »Die Gestalten sind dabei in der Halbhocke mit aufgerichtetem Oberkörper, halberhobenen Armen und nach vorwärts gerichteten Händen gemalt. Solche Gruppierungen von Mädchen oder Frauen in der Halbhocke sind am besten beim Tanzen vorstellbar.«[20]

Probten die erwachsenen Frauen auf diese Weise mit den jungen Mädchen die Einweihungsriten? Möglich wäre es, denn in Gönners-

dorf traf man sich im Winter, und in diese Zeit fielen ganz gewiß die Festlichkeiten und Feste der Gemeinschaft.

Etwas anders verhält es sich mit den weiblichen Statuetten. Waren die Gravierungen nicht für die Ewigkeit bestimmt – vielleicht lag ihr Sinn sogar einzig und allein in der Anfertigung der Zeichnung, beispielsweise, um Tänze einzustudieren –, so besitzen die Statuetten, die weitaus schwieriger herzustellen waren, »unvergängliche Bildwirkung«.

## Der Mensch entdeckt das Jenseits

Waren einige Wissenschaftler davon überzeugt, daß die Eiszeitmenschen die »Kunst um der Kunst willen« schufen, sind andere Forscher noch heute der Ansicht, daß die Bilder ausschließlich mit magischen Riten, wie Fruchtbarkeitszauber und Bannung des Jagdglücks zu tun haben. Fraglich bleibt, ob die Leute von Gönnersdorf oder die Elfenbeinschnitzer aus dem Lonetal überhaupt zwischen Religion und Alltag unterschieden. Das Bild vom Eiszeitmenschen, der vom Kult beherrscht war, ist sicherlich falsch. Vielmehr kann man wohl davon ausgehen, daß die Religion das gesamte Leben durchtränkte. Falls es wirklich »Kulte« gab, dann waren sie mit großer Wahrscheinlichkeit Bestandteil des täglichen Lebens, Höhepunkte vielleicht, doch nichts Separates, Herausgelöstes – das ist ein Empfinden, in das wir uns heute kaum noch hineinversetzen können.

»Das war eine Jägerbevölkerung«, sagt Bosinski über die Gönnersdorfer, »das hat ihre Lebensweise geprägt. Von daher ist alles Nachgeordnete zu verstehen. Wir müssen davon ausgehen, daß die wirtschaftliche Situation das Primäre und alles daraus folgende Überbau war. Schon daraus, daß sie Jäger waren, von den Tieren abhingen, folgert natürlich eine spezielle Beziehung zum Tier. Es ist bei Jägervölkern vielfach belegt, daß man dort im Tier keinesfalls

*Was es mit den rotbemalten Steinen auf sich hat, die meist mit punktreichen, parallelen Linien, Kreisen oder Kreuzen verziert sind, weiß man nicht. Bemalte Kiesel kennen wir in Deutschland unter anderem aus den Klausenhöhlen in Bayern und der Kleinen Scheuer im Lonetal.*

Rechts: Trepana-
tionen, das heißt
künstliche Öffnungen
des Schädels, sind
bereits aus dem
Neolithikum be-
kannt. In der Jung-
steinzeit und in der
Bronzezeit gab es
offenbar regelrechte
Trepanationszentren.
Zumindest in einigen
Fällen konnte nach-
gewiesen werden, daß
es sich um medi-
zinische Eingriffe
handelte.

nur den Lieferanten von notwendiger Nahrung sieht, sondern daß man in einer regelrechten Symbiose mit dem Tier lebt, daß man sich selbst nicht als Gegensatz zum Tier empfindet, sondern mit ihm als Teil eines übergeordneten Universums.«[21])

In dieses Bild paßt sehr gut die Elfenbein-Statuette aus dem Hohlenstein-Stadel, die offenbar eine Tiermaske trug. Ähnliche Darstellungen kennen wir aus den französischen Höhlen. Daß es beim Eiszeitmenschen, ebenso wie bei heute noch lebenden Jägervölkern, so etwas wie ein Bündnis zwischen Mensch und Tier gab, liegt durchaus nahe.

Auch die rote Farbe taucht schon sehr früh im Zusammenhang mit Begräbnissen, Höhlen und Statuetten auf:

- *In den Weinberghöhlen von Mauern lag auf einer dicken Schicht roter Erde das vollständige Skelett eines etwa zehnjährigen Mammuts, über und über bedeckt mit rotbemalten Elfenbeinperlen und Steingeräten. In unmittelbarer Nähe lagen im ebenfalls rotgefärbten Erdreich Anhänger aus Elfenbein, durchbohrte Tierzähne und weitere Mammutknochen.*

- *Kurz vor dem Ersten Weltkrieg stießen Steinbrucharbeiter bei Oberkassel auf das Grab eines ungleichen Paares: Auf einer pulverisierten roten Hämatitschicht, die einem ausgebreiteten festlichen Tuch glich, ruhte ein etwa sechzig Jahre alter Mann von robustem Körperbau. Neben ihm lag eine zierliche junge Frau von höchstens 25 Jahren. Ihr Skelett zeigte keinerlei Spuren von Gewalteinwirkung, es sieht also nicht so aus, als hätte sie — wie es später oft üblich war — ihrem Mann in den Tod folgen müssen. Falls der ältere Herr überhaupt ihr Ehemann war ...*

Immer wieder stießen die Archäologen auf Skelette oder Schädel von Mensch und Tier, die rotgefärbt waren. An einigen Statuetten haften heute noch Spuren der alten roten Bemalung. Die Gönnersdorfer strichen sogar ihre Behausungen rot an.

In späteren Zeiten galt Rot als Farbe des Lebens, und so könnte man annehmen, daß die Eiszeitmenschen hofften, ihren Toten durch Rotfärbung Leben zu verleihen. Das setzt allerdings voraus, daß sie bereits einen deutlichen Trennungsstrich zwischen Diesseits und Jenseits zogen. Das ist jedoch fraglich. Viel näherliegend ist wohl die Erklärung, daß Rot einfach Festlichkeit bedeutete. Und vielleicht gab es zumin-

dest bei der Bemalung der Häuser einen ganz profanen Zweck, wie Gerhard Bosinski andeutet:

»Mir scheint, daß man die Rotfärbung der Gräber nicht von der Rotfärbung der Siedlungen trennen kann. Wir haben anläßlich der Rekonstruktion einer Gönnersdorfer Behausung die Felle, die nach allem, was wir wissen, die Dachbedeckung bildeten, innen rot gemalt — vielleicht benutzte man die rote Farbe einfach als Wandbemalung, wobei nicht auszuschließen ist, daß ein Zusammenhang mit der Haltbarkeit dieser Felle, mit dem Gerbprozeß also, besteht.«[22])

Interessant ist dennoch, daß auch bestimmte Tiere in roter Farbe beigesetzt wurden, daß man sie offensichtlich wie seinesgleichen bestattete. Auch das könnte auf eine enge Verbundenheit zwischen Mensch und Tier hindeuten.

Der deutsche Ethnologe Hans Findeisen schreibt in seinem Buch über Schamanentum: »Der Zwang des Tötens wird von den urtümlichen Jägern in all seiner grausigen Notwendigkeit und Gräßlichkeit so oft erlebt, daß es gar nicht ausbleiben konnte, daß sich diese Menschen mit solch fürchterlicher Problematik auseinandersetzten. In gewisser Weise weicht man allerdings in menschlich-listiger Art jenem Zentralproblem des bewußt gewordenen Raubtiers auch wieder aus. Man weiß zwar, daß man die Tiere töten muß, um sich erhalten zu können, aber die Schuld, die man durch dieses Töten auf sich lädt, ist eine so drückende Last, daß sie auf irgendeine Art wieder beseitigt werden muß. Besonders am Beispiel des Bären haben sich die diesbezüglichen alten Sitten der jägerischen Menschheit des Nordens bis in die Gegenwart hinein lebendig erhalten.«[23])

## Die Seele des Bären mußte versöhnt werden

Die Beweise für einen eiszeitlichen Bärenkult, wie er noch heute in Sibirien und Nordjapan zu finden ist, sind teilweise umstritten. So fand man in einigen Schweizer Höhlen Bärenschädel und -knochen, die absichtlich dort deponiert wurden. Die bekannteste von ihnen ist das Drachenloch, 2445 Meter über dem Meeresspiegel, sechzig Meter tief in den Fels hineingeführt. Neben einer großen Feuerstelle standen zwei mit dicken Platten verschlossene Steinkisten; die eine enthielt Holzkohlereste und angesengte Höhlenbärenknochen, in der zweiten lagen ne-

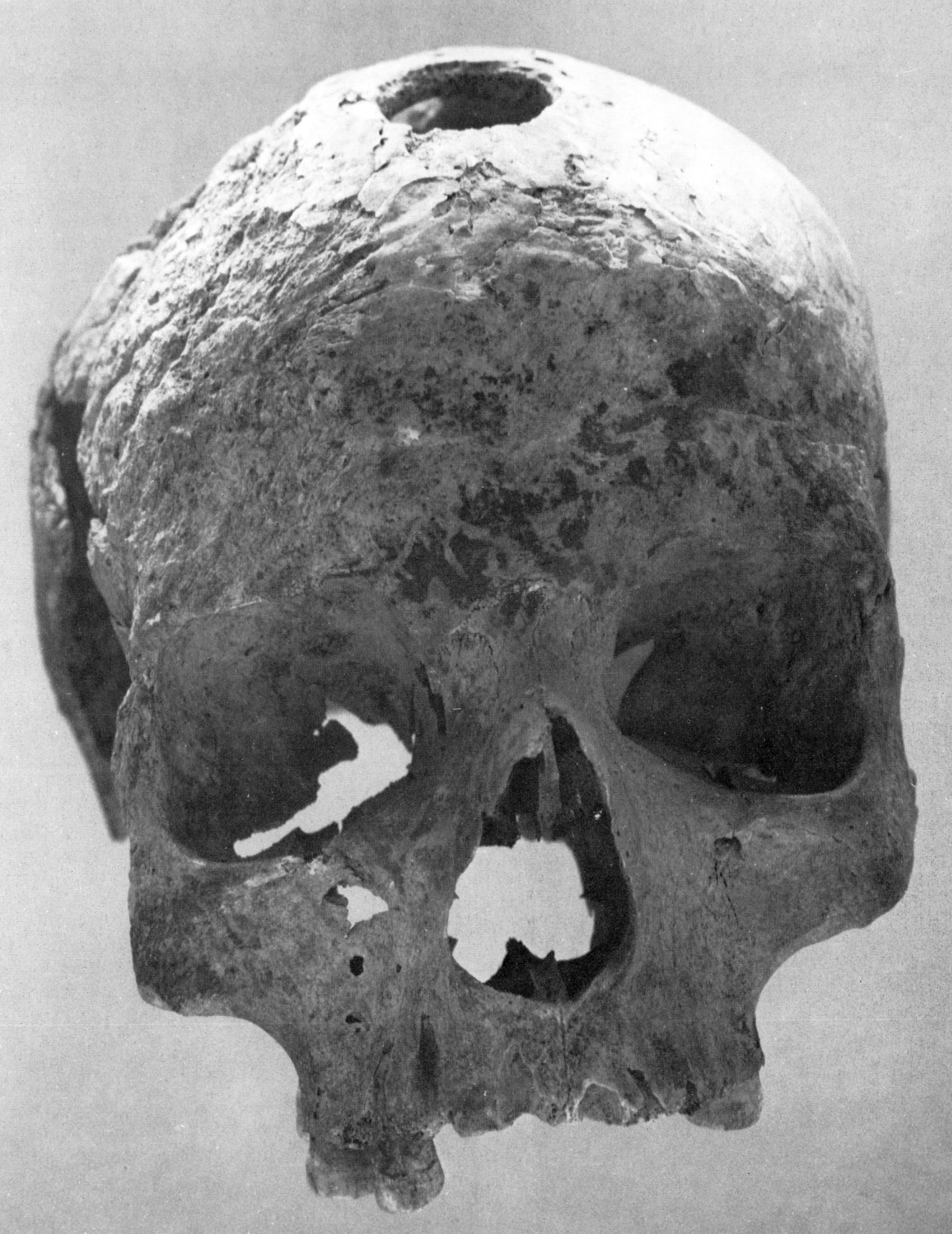

ben einigen Langknochen sieben guterhaltene Bärenschädel, mit der Schnauze zum Höhleneingang, nach Osten, ausgerichtet. Parallel zur Höhlenwand lagerten hinter einer fünf Meter langen Mauer, fein säuberlich sortiert und aufgeschichtet, Riesenmengen von Schädeln, Hüftgelenkpfannen und Langknochen.

Weitere Bärenschädel, bis zu neun hintereinander, standen in Wandnischen des Höhleninneren. Ähnliche Funde kennen wir aus dem Wildenmannlisloch (1628 m), dem Wildkirchli (1500 m) – beide in den Schweizer Hochalpen –, aus der Petershöhle bei Velden/Mittelfranken und der Reyersdorfer Höhle in Niederschlesien.

»Dort lag in einer zu einer Steinkiste erweiterten und mit einer Steinplatte verschlossenen natürlichen Wandnische ein Höhlenbärenschädel mit Unterkiefer und zwei Halswirbeln. Im Höhleninneren sollen einige Höhlenbärenschädel der Reihe nach aufgestellt und mit Lehm bedeckt gewesen sein.«[24]

Der Höhlenbär, der während der letzten Eiszeit in den Höhlen und Felsspalten der europäischen und asiatischen Gebirge hauste, ist heute ausgestorben. Er hatte Ähnlichkeit mit dem Kodiak in Alaska. Die riesigen Tiere, auf die schon die Leute von Bilzingsleben Jagd machten, wurden bis zu zweieinhalb Meter lang.

Einige Bärenschädel in den Höhlen sind beschädigt, man hat wohl das Hirn herausgenommen. Die ältesten jedoch sind unversehrt. »Eine profane Interpretation, etwa als Fleischdepot, Aufbewahrung des Gehirns als Gerbereimasse usw., ist nach den gesamten Zusammenhängen offenbar unmöglich. Die Niederlegung erfolgte wohl aus kultischen oder magischen Motiven, bei denen freilich offen bleiben muß, ob dabei vornehmlich der Knochen oder auch das darin enthaltene Hirn und Mark, vielleicht sogar das daran hängende Fleisch wichtig war. Im letzteren Fall darf man am ehesten an die Opferung eines Teils der Jagdbeute an höhere Wesen oder an ein höheres Wesen denken ... Kam es dagegen auf den Knochen an, so könnte es sich um einen Brauch zur Wiederbelebung des Tieres und der Erhaltung seiner Art gehandelt haben, der allerdings im allgemeinen mit einem länger dauernden Zeremonial und einer rituellen Verzehrung verbunden war und nicht recht zu einer Niederlegung bei kurzfristigem Saisonaufenthalt in der Hochgebirgsregion passen will. Vielleicht verdient daher doch der Gedanke an die Opferung eines Teils der Jagdbeute an den Spender des Wildes den Vorzug.«[25]

Wenn heute sibirische Jäger einen Bären erlegt haben, ziehen sie ihm zuerst den »Pelzrock« aus, »und der Jäger, der diese Arbeit verrichtet, unterbricht sie fast bei jedem Schnitte, zumindest aber nicht weniger als siebenmal mit dem Ausruf, er knöpfe den ersten, den zweiten, dritten usw. Knopf auf. Kopf und Spitzen der Vorderpfoten läßt man an dem Fell.«[26]

Die Überreste eines Bären müssen begraben werden. Sobald der Bär ins Dorf transportiert ist, beginnt ein Festmahl, das oft tagelang dauert. Der Bär erhält einen Ehrenplatz im Hause des mutigsten Jägers. Stangen halten ihn aufrecht, über seine Augen legt man Silbermünzen, die Klauen schmücken nicht selten Ringe. Jeder Gast, der das Haus betritt, küßt die Schnauze des Bären und verneigt sich tief vor ihm. Man singt ihm zu Ehren Lieder und tanzt den Bärentanz, um die Seele des getöteten Tieres zu versöhnen.

In Nordostsibirien bewahrt man Schädel und Knochen aller getöteten Tiere auf und begeht zu einem bestimmten Zeitpunkt die feierliche Zeremonie der Wiederbelebung. Im Verlauf des Festes werden die Tierknochen zusammengebunden und wie ein menschlicher Leichnam bestattet. Ob sich ein ähnlich kompliziertes Ritual auch in den deutschen und Schweizer Höhlen während der letzten Eiszeit abspielte, muß allerdings bezweifelt werden, denn man kann nicht ohne weiteres Parallelen ziehen zwischen den Menschen der Steinzeit und heute noch lebenden Jägervölkern.

Wir sind jetzt am Ende der Eiszeit. Die Gletscher haben sich weiter zurückgezogen und beginnen etwa 200 Kilometer nordöstlich hinter Hamburg – eine Gegend, die damals noch nicht das Tor zur Welt war. Hier war die Welt vielmehr zu Ende.

Ein paar Jahrtausende lang werden noch Jäger und Sammler das Land durchstreifen, doch der Wald, der immer dichter die Tundra bedeckt, erschwert die Jagd. Die Menschen scheinen vollauf damit beschäftigt zu sein, das Lebensnotwendige herbeizuschaffen. Für die Kunst ist hier kein Raum, selbst das Werkzeug, die Waffen werden einfacher.

Etwa zweitausend Jahre nach dem Ende der Eiszeit ist die Zeit in Mitteleuropa reif für den nächsten, vielleicht den entscheidensten Schritt des Menschen: Er beginnt, seine Umwelt bewußt zu verändern. Diese Lebensform, die einschneidende Veränderungen mit sich bringt und das neue Selbstbewußtsein des Menschen

# Der Mensch macht sich unabhängig von der Natur

Die große Umwälzung fand statt, ohne Fahnen, Haß und Blutvergießen – und doch brachte sie die Menschheit einen Riesenschritt voran.

Noch während des Eiszeitalters hatte der Mensch gelernt, das Feuer anzuzünden. Er nähte Kleider aus Fellen und schlug Werkzeuge aus Feuerstein. Etwas später schnitzte er sein Werkzeug auch aus Knochen und Geweih. Hütten und Höhlen schützten ihn gegen rauhes Klima, und vor 30 000 Jahren, als statt des Allzweckgeräts Faustkeil regelrechte Werkzeugkästen für die einzelnen Tätigkeitsbereiche entstanden, schuf er in Frankreich und Spanien herrliche farbige Felsmalereien, die bis auf den heutigen Tag ihre Faszination erhalten haben.

An der Wirtschaftsform des Menschen hingegen änderte sich wenig. Er lebte von dem, was die Natur ihm bot, sammelte Beeren, Pilze und wildwachsende Früchte, und was die Fleischnahrung anbetraf, so wurde er immer abhängiger von bestimmten Tieren, auf die er sich spezialisiert hatte, sah sich gezwungen, ihnen im jahreszeitlichen Wechsel auf neue Weidegründe zu folgen.

Um 5000 v. Chr. nun geschieht etwas Einschneidendes in Mitteleuropa. Der Mensch beginnt auf längere Sicht zu planen und bezieht die Natur in seine Planung ein.

Ackerbau, Viehzucht, Keramik – das sind die drei Schlüsselworte, die diese neue Lebensweise charakterisieren. In unseren Breitengraden tritt dieser Komplex geschlossen in Erscheinung und verändert auf die Dauer gesehen die Situation der einheimischen Jäger- und Sammlervölker.

Die »neolithische d. h. jungsteinzeitliche Revolution« erreicht unser Gebiet aus der Richtung des Karpatenbeckens, aus Niederöster-reich und Mähren. Ihren Ursprung nahm sie noch weiter östlich, im Vorderen Orient. Den genauen Ort können die Archäologen nicht bestimmen, denn die Umstellung vollzog sich natürlich nicht über Nacht, sondern geschah ganz allmählich.

Wir wissen aber inzwischen, daß bereits vor dem 7. Jahrtausend v. Chr. an den Südhängen der Gebirgsketten von der südlichen Türkei bis nach Persien Emmerweizen, Einkorn und Gerste angebaut wurden.[27]

Wie und wann es genau zur Domestizierung von Tieren kam, ist bis heute nicht geklärt. Hornvieh zähmte man offenbar allmählich dadurch, daß man es zunächst zu Herden zusammentrieb, geschlachtet wurde je nach Bedarf. Konkrete Beweise für diese Annahme fehlen uns freilich ebenso wie für die Vermutung, daß schon früh junge Wölfe in den Jägerlagern aufwuchsen und sich an den Menschen gewöhnten.[28]

Zur Keramik: Daß Lehm im Feuer hart wird, wußte der Mensch bereits 15000 Jahre vor Beginn der Jungsteinzeit, als er Figürchen aus Lehm brannte, doch praktischen Nutzen zog er daraus noch nicht, es bestand wohl noch keine Notwendigkeit dafür. Die Fertigkeit ging wieder verloren. Wie wir sahen, erhitzten die Leute von Gönnersdorf Wasser, indem sie heiße Steine in einen mit Wasser gefüllten Lederbeutel warfen, vermutlich waren bereits Menschen in der älteren Steinzeit auf diese Idee gekommen. Fleisch röstete man offenbar am offenen Feuer, und die Hohe Schule der Kochkunst mit Soßen und Suppen lag in ferner Zukunft. Erst als der Mensch planmäßig Getreide anbaute und sich immer mehr auf Körnernahrung umstellte, war es sehr praktisch, wenn er Gefäße zum Kochen

*Rechts: Ob die drei Gestalten auf dem Bildstein aus dem bronzezeitlichen Steinkistengrab von Anderlingen/Kr. Bremervörde Götter sind, ist nicht ganz sicher. Ähnliche Darstellungen, auf denen die Figuren ebenfalls Beile in der erhobenen Hand tragen, sind aus dem skandinavischen Raum bekannt. Vermutlich handelt es sich um kultische Inhalte.*

hatte, um die Speisen leichter verdaulich und bekömmlicher zu machen. Die älteste Töpferware kennen wir aus Japan, und zwar aus dem 8. Jahrtausend v. Chr., in Südasien taucht sie mindestens ebenso früh auf wie im Vorderen Orient.[29])

Die ersten Töpfer saßen – soweit wir wissen – im Vorderen Orient und in der zentralen Sahara. Die Erfindung der Keramik war ein erstaunlicher Vorgang, mit ihrer Herstellung hatte der Mensch zum erstenmal einen chemischen Umwandlungsprozeß von anorganischem Material entdeckt, »der ihm einen künstlichen Werkstoff lieferte, der in vielen technischen Eigenschaften – hohe Formbarkeit einerseits, Härte und unbegrenzte Haltbarkeit andererseits – den bis dahin bekannten natürlichen Rohstoffen wie Holz, Fell, Knochen oder Stein überlegen war«.[30])

### Die »grüne Revolution« setzte eine Völkerwanderung in Gang

Die Archäologen sind über diese Neuerung außerordentlich froh, denn Keramik besteht aus Erde und ist so gut wie unvergänglich. Form

und Muster freilich änderten sich mit der Zeit, unterschieden sich von Gruppe zu Gruppe, und so geben selbst kleine Scherben noch recht sichere Auskünfte über ihr Alter und damit über ihre Herkunft.

Ackerbau, Viehzucht und Keramik treten im Kerngebiet der neolithischen Revolution nicht unbedingt gleichzeitig auf, vor allem die Keramik hinkt zeitlich nach. Je weiter jedoch bäuerliche viehzüchtende Gruppen vom Südosten nach Mitteleuropa vordringen, um so kürzer wird dieser zeitliche Abstand. Am Rande des Karpatenbeckens schließlich treffen alle drei Neuerungen gleichzeitig ein. Hier passen sich die Einwanderer an das mitteleuropäische Klima und die Vegetationsverhältnisse an. Im Gebiet der heutigen Slowakei, in Niederösterreich und Mähren entsteht aus vielen Einzelgruppen die Bandkeramische Kultur.

Der Name leitet sich ab von den bänderförmigen Spiral- und Bogenmustern, die in den weichen Ton geschnitten, geritzt oder gestochen wurden. Die Bandkeramiker töpferten in erster Linie rundbodige Kümpfe und Schalen, sie benutzten große Tragflaschen – oft mit mehreren Hälsen – daneben Becher und kleine Fußscha-

*Die Erfindung der Keramik gehört zu den Innovationen, die die Menschheitsgeschichte am nachhaltigsten beeinflußten. Sie wurde vermutlich irgendwo im Vorderen Orient gemacht und kam mit den Bandkeramikern nach Mitteleuropa. Bänderförmige Spiral- und Bogenmuster sind typische Verzierungen ihrer rundbodigen Kümpfe und Schalen.*

len; Gefäße mit plastisch herausgearbeiteten Menschengesichtern oder Tierköpfen hängen wohl ebenso wie rätselhafte Zeichen mit religiösen Vorstellungen zusammen.

Die Bauern und Viehzüchter aus dem Südosten hielten sich nicht lange nördlich der Donau auf. Vielleicht drängten neue Gruppen nach, vielleicht sah man sich durch eine ständig anwachsende Bevölkerung oder durch Auslaugung des Ackerlandes gezwungen, neue Siedlungsgebiete zu erschließen. Fest steht, daß in immer neuen Wellen Siedler aus dem Donaugebiet aufbrachen und ins Ungewisse zogen auf der Suche nach Weideland und Ackerboden. Die abenteuerliche Wanderung, ohne Landkarte, Kurstabelle und Baedeker führte die Bandkeramiker allem Anschein nach auf zwei Routen nach Deutschland; sie zogen einmal nach Westen, donauaufwärts bis ins Rheingebiet, zum anderen nach Norden, über Mähren, Schlesien, elbaufwärts nach Mitteldeutschland und ins nördliche Harzvorland.[31])

## Archäologie der Superlative im Jungsteinzeit-Dorf

Die Auswirkungen der Neolithischen Revolution und der Entwicklungsstand des Jungsteinzeit-Menschen lassen sich verblüffend genau aus den Funden der bandkeramischen Siedlungen im Merzbachtal rekonstruieren. Die Ausgrabungen (1971–1973) gehören zu den spektakulärsten Arbeiten der modernen Archäologie in der Bundesrepublik. Siedlungsarchäologie in diesem Umfang war neu: In knapp zwei Jahren wurden 240 000 Quadratmeter Gelände durchforscht.

Ziel war, die Siedlungsweise der Bandkeramiker zu klären, Hausgrundrisse zu analysieren und Aufschlüsse über die Landwirtschaft zu erhalten. Man konzentrierte sich auf Pfostenlöcher und Wände, auf die Lage der Häuser im Gelände, die Fläche der Äcker und die Verteilung der Höfe.

Ein Vergleich mit den Grabungen in Gönnersdorf macht den Unterschied in der Methode deutlich: Dort trugen Bosinski und seine Mitarbeiter auf einem 700 Quadratmeter großen Gelände acht Jahre lang mit Spachtel, Kelle und Pinsel das Erdreich ab, registrierten noch das kleinste Mausezähnchen und die winzigste zerbrochene Perle.

Im Merzbachtal räumten die Löffel der Hydraulikbagger den Boden gleich tonnenweise beiseite, Untersuchungen auf engerem Raum führte man nur punktuell durch.

Diese Archäologie der Superlative wurde möglich, weil die Wissenschaftler im Rheinischen Braunkohlenrevier mit der Industrie auf großen Flächen Hand in Hand arbeiten konnten. Die Direktion der Rheinischen Braunkohlenwerke AG zeigte viel Verständnis für die Wissenschaft.

Das Merzbachtal liegt auf der Aldenhovener Platte zwischen Köln und Aachen. Wo heute die beiden Tagebaue »Inden« und »Zukunft West« Braunkohle fördern, siedelten um 4400 v. Chr. Bandkeramiker. Damals sah das Merzbachtal erheblich anders aus als heute. Die Talsohle lag etwa vier Meter tiefer, inzwischen hat der Regen den Boden von den Hängen heruntergespült.

Die Siedlung lag zu beiden Seiten des Merzbachs. Auf einem insgesamt 800–900 Meter breiten Streifen fanden die Archäologen 160 Hausgrundrisse und drei Erdwerke.

Die langgestreckten Bauten wurden nach einem einheitlichen Schema errichtet. Auf einem Kerngerüst aus 40 cm starken Innenpfosten ruhte das Dach. Die Wände waren mit Fachwerk, in einigen Fällen auch mit senkrechten Bohlen durchzogen, hatten jedoch keine tragende Funktion. Der Innenraum war in drei Teile gegliedert, deren Zweck allerdings nicht ganz klar ist: Im Südostteil, das beweisen Doppelpfosten, gab es einen Zwischenboden, auf dem Vorräte lagerten. In der Mitte könnte der Wohnteil gelegen haben. Der Rest war für das Vieh, für Rinder, Schweine, Schafe und Ziegen reserviert.

Doch die Kölner und Bonner Archäologen, die unter der Leitung von Rudolph Kuper und Jens Lüning auf der Aldenhovener Platte arbeiteten, errechneten noch mehr: Wenn der Mittelteil der Häuser tatsächlich der eigentliche Wohnraum war, so standen einer fünf- bis sechsköpfigen Familie (Vater, Mutter, zwei bis drei Kinder und ein Großelternteil) ungefähr 35 Quadratmeter zur Verfügung. In den größeren Bauten mit einem Wohnteil von 60 oder 90 Quadratmetern lebten dann offenbar mehrere Familien beziehungsweise Großfamilien. Alles in allem umfaßte die Bevölkerung im Merzbachtal jeweils höchstens 100 bis 150 Personen.

Die Häuser der Bandkeramiker waren den Gegebenheiten entsprechend stabil, doch weil das Holz damals selbstverständlich noch nicht präpariert wurde, kann man davon ausgehen, daß sie nach 25 Jahren baufällig wurden und aufgegeben werden mußten. Aufgrund dieser Vermutung und mit Hilfe der Daten, die der Computer über Alter und Reihenfolge der Keramik ausspuckte, kalkulierten die Archäologen, daß jeweils etwa nur ein Dutzend Häuser gleichzeitig bewohnt war.[32] Von einem regelrechten Dorf kann also nicht die Rede sein. Den endgültigen Beweis für die zeitliche Abfolge des Häuserbaus lieferten die Scherben, die sich in großen Mengen fanden. Wir verdanken sie vor allem der Bautechnik der Bandkeramiker. Den Lehm, den sie für die Fachwerkwände ihrer Häuser benötigten, hoben sie in unmittelbarer Nähe der Baustelle aus. Entlang der Wände entstanden auf diese Weise lange Gräben, bequeme Abfallgruben. Ein Nachteil ist freilich, daß naturgemäß fast nur zerbrochenes Geschirr fortgeworfen wurde. Allerdings genügt den Archäologen schon der Rand eines Gefäßes, um die Form zu bestimmen, und aus winzigen Musterresten kann der Fachmann meist die einstige Verzierung rekonstruieren. Zumindest in der Archäologie bringen also Scherben zwar kein Glück, aber doch Einsichten und Erkenntnisse. Sie lassen zum einen Rückschlüsse auf den Verwendungszweck eines Gefäßes zu, zum anderen aber verraten Verzierungen und Muster den Zeitgeschmack – und der wechselt bekanntlich; selten von heute auf morgen, doch deutlich erkennbar. Modetrends sind also gleichzeitig Zeitangaben.

Die Leute im Merzbachtal lebten von der Landwirtschaft, doch keineswegs ausschließlich. Denn die einfachen Formen der Weizenarten Einkorn und Emmer brachten bestenfalls ein Achtel des Ertrages, den unser heutiger Saatweizen hergibt. Angebaute Nutzpflanzen wie Erbse, Linse, die Ölpflanzen Mohn und Lein, die Unkräuter Roggentrepe und Gänsefuß, daneben wildwachsende Früchte wie Haselnuß, Schlehe und kleine Äpfel rundeten den pflanzlichen Speisezettel ab. Gerste und Zwergweizen, die sonst in den bandkeramischen Siedlungen gefunden wurden, gab es im Rheinland um diese Zeit noch nicht.

Daß wir so gut über die Ernährung der Leute im Merzbachtal Bescheid wissen, verdanken wir den verkohlten Nahrungsresten und den Geräten und Werkzeugen. Aus ihnen konnten die Botaniker rückschließen, wie das Getreide geerntet wurde. Die Halme wurden, »wie die unbeabsichtigt mitgeernteten hochwüchsigen Unkräuter lehren, dicht unter der Ähre mit einer Feuersteinsichel abgeschnitten, genauso, wie es auch ägyptische Darstellungen zeigen«.[33]

Damit sich die Körner von den Spelzen lösten, erhitzte man sie ein wenig. Dieser Vorgang verwandelte gleichzeitig die Stärke in Zucker. Das auf diese Weise gedorrte Getreide ließ sich dadurch auf den sattelförmigen Mahlsteinen leichter zu Mehl zerreiben.

Unklar ist, wozu die Erdwerke dienten. Insgesamt drei dieser Aufschüttungen aus Wällen und Gräben wurden gefunden, und zumindest das letzte Erdwerk scheint mit Palisadenzäunen bewehrt gewesen zu sein. Die Mutmaßungen über ihren Verwendungszweck reichen vom Kultplatz über Viehpferch bis zu einer Art Burganlage für die Bevölkerung in unruhigen Zeiten.

## Gräber verraten Klassenunterschiede

Doch die Archäologen fanden nicht nur Häuser und Erdwerke. Bei Niedermerzbach stießen sie auf ein bandkeramisches Gräberfeld mit 92 Körper- und fünf Brandgräbern. Die Skelette sind bis auf Verfärbungen im kalkarmen Boden vergangen, hin und wieder ist ein Stück Zahnschmelz erhalten, denn die Zähne des Menschen sind ungewöhnlich haltbar. Trotz dieser minimalen Indizien gelang den Anthropologen das Wunder, durch chemische Analysen, Messungen und Vergleiche mit anderem Skelettmaterial in vielen Fällen das Alter der Toten zu bestimmen.

Auf die Bevölkerungszahl der Siedlung umgerechnet, wurden hier nur wenige Menschen begraben. Das mag seinen Grund darin haben, daß die meisten Gräber dicht unter der Erdoberfläche liegen. Viele Friedhöfe wurden wohl im Laufe der Jahrtausende zerstört, insbesondere durch die Feldbestellung, ohne daß man sie bemerkt hätte. Kein Wunder, wenn nur Zähne übriggeblieben waren.

Die systematische Zusammenarbeit zwischen Archäologen und Anthropologen ergab, daß die Häupter der Verstorbenen ehemals auf Getreidemahlsteinen ruhten, viele Gräber waren rotgefärbt, eine Sitte, die wir bereits aus der Altsteinzeit kennen. Hier scheint die Farbe Rot nun wirklich »Leben« zu bedeuten, denn man gab den Toten neben Pfeil und Bogen und Steinbeilen auch Nahrung mit auf die Reise ins Jenseits.

Über die soziale Struktur der Bandkeramiker, darüber, ob es Arme und Reiche gab, sagen

*Nächste Doppelseite:*

*Zum römischen Lebensstil, auch im besetzten Germanien, gehörte die Ausschmückung der Bürgerhäuser mit Wandmalereien. Das Fragment mit einem lauernd sitzenden Fuchs und dem Kopf eines weißen Ziegenbockes gehörte zum sogenannten Atriumhaus (Köln).*

*Der Marmorkopf der Göttin Aphrodite aus der Regierungszeit des Kaisers Hadrian (117–138) ist die Kopie eines griechischen Originals, dessen Schöpfer wahrscheinlich im Umkreis des griechischen Bildhauers Praxiteles zu suchen ist (4. Jh. v. Chr.). Der Kopf wurde in Köln gefunden.*

ßes Gebiet beherrschte, wissen wir eigentlich am wenigsten. Selbst die Datierung ist nicht unbedingt bindend, in den verschiedenen Gegenden, in Nordböhmen, Thüringen, Bayern, dem Rheinland und Niedersachsen verschieben sich die Zeitangaben. Hinweise auf Einflüsse der Rössener gibt es auch in Schleswig-Holstein. Vieles spricht dafür, daß diese Gruppe eine wichtige Rolle bei der Einführung von Landwirtschaft und Viehzucht im Norden spielte.

Die »Leitkeramik« der Rössener Kultur sind kugelige Töpfe, weitbauchige Schüsseln, Gefäße mit Standring, Zipfelschalen und Tönnchengefäße. Die Oberfläche der Gefäße ist sorgfältig geglättet, verziert sind sie mit flächendeckenden Mustern in schwerem Tiefstich, gelegentlich sind die Ornamente auch eingeschnitten, mit Stempeln oder Rädchen eingedrückt in den weichen Ton. Am Rand finden sich nicht selten Kerben, Knubben, Warzen und Ösenhenkel, die plastisch herausgearbeitet sind. Die eingeritzten und eingedrückten Verzierungen sind häufig mit einer gelblichweißen Kalkmasse ausgefüllt, eine Technik, die bereits in der Bandkeramik auftritt.

Wie die Bandkeramiker siedelten auch die Rössener auf Lößboden. Allerdings bestellten sie auch schon weniger ertragreichen Boden, ein Hinweis darauf, daß das Land allmählich knapp wurde.

Ein Gräberfeld, das Ende des vorigen Jahrhunderts in Rössen bei Merseburg freigelegt wurde, gab der Gruppe zwar ihren Namen, an-

sonsten aber wenig Aufschluß, denn die neunundsechzig Gräber wurden in Bausch und Bogen nach Hamburg, Berlin und Nürnberg verkauft. Ob die Skelette samt Beigaben originalgetreu eingegipst wurden, ist fraglich. Auch die dreißig Einzelgräber, die seither an verschiedenen Orten entdeckt wurden, trugen nicht sonderlich zum Verständnis der Rössener Gruppe bei. Erst die Entdeckung auf einem Neubaugelände in Wittmar bei Braunschweig änderte die Situation.

Wittmar ist ein kleines Dorf am Rande der Asse. In den vor Jahren stillgelegten Kalibergwerken wird heute Atommüll deponiert. Ein friedlicher Ort, dessen Einwohner, soweit sie nicht in den umliegenden Städten arbeiten, nach wie vor von der Landwirtschaft leben. Denn das Braunschweiger Land hat schweren fruchtbaren Lößboden, wie ihn schon die frühen Ackerbauern bevorzugten.

Nun wissen die Archäologen zwar, daß sie überall dort, wo es Lößboden gibt – und bei Braunschweig ist die Lößgrenze ungefähr mit der Bundesstraße 1 identisch –, mit hoher Wahrscheinlichkeit Siedlungen der Bandkeramiker und der Rössener zu erwarten haben. Für gezielte Grabungen fehlt es indes an Geld und Zeit, und so bleibt es dem Zufall und der Aufmerksamkeit einzelner Laien überlassen, ob ein entsprechender Fund bemerkt und dann dem zuständigen Amt für Bodendenkmalpflege gemeldet wird.

Die Sensation von Wittmar wurde ausgelöst, weil ein Baggerführer im Juni des Jahres 1976 rechtzeitig Feierabend machte. Zeit ist Geld, besonders beim Hausbau, und so griff der Bauherr selbst zur Schaufel, um das Fundament weiter auszuschachten.

Plötzlich spürte er einen Widerstand im Boden, es knirschte und knackte – die Schaufel war auf etwas Hartes gestoßen. Der Mann schaute nach und entdeckte Knochen. Im ersten Augenblick lief es ihm eiskalt über den Rücken. Sollte hier auf seinem Grundstück eine Leiche verscharrt worden sein? Doch noch während ihm der Gedanke durch den Kopf ging, daß er sofort die Kriminalpolizei verständigen müßte, entdeckte er ein braunes Keramikgefäß, das der wuchtige Schaufelstich zerbrochen hatte. Offenbar hing der kleine bauchige Topf mit Knubben und eingeritzten Mustern irgendwie mit den Knochen zusammen, jedenfalls lag er direkt daneben. Das Gefäß war voller Erde, die sich steinhart anfühlte.

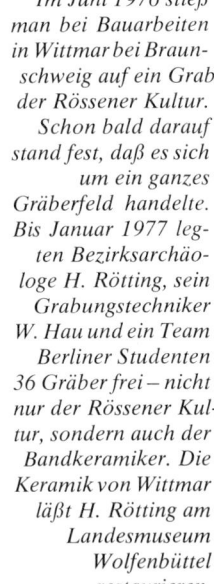

*Im Juni 1976 stieß man bei Bauarbeiten in Wittmar bei Braunschweig auf ein Grab der Rössener Kultur. Schon bald darauf stand fest, daß es sich um ein ganzes Gräberfeld handelte. Bis Januar 1977 legten Bezirksarchäologe H. Rötting, sein Grabungstechniker W. Hau und ein Team Berliner Studenten 36 Gräber frei – nicht nur der Rössener Kultur, sondern auch der Bandkeramiker. Die Keramik von Wittmar läßt H. Rötting am Landesmuseum Wolfenbüttel restaurieren.*

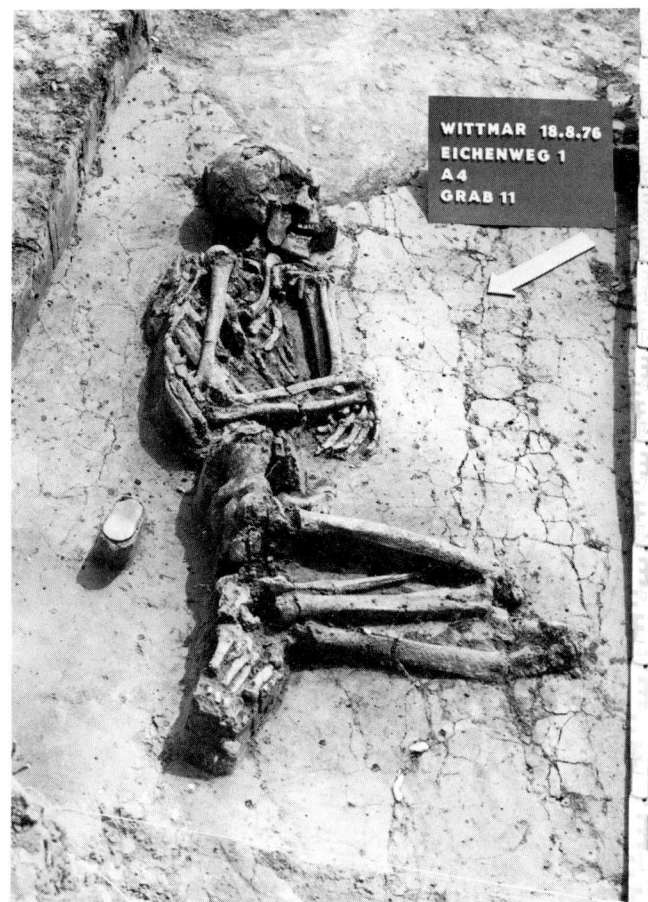

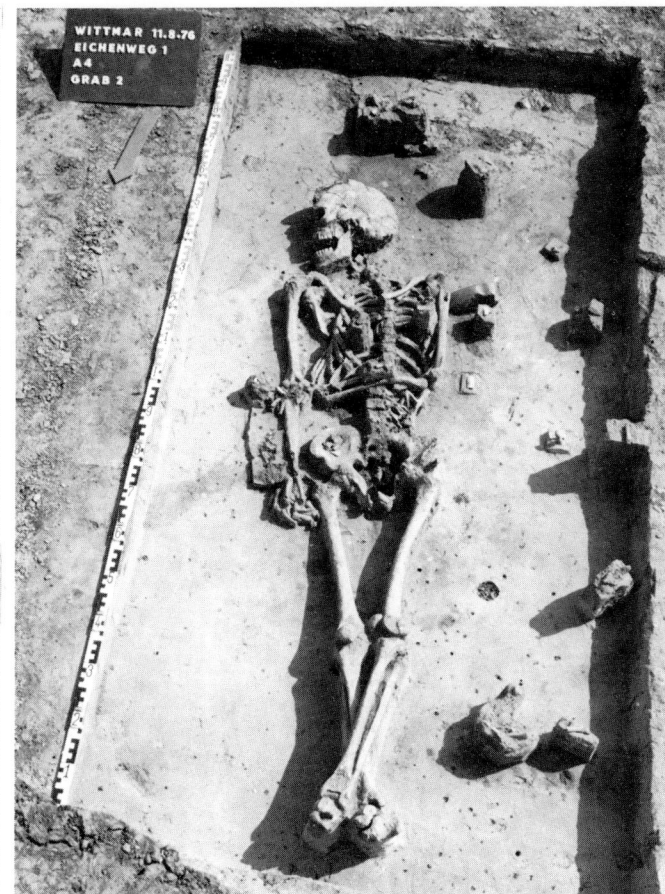

Solch ein Gefäß hatte er noch nie gesehen. Es mußte alt sein. Dann aber waren auch die Knochen alt. Sehr erleichtert packte er Knochen und Gefäß in eine Plastiktüte und brachte sie nach Braunschweig. Dort landete der Fund auf dem Schreibtisch des Bodendenkmalpflegers Hartmut Rötting, der erst seit kurzem in der Burg Dankwarderode saß, wo noch heute am Sandsteinportal die Spuren jenes sagenhaften Löwen zu sehen sind, der seinem Herren, dem König Heinrich, auf Schritt und Tritt folgte.

Ein Blick auf die Scherben in der Tragetüte genügte, und Rötting wußte, daß sie zur Rössener Kultur gehörten. Winkelband, Doppelstichmuster – zum Teil mit gelblichweißer Kalkmasse eingelegt – und die Knubben ließen keinen Zweifel. Die Rössener Kultur ist Röttings Spezialgebiet. Er setzte sich sofort ins Auto und fuhr zum Fundort hinaus. Ein Rundgang, und er hatte Gewißheit, daß dieser Fund etwas Besonderes war.

In den folgenden Tagen barg er das Skelett einer jungen Frau, das dank der Aufmerksamkeit des Bauherrn nur wenig beschädigt worden war. Die »Lady von Wittmar« trug Kalkstein-

perlen um den Hals, der Faden war natürlich vergangen. Die Hinterbliebenen hatten ihr einen Tierschädel und Tierfleisch nebst zwei becherförmigen Tongefäßen mit ins Grab gelegt. Wer aber beschreibt Röttings Überraschung, als er nach der Freilegung der »Lady« auf ein weiteres Grab stieß! Hier in Wittmar gab es einen ganzen Friedhof der Rössener Kultur, den ersten überhaupt seit dem Gräberfeld von Rössen bei Merseburg, der wegen der unsachgemäßen Bergung der Skelette nur geringen Wert für die Wissenschaft besitzt.

Die Besitzer der angrenzenden Grundstücke zeigten Verständnis für Röttings Arbeit, und auch der Bürgermeister der Gemeinde, der aus der Nähe von Rössen bei Merseburg stammt, sorgte dafür, daß Rötting weitergraben konnte. Die Gemeinde stiftete spontan 250 Mark, das Land Niedersachsen legte ebenfalls dazu, und ein Wolfenbüttler Schnapsfabrikant half mit Geld- und Sachspenden, so daß zusätzlich Studenten und Einheimische bei den Grabungsarbeiten eingesetzt werden konnten.

Zwanzig Tage bleiben Rötting, um die Gräber auf dem Baugelände zu untersuchen, länger

*Die Notbergung von Wittmar entwickelte sich inzwischen zu einer systematischen interdisziplinären Grabung, unter anderem um herauszufinden, was es mit der ungewöhnlich individuellen Totenhaltung auf sich hat, in der die Rössener ihre Verstorbenen beisetzten.*

*Rechts: Von mit-reißender Ausdrucks-kraft ist das Gesicht der Mänade, die die Seitenwand des Grabmals von Lucius Poblicius schmückt.*

kann der Eigentümer nicht warten. Wir befinden uns mitten im Gräberfeld, auf wackligen Bohlen über Erdstegen zwischen den einzelnen Bestattungen. Ein paar Dorfbewohner stehen am Rande der Absperrung und schauen neugierig auf das Skelett eines jungen Mannes hinunter, der vor fünftausend Jahren hier beigesetzt wurde. Der junge Mann liegt auf dem Rücken. Der linke Arm ist angewinkelt und über die Brust gelegt, greift den ausgestreckten rechten Oberarm. Die Unterschenkel sind übereinandergeschlagen, die Füße fehlen.

»Bemerkenswert ist für diese Rössener Kultur die unterschiedliche Haltung der Toten«, erklärt Rötting und schiebt ein Brett beiseite. »Jeder liegt anders. Das interessiert mich ganz besonders, es muß einen Schlüssel dafür geben.«[38]

Nicht nur die Haltung der Toten ist verschieden, auch die Grabbeigaben variieren von Grab zu Grab. Einige Tote haben Schweinerippen und ganze Rinderschädel als Wegzehrung mitbekommen, andere nur einzelne größere Fleischbrocken. In Wittmar trugen auch die Männer Schmuck, daneben gab man ihnen Waffen mit auf den Weg. Die winzige Steinaxt des jungen Mannes kann allerdings nur symbolischen Charakter haben, zur Arbeit taugte sie nicht. Insgesamt wurden bisher einunddreißig Gräber freigelegt. Damit dürften aber noch nicht alle Grabstätten dieses vermutlich zweitgrößten Rössener Friedhofs entdeckt sein.

## Archäologischer Alltag

Die Arbeiten am Gräberfeld gehen nicht eben schnell voran. Der in der Sommerhitze ausgetrocknete Löß muß in hauchdünnen Schichten abgeschabt werden, damit die Skelette nicht beschädigt werden. Zwei Leute brauchen für ein einziges Skelett samt Beigaben rund vier Tage.

Da wird gezeichnet, fotografiert und registriert. »Schädel für sich, Brustkorb, wenigstens die Wirbelsäule mit den Rippen verbunden, dann die einzelnen Gliedmaßen, alles genau sortiert und beschriftet.«

Archäologie in Deutschland bedeutet in den meisten Fällen Notbergung. Bei Bauarbeiten kommen Funde ans Licht, das zuständige Amt für Denkmalpflege erhält – wenn es gut geht – die Fundmeldung und muß nun innerhalb kürzester Zeit untersuchen und bergen. Gemessen an der Zahl der Funde kommt es in den seltensten Fällen zu systematischen Grabungen. Das liegt, wie schon gesagt, am chronischen Geldmangel in der Archäologie. Zudem ist der Braunschweiger Raum eine der fundreichsten Gegenden in Deutschland, einmal durch den starken mitteldeutschen Bezug, zum anderen durch die Einflüsse aus Nordwestdeutschland. »Hier tut sich sehr viel. Man braucht nur den Spaten anzusetzen, einmal umzudrehen, dann knirscht eine Scherbe.«

»Was ist das eigentlich für ein Gefühl«, frage ich. »Sie wissen zwar, da ist noch mehr, aber Sie

*Die Luftaufnahme dieser römischen Villa bei Liblar, Kreis Euskirchen, schoß Dr. Irwin Scollar vom Rheinischen Landesmuseum Bonn. Im Streiflicht des frühen Morgens und des späten Nachmittags werfen noch nicht völlig eingeebnete archäologische Fundstellen leichte Schatten. (Freig. Reg.Präs. Düsseldorf 16/22/1387)*

kommen nicht heran?« »Das ist ein sehr trauriges Gefühl«, erwidert Rötting, »das einem, wie man so schön sagt, schlaflose Nächte bereitet. Aber da hilft nichts. Man muß sehen, was man in der zur Verfügung stehenden Zeit bewältigen kann.«

Kein Wunder, daß allein in Niedersachsen in einem einzigen Jahr vier Archäologen einen Herzinfarkt erlitten!

Rötting ist für die Dauer der Wittmarer Grabung praktisch für sämtliche anderen Fundmeldungen blockiert. Er muß trotzdem einsatzfähig bleiben – eine fast unmögliche Aufgabe. Denn parallel läuft eine Grabung aus der Völkerwanderungszeit, in den Wochen darauf muß eine keltische Anlage im Harz untersucht werden, weil dort Bauvorhaben beginnen. Im Frühjahr 1977 gehen die Grabungen in der eiszeitlichen Jägerstation Salzgitter-Lebenstedt weiter, denn auch dort sind Fundplätze gefährdet. Rötting hetzt von einer Grabung, von einer Fundstelle zur anderen. Feierabend und Wochenende existieren für ihn nicht, denn von der Arbeit im Feld abgesehen, müssen Grabungsberichte und Fundmeldungen geschrieben werden. Hinzu kommt der »Behördenkram«, das heißt Berichte, Abrechnungen, Formulare ... Da ist die neue Zeichenmaschine, die die Braunschweiger häufig einsetzen und mit der die Funde in einem Bruchteil der bisher dafür nötigen Zeit festgehalten werden können, kaum mehr als ein Tropfen auf den heißen Stein.

Um Zeit zu sparen, läßt Rötting in Wittmar die Humusschicht mit dem Bagger abräumen. Dabei kommt es schon vor, daß ein Gefäß, ein paar Knochen beschädigt werden. »Das ist aber nicht anders zu machen. Wenn Sie sich vorstellen, daß wir höchstens drei Wochen Zeit haben, dann kann man nicht anders vorgehen.«

Ein Bodendenkmalpfleger auf dem Lande muß Beziehungen haben und improvisieren können. Die Keramik läßt Rötting in Wolfenbüttel restaurieren und präparieren. Metallfunde können zum Teil an der Universität Braunschweig untersucht werden. »Da muß man die entsprechenden Kontakte haben, man muß eine Zusammenarbeit entwickeln.« Die anthropologischen Untersuchungen finden in Berlin statt, die C-14-Datierung übernimmt ein Institut in Hannover. Das bedeutet erhebliche Verzögerungen. Doch das »Labor auf dem Grabungsfeld« ist ein Luxus, der nur bei den »Renommier«-Grabungen möglich wird. Nicht in der Provinz.

Nach allem, was wir heute wissen, siedelten die Rössener in Mitteldeutschland, vor allem aber auch in Südwestdeutschland, daneben in Westdeutschland und in Holland. Selbst jenseits der Lößgrenze, jenseits der Bundesstraße 1, fand man sogenannte »Kontaktstellen«, wo sich Rössener Gruppen und Leute der Trichterbecherkultur, die wir noch kennenlernen werden, begegneten. Die Grabungen am Dümmer in der Grafschaft Diepholz, einem der größten Binnenseen Niedersachsens, und bei Hamburg-Boberg könnten Aufschluß darüber geben, inwieweit die Rössener Gruppen Erfindungen und Lebensweisen an die Bewohner der nördlichen Gebiete weitergaben. Darüber wird jedoch noch einige Zeit vergehen.

*Auf dem Bild unten sieht man einen »Computer-Plot« von Gebäudegrundrissen, die unter der Erde liegen und die mit dem Magnetometer »sichtbar« gemacht wurden. Darunter: Die*

0          100 m

*Grundrisse einer römischen Villa wurden beim Autobahnbau in der Nähe von Winningen entdeckt. Man baute eine Schleife, um das archäologische Denkmal zu erhalten. (Freig. Reg.-Präs. Düsseldorf 16 D.300).*

*Linke Seite: Häufig müssen die Bodendenkmalpfleger rund um die Uhr arbeiten. Das mittlere Foto (Ausgrabung des Gräberfeldes von Wittmar) zeigt, mit welcher Geduld und Ausdauer winzige Funde freigelegt werden. Mit dem Magnetometer (unteres Foto) ortet man unterirdisches Mauerwerk. Auf diese Weise kann man Bodendenkmäler schützen, ohne sie ausgraben zu müssen.*

## Bilderbuch der Architekten im Blautal

Die Michelsberger lebten vom späten 4. bis zum späten 3. Jahrtausend v. Chr. vor allem längs des Rheinlaufes, in Belgien, Niedersachsen und Mitteldeutschland. Diese Gruppe, die in den einzelnen Gegenden sehr unterschiedlich ausgeprägt ist, weist stets starke Beziehungen zur bereits ansässigen Vorbevölkerung auf.

Woher sie kamen, wissen wir nicht. Hinzu kommt, daß diese Kultur – wohl bedingt durch die ausgeprägte Anpassung an Vorhandenes – in den einzelnen Gebieten manchmal so stark differiert, daß es schwerfällt, die charakteristischen Merkmale herauszuarbeiten.

Die Keramik der Michelsberger wurde zunächst durch doppelkonische Becher mit zylindrischem oder sich nach oben öffnendem Hals, konischen Schüsseln und Henkelkrügen gekennzeichnet. Diese älteren Gefäße hatten einen flachen Boden und waren gelegentlich mit einfachen Ritzmustern verziert. In einer späteren Phase tauchten immer häufiger Gefäße mit rundem Boden auf, neu hinzu kamen Amphoren, Tulpenbecher und »Backteller«.

Die Michelsberger züchteten Vieh, bauten Getreide an und Gemüse wie Möhren, Saubohnen, Erbsen, Linsen, außerdem Flachs, Hanf und Mohn. Daneben spielte die Jagd eine wichtige Rolle, und die Gruppen, die an Seen oder Flüssen lebten, ernährten sich weitgehend von Fischen, die sie mit der Angel, der Reuse und dem Korb fingen. Diese Seeuferbewohner waren, wie wir sehen werden, der Anlaß für eine der erbittertsten Kontroversen in der deutschen Archäologie.

Weitere wichtige Hinweise auf das Alltagsleben, vor allem den Hausbau der Michelsberger, brachten Ausgrabungen, die das Bayerische Landesamt für Denkmalpflege in den Jahren 1952 und 1960 veranlaßte. Im vermoorten Untergrund des Blautales hatte sich nämlich eine Menge Holzreste erhalten, und so konnten die Archäologen die wechselvolle Geschichte dieses neolithischen Dorfes wie in einem Bilderbuch aufblättern.

Die Siedlung in der Nähe des heutigen Ortes Blaustein, Ortsteil Ehrenstein, war um 3200 v. Chr. etwa hundert Jahre lang bewohnt. Viermal brannte das Dorf nieder, jedesmal wurde es

65

wieder aufgebaut. Die Häuser säumten zu beiden Seiten die Dorfstraße, sie hatten ein oder zwei Räume. Die Fußböden bestanden aus einer Holzbalkendecke, die mit Lehmestrich verputzt war und gegen die Feuchtigkeit des Untergrundes isolierte.

Deutlich sind noch die Stellen zu erkennen, wo ausgebessert wurde. Vor jedem Haus lag ein großer Vorplatz, der, ebenfalls wegen der Feuchtigkeit, einen Boden aus Holzrosten hatte und mit Estrich belegt war. Die Wände der Häuser bestanden aus Rundhölzern, Spaltbrettern oder Flechtwerk; an manchen Häusern kommen alle drei Techniken vor. Zu jeder Behausung gehörten eine Herdstelle und ein eigener Backofen. Auf einigen Vorplätzen gab es kleine Feuerstellen.

Daß die Leute im Blautal recht gute Architekten waren, beweisen Reste einer Tür. Die Archäologen fanden »drei nebeneinandergelegte Trittbretter, daneben ein kurzes Brettchen mit Zapfenloch, anscheinend für eine Türangel, das von einem ebensolchen Brettchen, ohne Loch, unterlegt war. Hinter dem Brett mit Zapfenloch wie auch seitlich der Trittbretter stand vielleicht ein Halbholz als Pfosten«.[39]

Rätsel geben immer noch die 88 geschliffenen Scheiben (3–13 mm Durchmesser) auf, die im Dorf verstreut gefunden wurden und offenbar eine »Spezialität« des Ortes waren.[40][41]

## Raus aus dem Wasser – rein ins Moor: Der Streit um die Pfahlbauten

Vor kurzem machten die »Pfahlbaudörfer« wieder Schlagzeilen, denn Ostern 1976 brannte das Freilichtmuseum Unter-Uhldingen ab. Professor Hans Reinerth, der das Dorf selbst mit aufgebaut hat, lehnte zunächst Spenden ab – eine ungewöhnliche Haltung. Doch das hat seinen Grund. Denn das Pfahldorf ist, so hieß es erst kürzlich in einer überregionalen Zeitung, »...der hölzerne Zeuge für eine der markantesten Irrlehren der Wissenschaftsgeschichte, entstanden in der völkisch schwangeren Blut-und-Boden-Stimmung der späten Weimarer Republik«. (DIE ZEIT)

Nun ist es zwar richtig, daß gerade in dieser Zeit Heimat und Boden hochgehalten wurden – im 3. Reich eskalierte diese Deutschtümelei ja bekanntlich ins Absurde. Doch andererseits ist eigentlich nicht einzusehen, was für einen Unterschied es macht, ob nun eine der vielen

Gruppen, die unser Land besiedelten – in diesem Fall Teile der Michelsberger –, wie Südseeinsulaner in Pfahlbauten über dem Wasser hauste, oder ob die Leute einfach am Ufer eines Sees ihre Hütten aufschlugen.

Hans Reinerth war fest von der Pfahlbautheorie überzeugt. Er nutzte nach 1933 seine politische Stellung dazu aus, seine Meinung durchzusetzen. Ob das nun mit Blut und Boden zu tun hatte, sei dahingestellt. Auf jeden Fall blähte sich eine unterschiedliche Interpretation rein wissenschaftlicher Natur vor einem günstigen politischen Hintergrund auf und rutschte sehr bald ins Persönliche ab, in einen Kampf, der mit ungleichen Mitteln ausgefochten wurde. Denn interessanterweise schalteten sich gerade in den Pfahlbautenstreit schon bald Nichtarchäologen ein. Eine Klärung der Angelegenheit ist sicherlich nur durch weitere Ausgrabungen und präzise wissenschaftliche Interpretation herbeizuführen.

Schuld am Wissenschaftsdisput waren ungewöhnlich lang anhaltende Trockenperioden in den Jahren 1853/54. Der Wasserspiegel der Schweizerischen Seen sank tiefer als je zuvor, und an den Ufern erschienen senkrechte Pfähle, auf dem Seegrunde fanden sich Hinterlassenschaften stein- und bronzezeitlicher Siedler. Dies alles schien darauf hinzuweisen, daß einst im Genfer See, im Bodensee und anderswo »Europäer« wie Eingeborene der Südsee in Pfahldörfern mitten im Wasser wohnten.

Das Pfahlbautenfieber griff um sich wie eine Epidemie, und bis heute sind über dreihundert Fundstellen aus der Schweiz, Österreich, Frankreich, Italien und Deutschland bekannt. Doch bereits Ferdinand Keller, dem Nestor der Pfahlbautenlehre, kamen späterhin leise Zweifel an der Richtigkeit seiner Theorie, denn wenn auch Herodot als Zeuge zitiert wurde, so mehrten sich die Funde, die auch andere Schlüsse zuließen.

Unmittelbar vor dem Zweiten Weltkrieg äußerte der Tübinger Prähistoriker Oskar Paret, der das Dorf Ehrenstein im Blautal ausgrub, die ketzerische und für damalige Zeiten außerordentliche mutige Ansicht, zumindest die schwäbischen Steinzeitler hätten ganz normal am Ufer des Bodensees gelebt und ihre Häuser lediglich des morastigen Untergrundes wegen mit Pfählen befestigt. Erst später sei das Wasser gestiegen und hätte dann die Bauten überschwemmt.

Grabungen im Federseegebiet bestätigten dann, was unvoreingenommene Wissenschaftler längst vermuteten: »daß diese Pfahlbauten, wenigstens die des Federseegebietes, keine Wasser-, sondern vielmehr Moorbauten sind, deren Hausböden unmittelbar auf der Oberfläche des versumpfenden und vertorfenden Seerandes auflagen. Was man bisher als Tragpfahl gedeutet hatte, waren dann die Fixierungen der Bauten gegen das sonst unvermeidliche Ausweichen der Wände nach den Seiten zu auf der schwankenden Grundfläche, wie es an einem nach alter Weise installierten Modellhaus tatsächlich bereits in kürzester Zeit eintrat.«[42]

Die Schweizer gaben sich nicht damit zufrieden, daß ihre Pfahlbauten keine sein sollten. Sie forschten unverdrossen weiter. Dr. Ruoff vom Zürcher »Büro für Archäologie« entwickelte ganz neue Methoden für Unterwasser-Ausgrabungen in Seen und machte sich auf die Suche nach den Spuren der steinzeitlichen Anwohner des Zürichsees. Ob die »Urschweizer« im 3. Jahrtausend v. Chr. tatsächlich über den Wellen wohnten, steht noch dahin. Italienische Archäologen sind allerdings davon überzeugt, daß es zumindest in der Bronzezeit echte Pfahlbauten gab, in denen man »vom Boden abgehoben« lebte.

Ostern 1976, als Uhldingen abbrannte, begann in der Schweiz die Auswertung des bisher größten neolithischen Fundkomplexes des Landes: In Twann hatten eidgenössische Archäologen in 21 Monaten auf 170 mal 15 Metern Gelände eine solche »Uferrandsiedlung« freigelegt. Gerade jetzt, da der Streit um die Pfahlbauten aufs neue entfacht ist, kann man den Ergebnissen dieses Unternehmens mit großer Spannung entgegensehen.

## Im Norden ließ man sich Zeit

Als im Rheinland und auf den Lößböden Mitteldeutschlands und Niedersachsens schon – wenn auch nicht gerade üppige – Kornfelder wogten, die Aufzucht von Rindern, Schafen und Schweinen den Bauern allmählich zu Wohlstand verhalf, Keramik und Hausbau in voller Blüte standen, lebten die Menschen in Norddeutschland noch von dem, was ihnen die Natur bot: Von Muscheln und Fisch, von Beeren und Haselnüssen fristeten sie – so hieß es – ein kärgliches und alles in allem recht rückständiges Dasein.

Diese Vorstellung wurde mit einem Schlag

*Links: In Twann, Schweiz, gelang es den Archäologen, den Bau einer Autobahn so lange zu unterbrechen, bis sie das Erdreich anderthalb Meter unter dem Seespiegel nach Überresten einer jungsteinzeitlichen Uferrandsiedlung durchforscht hatten. Die Ergebnisse stehen noch aus. Sie werden mit großer Spannung erwartet. Das untere Foto zeigt eine Steinbeilklinge mit noch erhaltenem hölzernen Holm in situ, das heißt am Fundplatz.*

über den Haufen geworfen, als vor hundert Jahren Arbeiter, die im Ortsteil Ellerbek den Kieler Hafen ausbaggerten, auf einen neolithischen Wohnplatz stießen.

Dickwandige Spitzbodengefäße und Wannen, dünnwandige Becher mit rundem oder spitzem Boden mit kurzem Trichterrand bewiesen zunächst, daß zumindest ein Merkmal der neolithischen Revolution – die Keramik – bereits im 4. Jahrtausend v. Chr., vielleicht auch schon früher, in Norddeutschland angelangt war.

Damals siedelten die Leute der sogenannten Ertebölle-Ellerbek-Kultur an den Küsten und im Binnenland, unter anderem auch im Moor, wo durch den Abschluß von der Luft organisches Material sehr gut konserviert wird. Und so konnten die Archäologen mit einem einzigartigen Beweis dafür aufwarten, daß die neolithische Bevölkerung Schleswig-Holsteins bereits sehr früh landwirtschaftlich tätig war: Im Satrupholmer Moor entdeckten sie gleich mehrere Spaten aus Eschenholz. Einer dieser Spaten, der an die sechstausend Jahre alt ist, gehört zu den Schätzen, die Schloß Gottorf seinen Besuchern

zu bieten hat, denn es ist der älteste Spaten, den wir kennen. Die Landwirtschaft beschränkte sich offenbar auf eine Art Gartenbau – doch vielleicht waren die Menschen im Norden an der mühsamen Feldbestellung gar nicht so sehr interessiert, weil sie auch ohne sie ihr gutes Auskommen hatten.

Noch älter als der Spaten aus dem Satrupholmer Moor ist das Holzpaddel vom Duvenseer Moor. Damit steht fest, daß die Leute des Nordens mit dem Einbaum bereits Flüsse und Seen befuhren, als man noch von England aus zu Fuß über die Kimbrische Halbinsel bis nach Nordfinnland wandern konnte!

Bei Duvensee fanden die Archäologen sogar die Landestelle. Man ruderte damals die Boote ans flache Seeufer direkt bis vor die Hütten und zog sie dann aufs Land.

Die ersten Anzeichen der neolithischen Revolution dürften Norddeutschland um 4000 v. Chr. erreicht haben, spätestens tausend Jahre später waren die Bewohner Schleswig-Holsteins, die von nun an in der einschlägigen Literatur Trichterbecherleute heißen, Bauern und Viehhalter.

Wie diese Veränderung der Lebensweise im einzelnen vor sich ging, ist unbekannt, die Archäologen sind weitgehend auf Vermutungen angewiesen. Völlig eigenständig kann sich die Trichterbecherkultur nicht aus der einheimischen Ertebölle-Ellerbek-Bevölkerung entwickelt haben, denn zumindest Schaf und Ziege, die neben Rindern und Schweinen von nun an zum festen Haustierbestand gehören, gab es im Norden ursprünglich nicht. Andererseits läßt sich eine massive Einwanderung fremder Gruppen auch nicht nachweisen.

So bleibt also nur die Annahme, daß sich im Norden bodenständige Kulturen mit Einflüssen von außerhalb vermischten, die in Wellen aus dem Süden oder Westen kamen. Das schließt überdies nicht aus, daß hin und wieder kleine Gruppen aus der Fremde einwanderten, eine Zeitlang neben den ansässigen Jägern und Sammlern lebten und sich dann mit ihnen vermischten. Aus diesem Geben und Nehmen einzelner Gruppen kristallisierte sich schließlich vielleicht die Trichterbecherkultur heraus, deren Träger zunächst in Skandinavien und Norddeutschland, später auch in Mitteldeutschland, im Osten bis nach Polen, in Nordwestdeutschland bis hin zu den Niederlanden siedelten.

Ihr typisches Gefäß ist der Trichterbecher, der ihnen den Namen gab. Auch ihre Kragen- und Ösenflaschen unterscheiden sie deutlich von der Keramik anderer Gruppen.

Sie bauten Emmer, Einkorn, Zwergweizen und mehrzeilige Gerste auf ihren Äckern, die sie durch Brandrodung vom Eichenmischwald befreiten. Fischfang und die Jagd, auch auf Seehunde, spielte nach wie vor eine wichtige Rolle.

Welche Veränderung sich im Norden wirklich vollzog, zeigt sich weitaus markanter als in der Keramik oder der Feldbestellung in einem anderen Bereich – im Totenbrauchtum.

Die Gruppen der Ertebölle-Ellerbek-Kultur hatten ihre Verstorbenen lang ausgestreckt in schlichten Erdgräbern bestattet. Die Trichterbecherleute bestatteten ihre Toten zwar ebenfalls in ausgestreckter Rückenlage. Doch von nun an werden riesige Findlinge zu gigantischen Steinhäusern aufgetürmt. Mehr als tausend Jahre lang entstehen überall in Skandinavien und Norddeutschland Großsteingräber, die noch heute davon zeugen, wie bemüht man war, den Ahnen ein ehrendes Andenken zu wahren, denn im Norden wurden diese Gräber, die ursprünglich nur für einen Toten bestimmt waren, schon bald zu Erbbegräbnissen.

## Die Megalith-»Kultur« ist eine Megalith-»Idee«

Doch nicht nur im Norden Europas gibt es riesige Steinmonumente. Wo die ältesten Megalithbauten entstanden, weiß man nicht, ganz sicher jedoch – nach heutigen Vorstellungen – irgendwo im westeuropäischen Bereich.

Megalithik ist dem Griechischen entnommen und bedeutet soviel wie »aus großen Steinen erbaut«, der Begriff umfaßt Großsteingräber, Menhire, Steinreihen und Steinkreise; Denkmäler also, die wenig Bearbeitung erforderten, »deren wesentliches Element der aufrechtstehende Stein, bei den Großsteingräbern der waagerecht darüberliegende Stein ist«. Die Bretonen nennen diesen Deckstein »Dolmen«, das heißt »Steintisch«.[43])

Die endlosen Steinalleen von Carnac in der Bretagne und das Sonnenheiligtum Stonehenge entstanden erst, als man im nordischen Raum die Toten schon lange in Großsteingräbern bestattete, dort allerdings fehlen die Steinsetzungen und großangelegten Heiligtümer.

Über die »Megalithkultur« ist eine Menge geschrieben worden, zu den ohnehin vorhandenen ungelösten Fragen wurden neue Rätsel hinzugedichtet. Heute steht fest, daß eine eigenständige Megalithkultur überhaupt nicht existierte. Man ist dazu übergegangen, eher von einer »Megalith-Idee« zu sprechen.

Weil die meisten der großen Steinmonumente in der Nähe der Küsten stehen, kam es zur Theorie, ein Volk von Seefahrern sei Träger dieser Kultur gewesen, andere Forscher wieder waren fest davon überzeugt, daß Missionare durchs Land zogen und eine neue Religion verkündeten, die mit dem Errichten von Großsteinbauten gekoppelt war.

Einig ist man sich heute darin, daß verschiedene Völker an allen möglichen Enden der Welt Megalithbauten errichteten. Allerdings gehören in diesem erweiterten Sinne dann auch Bauten dazu, die sich nicht auf die Kriterien der aufrechtstehenden Tragsteine und flach darüberliegenden Decksteine, die im wesentlichen unbehauen sind, beschränken. Mögen sich die Steingräber in Frankreich, England und Norddeutschland oder Skandinavien auch ähneln – die Grabbeigaben, die in den Gräbern gefunden wurden, stammen stets von der einheimischen Bevölkerung.

Gerade weil die Megalithik so viele Fragen offenläßt, ist hier natürlich ein weites Feld für

*Die Trichterbecherleute – hier ein Beispiel für ihre Leitkeramik – errichteten für ihre Toten Großsteingräber. Ihre Spuren finden sich vorrangig in Norddeutschland.*

alle möglichen neuen Theorien, und nicht alle sind von vornherein von der Hand zu weisen. Zumindest die neuesten Untersuchungen von Stonehenge ergaben einleuchtende Hinweise darauf, daß hier die Astronomie im Spiel ist.

Doch zurück nach Deutschland. Großsteingräber gab es in vier verschiedenen Ausfertigungen, die sich in den einzelnen Landesteilen jeweils in Untergruppen aufteilten.[44]

Der »Dolmen« besteht aus vier bis sechs aufgerichteten Tragsteinen, über die man dann die Deckplatte (den Dolmen) legte. Oft wurden hier mehrere Tote bestattet. Das Ganze wurde mit Erde überdeckt.

Auch die Ganggräber oder Kammergräber lagen unter einem Hügel. Damit man besser in die Grabkammern hineinkam, um weitere Tote zu bestatten, baute man einen Gang, gelegentlich legte man um den Hügel Steinkreise. Der Denghoog bei Wenningstedt auf Sylt und die »Sieben Steinhäuser« bei Fallingbostel in der Lüneburger Heide sind Ganggräber, deren Hügel irgendwann abgetragen wurden.

Die Galeriegräber sind nichts anderes als längliche Kammern, die unter einem ebenfalls länglichen Grabhügel liegen.

Steinkistengräber sind häufig in den Boden eingetieft, doch gelegentlich wölbt sich auch über ihnen ein Hügel. Wie der Name schon sagt, ähnelt dieser Grabtyp durch die hochgekanteten Steinplatten einer Kiste, nicht selten enthält der Stein, der die Vorkammer von der Hauptkammer trennt, ein »Seelenloch«, wie zum Beispiel das Kistengrab von Züschen in Hessen. Gelegentlich spricht man in der Archäologie auch von einer regelrechten »Steinkistenkultur«.[44a]

Früher schien es unvorstellbar, daß ganz normale Menschen die riesigen Steinblöcke bewegten. In Sagen und Märchen spuken noch heute Riesen und Titanen, die einstmals die Erde bevölkert und mühelos die tonnenschweren Steine transportiert und aufgeschichtet haben sollen. Die experimentelle Archäologie bewies inzwischen, daß die Menschen auch vor fünftausend Jahren sehr wohl schon selber in der Lage waren, mit einfachsten Hilfsmitteln Findlinge zu bewegen und aufzurichten. Auf Schlitten ließen sich die Steine – auch ohne Rollen, denn die wurden häufig unter dem schweren Gewicht zermalmt – verhältnismäßig leicht transportieren, besonders dann, wenn der Boden gefroren war.[45]

In Norddeutschland und Skandinavien wurden die Toten seit der ausgehenden Jungsteinzeit mehr als tausend Jahre lang in Großsteingräbern beigesetzt. Diese »Hünengräber« finden sich vor allem noch in Schleswig-Holstein. Eine ganze Reihe von ihnen wurde restauriert und ist den Besuchern zugänglich.
Links oben: »Taufstein« von Hellingbek; links Mitte: Urdolmen vom Sprenger Hof; links unten: Steinkistengrab mit »Seelenloch« von Züschen/Hessen; links: freistehender Rechteckdolmen im Birkenmoor; unten: Steingrab aus dem »Harhoog«, bei Keitum/Sylt neu aufgestellt.

## Schuljungen ersetzen Riesen

John Coles, ein englischer Archäologe, berichtet von einem Experiment, das bei Stonehenge in England stattfand. »Der Schlitten, der 2,7 mal 1,2 Meter maß, bestand aus Balken von 15 mal 15 Zentimeter Stärke. Das Gewicht von Schlitten und Stein betrug nahezu zwei Tonnen, und dieses Gewicht wurde von 32 Schuljungen über festen Boden und Hänge von 4 Grad Steigung hinaufgezogen.«[46] Noch einfacher ließ sich dieser Stein auf dem Wasserwege transportieren. Auf hölzernen Planken, die über drei Paddelboote gelegt wurden. Vier Schuljungen stakten das Fahrzeug spielend stromaufwärts, und »das Gewicht von etwa zwei Tonnen ließ die Boote nur 23 Zentimeter tief ins Wasser tauchen«. Man konnte demnach auch recht seichte Gewässer befahren und bis dicht an die Baustelle herankommen.

Eines der erstaunlichsten Megalithgräber in Deutschland wurde schon 1884 entdeckt, und zwar in Züschen bei Fritzlar/Hessen. Die 20 Meter lange Steinkiste stammt aus der Zeitwende vom 3. zum 2. Jahrtausend v. Chr. und war viele Generationen hindurch Erbbegräbnis. Das Ungewöhnliche am Grab von Züschen waren Zeichnungen, mit spitzem Werkzeug in die Steinplatten eingepickt. Hier fanden die Archäologen die älteste Wagendarstellung Europas: Ein Rindergespann, durch ein Joch miteinander verbunden, zieht einen einfachen zweirädrigen Korbwagen – allerdings stammt diese Zeichnung nicht von den Wänden, sie fand sich auf einem einzelnen Stein, der in der Kammer lag und heute im Landesmuseum Kassel zu besichtigen ist. Daß sogenannte »Zeichensteine« in Gräbern liegen, ist sehr ungewöhnlich. Das ließ den Marburger Archäologen Otto Uenze nicht ruhen, und er beschloß nach dem Kriege, den Grabungsschutt noch einmal zu durchsuchen. Angeregt durch eigene Grabungen in Steinkisten, hoffte er mit den modernen Methoden der Archäologie Dinge zu finden, die man damals nicht gesucht hatte, weil man auf ihre Existenz nicht gefaßt war. Die Mühe lohnte sich. Neben Tierknochen, Pfeilspitzen, Messerklingen und Scherben, auf die die ersten Ausgräber entweder keinen Wert gelegt oder die sie einfach übersehen hatten, fand Uenze weitere »Zeichensteine«. Einer trug in den Stein eingemeißelt eine ovale Mulde, der andere eingepickte Rillen.

Was es mit ihrer Bedeutung auf sich hat, ist ungewiß. Bei den Wagendarstellungen, den Bildern von Rinderherden könnte es sich um Hinweise auf den Besitz des Toten handeln, vielleicht symbolisieren sie Opfergaben – oder sie sind »Erinnerung an einen großen Treck ... an die Zeit, als man damals mit soundsovielen Gespannen und Herden ausgezogen war, um Neuland zu suchen«.[47]

Der Schlußstein des Grabes von Züschen weist auf die Ankunft eines neuen Volkes hin. An der Oberkante eingemeißelt findet sich ein Fischgrätenband, als Zickzackmuster wiederholt es sich oberhalb des Seelenloches am Eingang zur Hauptkammer. Fischgrätenmuster aber sind charakteristisch für die »Einzelgrableute«, die wir gleich kennenlernen werden. Die fünf Fischgrätenstreifen auf dem Schlußstein des Steinkistengrabs sind identisch mit den fünf Fischgrätenstreifen auf einem Menhir, der in Ellenberg/Kr. Melsungen gefunden wurde.[48][49]

Die Zeichensteine wurden – so Uenzes Theorie – von den Erbauern des Großsteingrabes hergestellt. Als die »Einzelgrableute« ins Land kamen, war das Grab soweit gefüllt, daß nur noch im oberen Teil der Steine Platz blieb für weitere Gravierungen.

Recht aufschlußreiche Ergebnisse brachten die anthropologischen Vergleiche der Skelette aus den Steinkisten von Altendorf, ganz in der Nähe von Züschen, mit der heutigen Bevölkerung der umliegenden Dörfer. Sie ergaben, »daß noch heute der gleiche ... Menschenschlag zahlenmäßig stark vertreten ist«.

Diese Kontinuität in der Bevölkerung ist längst nicht überall gegeben, denn in der Jungsteinzeit finden gravierende Verschiebungen einzelner Bevölkerungsgruppen statt, einige Wissenschaftler sprechen sogar von einer ersten Völkerwanderung.

## Mit den Einzelgrableuten kam der Krieg

Auf Anzeichen dafür, daß es auch in Norddeutschland zu Veränderungen kam, stießen Schleswig-Holsteiner Archäologen vor kurzem in der Nähe von Rendsburg. Bei Büdelsdorf stand in der Jungsteinzeit eine Festung, deren bautechnische Raffinessen erst wieder aus der Zeit der Römer bekannt sind.

Die Leute von Büdelsdorf hatten sich – vielleicht vor den Einzelgrableuten – auf einer Anhöhe verschanzt, die an drei Seiten von Wasser umgeben war, denn sie lag in einer Flußschlinge

der Eider. Die Hänge fielen bis zu zwanzig Meter steil ab, und die vierte Seite war wirkungsvoll abgeschirmt durch ein dreißig Meter tiefes gestaffeltes System von drei Gräben, vier bis sechs Meter breit, zweieinhalb Meter tief und dreihundert Meter lang. Dazwischen erhoben sich Palisadenzäune. Eine derartig durchkonstruierte Befestigungsanlage setzt einen hohen Grad an Organisation voraus, darüber hinaus strategisches Können, bautechnische Erfahrung und Erfindungsgeist. »Die zahlreichen Durchlässe im Befestigungstrakt sprechen dafür, daß in Zeiten der Gefährdung der Siedlung Menschen und Vieh schnell in Sicherheit gebracht werden mußten und konnten. Unter diesem Aspekt sind die relativ zahlreichen, leicht und schnell mit Balkensperren zu verriegelnden Tore eine ausgesprochen sinnvolle Erfindung.«[50])

Offenbar kam es in Büdelsdorf zu Kämpfen, Einzelheiten lassen sich natürlich nicht mehr ausmachen. Doch nach allem, was wir wissen, kamen um diese Zeit die »Einzelgrableute« ins Land. Sie heißen so, weil sie ihre Toten in Einzelgräbern bestatteten, und zwar nicht mehr

langgestreckt, sondern in Hockerstellung. Die Einzelgrableute tragen aber auch noch andere Namen. Nach den Schnurabdrücken auf ihrer Keramik nennt man sie Schnurkeramiker, die schöngeschliffenen Äxte trugen ihnen die Bezeichnung Streitaxtleute ein, in einigen Gebieten hießen sie auch Bootsaxtleute.

Über diese »schnurkeramischen Becherkulturen«, wie sie gelegentlich zusammengefaßt werden, ist wenig bekannt. Alle diese Bezeichnungen meinen ein und dieselbe Gruppierung, die wohl aus verschiedenen Gruppen bestand, die allesamt einem Verband von Kulturen angehörten, die von Mittelschweden und Südfinnland bis in die Schweiz, von Holland bis an die Wolga und zum Kaukasus siedelten. Streitäxte finden sich in den ältesten Schichten von Troja und tauchen etwas später im Bereich der mykenischen Kultur in Griechenland auf.

Schnurkeramiker scheinen die Leute in Büdelsdorf bedrängt zu haben, und sie waren es auch, die im Kammergrab von Züschen ihr Fischgrätenmuster anbrachten.

Von der einheimischen Bauernbevölkerung

*Umlaufende Bänderreihen am Rande der Becher und Amphoren charakterisieren die »Leitkeramik« der Schnurkeramiker, auch Einzelgrab- oder Streitaxtleute genannt. Sie brachten das gezähmte Pferd nach Mitteleuropa.*

73

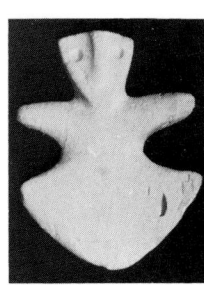

*In der Gemarkung Dietenhausen/Oberlahnkreis förderten Archäologen einen exotischen Fund zutage, der vom Hessischen Landeskriminalamt mit dem Elektronenmikroskop untersucht wurde: das »Idol von Dietenhausen«. Für das stilisierte Fruchtbarkeitsidol gibt es ein Gegenstück vom Tell-Asmar in Mesopotamien. Aller Wahrscheinlichkeit nach stammen beide Figürchen aus Anatolien. Das Exemplar von Dietenhausen ist 7,3 cm hoch, 5,5 cm breit und 1,5 cm dick und gelangte wohl im 3. Jt. v. Chr. nach Hessen.*

hoben sie sich deutlich ab. Sie legten wenig Wert auf Landwirtschaft, sondern betrieben in erster Linie Viehzucht, vor allem Schafzucht. Die Herden weideten in den lichten Wäldern und auf brachliegenden Äckern. Durch das ständige Abfressen der Schößlinge entstanden allmählich ausgedehnte Heideflächen. Erst als zu Beginn des 20. Jahrhunderts die Schafhaltung in der Lüneburger Heide zurückging, siedelten sich nach und nach wieder Eichen, Kiefern und Birken auf dem trockenen, nährstoffarmen Sandboden an, »so daß der Landstrich heute fast wieder das natürliche Vegetationsbild zeigt, welches die jungsteinzeitlichen Siedler vor mehr als 4000 Jahren mit ihren Steinbeilen und Viehherden zu lichten begonnen hatten«.[51]

Die Schnurkeramiker brachten allem Anschein nach das gezähmte Pferd mit, das von nun an auch in der neuen Heimat eine wichtige Rolle im religiösen Leben spielen sollte. Ob es als Reittier benutzt wurde, ist nicht sicher, auf jeden Fall war es kein Fleischlieferant und wurde wohl auch nicht bei der Feldbestellung eingespannt. Pflüge und Karren zogen weiterhin Rinder.

Umlaufende Schnurreihen am Rande der Becher und Amphoren, erstklassig geschliffene Streitäxte, Pferdezucht und Schafhaltung charakterisieren die Neueinwanderer aus dem Elbe-Saale-Gebiet. Doch die auffälligste Veränderung, die ihre Ankunft auslöste, ist eine völlig neue Totenbestattung. An die Stelle der riesigen Megalithgräber, Ahnenbegräbnisse der einheimischen Bauern, tritt jetzt das Einzelgrab. Die Toten werden zunächst in einer Erdgrube, eingehüllt in Felle oder Tücher, später in einem Baumsarg beigesetzt. Über dem Grab wölbt sich ein Hügel, der manchmal von Steinkreisen eingefaßt ist. Die Einzelgrableute setzen ihre Toten in Hockerstellung bei, die Männer im allgemeinen nach Westen als Rechtshocker, die Frauen als Linkshocker nach Osten ausgerichtet. Doch selbst die Grabsitten dieser Leute waren nicht allgemein verbindlich. Das ergaben die Ausgrabungen des größten süddeutschen Friedhofskomplexes der Schnurkeramiker bei Tauberbischofsheim, in den vergangenen Jahren vom Landesdenkmalamt Baden-Württemberg durchgeführt. Auf dem einen Platz waren die Männer vorwiegend als Rechtshocker, auf einem zweiten weitgehend als Linkshocker bestattet worden.[52]

Die Wissenschaftler hatten sich wichtige Hinweise auf Herkunft und Rassenzugehörigkeit der Schnurkeramiker durch die anthropologische Untersuchung erhofft, vor allem von jenen fünf Skeletten, die offenbar gemeinsam in einem Grab beigesetzt worden waren.

Dabei ereignete sich ein ärgerlicher Zwischenfall: Ein Teil der Funde war nicht sofort ins Labor geschafft worden, sondern lagerte außerhalb. Eines Nachts brachen Diebe ein, und offenbar aus Wut und Enttäuschung, daß sie anstelle von Wertsachen nur alte Knochen vorfanden, steckten sie die Kartons, in denen neben den Funden aus acht weiteren Gräbern auch die Fünffachbestattung lag, in Brand. Der Tübinger Anthropologe Alfred Czarnetzky steht jetzt vor der schwierigen Aufgabe, zunächst einmal die Knochen sortieren zu müssen, bevor er mit der eigentlichen Präparation und Auswertung des Materials beginnen kann. Das ist eine komplizierte Angelegenheit, weil die alten Bruchkanten der Knochen stark versintert sind. Solange der Sinter nicht entfernt ist, ist jede exakte Rekonstruktion unmöglich. Czarnetzkys Arbeit »ist in bezug auf die Präzision mit der eines Neurochirurgen zu vergleichen«.[53]

## Volk oder Sprachgemeinschaft: Der Streit um die Indogermanen

Schon sehr bald, nachdem sich die Archäologen ein ungefähres Bild über die Schnurkeramiker-Streitaxtleute-Einzelgrabkultur gemacht hatten, wurden Stimmen laut, die behaupteten, diese Schnurkeramiker müßten Indogermanen gewesen sein. Die Indogermanenfrage wurde Gegenstand einer erbitterten wissenschaftlichen Kontroverse, die inzwischen zwar erheblich sachlicher geführt wird, aber noch nicht beendet ist.

1816 entdeckte der Sprachwissenschaftler Franz Bopp, daß eine ganze Reihe europäischer und asiatischer Sprachen miteinander verwandt sind, daß es etwa im Indischen und Iranischen ganz ähnlich lautende Begriffe gibt wie im Griechischen und Lateinischen oder den germanischen und slawischen Sprachen.

Bopp arbeitete Grundformen einzelner Wörter heraus, die offenbar Allgemeingut indogermanischer Völker waren, und machte sich daran, eine Ur-Sprache zu rekonstruieren. Das allerdings mußte seiner Meinung nach bedeuten, daß alle Gruppen mit indogermanischer Sprache von einem einzigen Volk abstammten und erst im Laufe der Jahrtausende in andere Gebiete gewandert waren.

Trotz ständig neuer, immer komplizierterer Methoden scheint es so gut wie ausgeschlossen, daß sich jemals eine gemeinsame Ur-Sprache rekonstruieren ließe. Und selbst wenn es gelänge, wäre damit noch nicht bewiesen, daß die Menschen, die sie sprachen, auch tatsächlich ein und demselben Volk angehörten. Aus diesem Grunde halten viele Archäologen das Indogermanische eher für eine Sprache, »die von einer Sprachgemeinschaft in einem zusammenhängenden Gebiet gesprochen worden sein muß«[54] – allein diese vorsichtige Formulierung besagt, wie unsicher die ganze Angelegenheit ist.

Dennoch ist es faszinierend, wieviel die Linguisten ausschließlich durch sprachliche Vergleiche über Leben und Denken dieser »Sprachgemeinschaft« herausbrachten: Die rätselhaften Indogermanen waren offenbar Viehzüchter. Das beweisen ihre gemeinsamen Bezeichnungen in diesem Bereich. »Herden« von »Rindern« und »Schafen« bildeten wohl den Hauptbesitz. Ihr Sammelbegriff für Vieh ist verwandt mit der Wurzel von »scheren«. Demnach hielten sie vorwiegend »scherbare Tiere«, »Schafe« also. Der Ackerbau scheint recht einfach gewesen zu sein, denn hier finden sich nur wenige einschlägige Begriffe. Sie kannten Gold und Silber. Die Töpferscheibe war noch nicht erfunden, das Kneten des Tons zur Herstellung von Keramikgefäßen hieß »dheigh« – darin steckt auch unser Wort »Teig«.

Die Indogermanen lebten offenbar in Großfamilien und kannten – nach ihrem Wortschatz zu urteilen – drei soziale Gruppen: Priester, Krieger und Viehzüchter, »über die ein aus einer königlichen Familie gewählter König herrschte. Die Krieger bildeten eine feudale Hierarchie mit Lehngütern aus ›persönlichem Landbesitz‹; die Gesamtheit der Krieger stellte den obersten Rat, die ›teuta‹. Die dritte Kaste freier Männer umfaßte in dörflichen ›Kollektiven‹ zusammengefaßte bäuerliche Produzenten, die das Land wahrscheinlich in offener Feldwirtschaft bebauten.«[55]

Sie alle besitzen ein dekadisch aufgebautes Zahlensystem, kennen den Begriff des »Jahres«, der in »Winter« und »Sommer« unterteilt ist. »Daß der Terminus für den ›Monat‹ in den indogermanischen Einzelsprachen immer wieder von ›Mond‹ abgeleitet wurde und daß umgekehrt das Gestirn ›Mond‹ wohl als ›der Messende‹ benannt worden ist, beweist ein Beobachten der synodischen Monate« – Namen hatten diese Monate, die nach der Umlaufdauer des Mondes beziehungsweise nach den einzelnen Phasen wie Halbmond, Vollmond und Neumond bestimmt wurden, allerdings nicht.[56]

Zweifellos spielte das Pferd eine wichtige Rolle, das zeigen die sprachlichen Hinweise auf Pferdeopfer. In Schweden fanden Archäologen einen Fohlenschädel, in dessen Stirn ein steinerner Dolch steckte – ein handfester Beweis für die Bedeutung des Pferdes, das noch bei den Germanen ein heiliges Tier war.

Weit verbreitet waren auch Zauberformeln, die speziell bei der Heilung von Krankheiten angewendet wurden. Die uralte Heilformel »Bein zu Bein, Glied zu Glied« ist im Altindischen, im Vedischen und im Keltischen belegt; sie taucht noch im Mittelalter bei uns auf.

Diese relativ einheitliche indogermanische Ausgangssprache läßt sich mit einiger Sicherheit bis ins 3. Jahrtausend v. Chr. zurückverfolgen. Archäologische Untersuchungen und auch die Sprachforschung weisen darauf hin, daß sich das Indogermanische aus einer breiten Zone »nördlich des Karpatenbogens, des Schwarzen Meeres, des Kaukasus und Kaspischen Meeres«[57] verbreitet haben könnte. Aber auch das bedeutet immer noch nicht, daß man damit die Urheimat der Indogermanen gefunden hätte. Denn es besteht durchaus die Möglichkeit, daß Gruppen unterschiedlicher Herkunft und Rasse bestimmte Begriffe und Vorstellungen übernahmen, ohne jemals ein einheitliches Volk gebildet zu haben oder jemals Indogermanen gewesen zu sein.

Der Heidelberger Ur- und Frühgeschichtler Ernst Wahle geht heute wieder davon aus, daß die Indogermanen ein Volk waren und daß die Einzelgrableute/Schnurkeramiker zu den Indogermanen gehörten, die auszogen, in Mittel- und Nordeuropa die einheimische bäuerliche Bevölkerung zu unterwerfen. Eindeutige Erklärungen für ihre Wanderung hat er nicht. »Vielleicht veranlaßte allein schon das Vorhandensein der Bauernvölker die Söhne der Steppe dazu, diese zu verlassen. Möglich, daß sie in jenen brauchbare Knechte sahen für die Feldarbeit, die ihnen selbst ihrem ganzen Wesen nach nicht liegt.«[58]

Die »Söhne der Steppe«, von Haus aus Nomaden, lernten den Ackerbau kennen, doch nach wie vor galt ihnen das Vieh als Wertmesser. Noch im Lateinischen leitet sich das Wort für Geld, pecunia, aus der indogermanischen Bezeichnung für Vieh ab.

Aus den weiten Steppen ihrer Heimat brachten die nomadischen Streitaxtleute den Sonnen- und Himmelsgott mit in den Norden, wo er unter dem trüben, wolkenverhangenen Himmel allerdings im Laufe der Zeit ein wenig an Glanz verlor. »In dem Glauben der späteren Germanen stehen neben ihm zahlreiche andere und ganz anders geartete Gottheiten: die von den neolithischen Bauern verehrten Naturgewalten, die sich gegenüber dem Himmelsgott behaupteten und ihm einen Teil seiner beherrschenden Stellung nahmen.«[59]

So hielt sich der Kult der Nerthus, ein uralter Fruchtbarkeitsdienst der eingesessenen Bauern, neben dem Weltenherrscher, und bis auf den heutigen Tag erinnert in einigen Gegenden Süddeutschlands die feierliche »Feldbegehung« an diese Zeremonie der Vorzeit.

Die Schnurkeramiker müssen aber deshalb noch lange nicht mit »den« Indogermanen identisch sein. Das archäologische Material beweist lediglich, daß sie zu ihnen in einer gewissen Beziehung standen, die im nördlichen Europa besonders deutlich zu spüren ist. Denn hier zeichnet sich »eine starke Kontinuität des später als germanisch belegten nördlichsten Deutschland und südlichen Skandinavien seit dem Beginn der Bronzezeit ab . . ., deren Bevölkerung offensichtlich auf zwei Komponenten zurückgeht, den späten Trichterbecher-Kreis und die Einzelgräberkultur des Schnurkeramik-Kreises.«[60]

Die Problematik der Indogermanenfrage zeigt, ebenso wie die Schwierigkeiten bei der Deutung der Megalithik, mit welcher Geduld die Archäologen und ihre Kollegen aus den benachbarten Wissenschaftsgebieten versuchen, Stück für Stück eine beweiskräftige Indizienkette aufzubauen. Die Arbeit der Wissenschaftler wird erschwert durch die Fülle der Funde, die sich häufig nur in Einzelheiten unterscheiden, aber für das Gesamtbild ausschlaggebend sind. So blieb eine starke Spezialisierung nicht aus, die wiederum eine enge Zusammenarbeit der einzelnen Teilgebiete voraussetzt, will man überhaupt zu gültigen Aussagen kommen. Doch dazu braucht man Zeit – und die ist bei den Ar-

chäologen Mangelware. Um aus diesem Dilemma herauszukommen, hat das Rheinische Landesmuseum in Bonn seit neuestem einen Computer eingesetzt, der die anfallenden Informationen speichert, bei Bedarf in Sekundenschnelle analysiert und ausspuckt. – Archäologie im Weltraumzeitalter.

*Für den jungsteinzeitlichen Abschnitt mit seiner Vielfalt an Formen war die Modernisierung der Grabungsmethoden, wie etwa großflächige Siedlungsforschung, besonders wichtig. Sie brachten folgende neue Gesichtspunkte:*

- *Friedhöfe, Erdwerke und Höhlen ergaben, daß die Bandkeramiker bereits gemeinschaftliche politische und rechtliche Einrichtungen besaßen, daß sie soziale Unterschiede herausgebildet hatten, daß sie Angehörige der einheimischen, weniger entwickelten Bevölkerung opferten;*

- *war gerade bewiesen, daß die Pfahlbaudörfer Uferrandsiedlungen gewesen sein müssen, so deuten neueste Grabungen in der Schweiz darauf hin, daß es doch Pfahlbauten gegeben hat;*

- *der zweite Rössener Friedhof wird mit den modernsten archäologischen Methoden freigelegt und erbrachte unter anderem den Beweis dafür, daß diese Gruppe ein wichtiges Verbindungsglied zwischen den Bandkeramikern und den norddeutschen Trichterbecherleuten war;*

- *nicht Riesen errichteten die gigantischen Megalithbauten, sondern ganz normale Menschen. Experimente ergaben, daß sich die tonnenschweren Blöcke leicht per Schlitten und auf Flößen transportieren ließen;*

- *eine Megalith-»Kultur« gab es nicht, sondern vielmehr einen Megalith-»Gedanken«. Die Grabbeigaben stammen stets aus der einheimischen Bevölkerung;*

- *die Indogermanen sind noch immer nicht gefunden. Neueste Untersuchungen weisen darauf hin, daß es mehrere verschiedene Gruppen waren, die indogermanisches Kulturgut verbreiteten. Schnurkeramiker und Indogermanen müssen nicht identisch sein.*

# Moderne Archäologie
# mit Nasa-Computer und Flugzeug

*Interview mit Prof. Janssen und Dr. Scollar, Bonn*

*Das Rheinische Landesmuseum in Bonn besitzt einen Super-Computer, der aus Bildabtaster, einer mittleren und zwei kleineren Rechenanlagen, einem Bildwiedergabegerät, Farb- und Schwarzweiß-Bildschirmen besteht. Professor Dr. W. Janssen, stellvertretender Direktor des Museums, und Dr. Irwin Scollar erklären Sinn und Nutzen des Gerätes.*

Prof. Janssen: *Jedes Museum erreicht irgendwann einmal in seiner mehr oder weniger langen Geschichte, bei uns sind das so an die 150 Jahre, eine bestimmte Größenordnung, die sich mit den Dimensionen des menschlichen Gehirns nur noch schwer erfassen läßt. Dieses mag auf den ersten Blick als Selbstüberschätzung klingen. Wenn ich Ihnen aber erläutere, daß wir einige Millionen Fundstücke in unseren Magazinen besitzen, wenn ich Ihnen weiter sage, daß wir hier eine Fachbibliothek von etwa 50000 Bänden haben, und wenn Sie wissen, daß wir eine Unzahl von archäologischen Informationen in unseren Archiven haben, die ständig ergänzt werden, die sich ständig erweitern, die aber handhabbar bleiben müssen – in bezug auf ganz bestimmte Zwecke –, dann sieht die Sache anders aus. Ein Zweck dieses Hauses ist also, daß wir die Hinterlassenschaften der Urgeschichte, angefangen von den ältesten Perioden, dann Steinzeit, bis hinein ins Mittelalter, der Öffentlichkeit zugänglich machen.*

Frage: *Zu den täglich bei Ihnen eingehenden Informationen gehören auch Bebauungspläne . . .*

Prof. Janssen: *Ja. Das Gesetz schreibt vor, daß diese Informationen an alle Vertreter öffentlicher Belange gehen. Da ist das Wasserwerk so gut wie die Bundesbahn, das Elektrizitätswerk so gut wie die Forstverwaltung, dazu gehört heute auch der Archäologe, der Bodendenkmalpfleger, der Bodenkundewart. Nehmen wir einmal an, es soll eine neue Straße gebaut werden, drei alternative Trassen werden vorgelegt. Wenn eine von diesen drei Alternativtrassen mitten über einen römischen Siedlungsbezirk geht, über ein römisches Kastell oder über eine urgeschichtliche Befestigung, dann muß an und für sich bei dem Mann, der dieses Ressort betreut, sofort der Groschen fallen. Er muß schreien: Halt! Rotes Licht! Nur, dieser Groschen kann nicht fallen, wenn wir mehrere Millionen an Informationsdaten haben.*

*Wir werden in Zukunft solche Planungsunterlagen, die immer in bestimmten standardisierten Maßstäben gegeben werden, in den Computer einfüttern, die Karte, so wie sie ankommt. Wir werden dem Computer sagen: Dies ist eine Karte von 1:25000 Maßstab – druck mal alle gespeicherten archäologischen Informationen aus, die du ganz hinten im Hinterkopf hast. Danach schluckt der zweimal, und es dauert drei Sekunden oder drei Minuten oder dreißig Minuten, und ich bekomme aufgedruckt auf die Karte ein komplettes, aktuelles Fundbild. Ich bekomme eine neue Karte.*

Frage: *Handelt es sich also um eine rein bürokratische Nutzung, werden archäologische Funde als solche nicht ausgewertet?*

Prof. Janssen: *Das möchte ich nicht sagen. Der Nutzen für die Denkmalpflege ist in den geschilderten Gebieten rein administrativer Art. Sie wissen ja, daß wir jedes Jahr größere und auch kleinere Ausgrabungen durchführen – im Durchschnitt sind es 35 Untersuchungen. Die* von den wissenschaftlichen und technischen Kollegen angefertigten Fundunterlagen werden in dem Computer gespeichert und stehen nun in einer Weise zur wissenschaftlichen Arbeit zur Verfügung, die bisher nicht möglich war.

Wenn Sie früher ein Bodenprofil hatten, also einen vertikalen Schnitt durch einen Boden mit verschiedenen Schichten, dann wurden alle Fakten akribisch auf einzelne Blätter aufgenommen, umgezeichnet, in der Druckerei dann wieder verkleinert usw. Solche Grabungsbefunde werden in Zukunft direkt in den Computer eingespeist. Sie können sie in jeder beliebigen Form, unter Wählung jedes beliebigen Maßstabes fertig ausgedruckt abfordern. Das heißt, der Computer kann als Druckmaschine verwandt werden, als Druckplattenhersteller. Das heißt, ich kann die Information, wenn ich die richtige Frage an den Computer stelle, sofort auch für die wissenschaftliche Bearbeitung eines Fundkomplexes auswerten.

Dr. Scollar: *Die meisten Funde kommen in miserablem Zustand an. Sehr viele davon sind unrestaurierbar. Ein guter Ausgräber bringt den Fund in einem Gipsverband her, und dieser Fund wird dann in unserer Röntgenanlage von allen Seiten geröntgt. Es stellt sich heraus, daß der ganze Gegenstand nur aus Korrosionsschicht besteht. Da ist nichts Festes mehr, den kann man nicht restaurieren. Nun sitzt ein Zeichner da und versucht aus den Röntgenbildern zu rekonstruieren, wie der Fund eigentlich aussah. Diese Arbeit kann Monate dauern. Mit der Maschine geht das einfacher. Wir nehmen die Röntgenbilder auf und erstellen vollautomatisch entzerrt aus den Stereoröntgenbildern eine fix und fertige plane Querschnittzeichnung.*

Prof. Janssen: *Und da schließen wir doch gleich noch an, daß praktisch alle Ihre Luftbilder aus der Schrägperspektive aufgenommen werden. Wenn Dr. Scollar fliegt, befindet sich die Maschine, und damit die Aufnahmeebene nicht in der Parallele zur Erdoberfläche. Es ist also kein vertikal aufgenommenes Abbild, sondern Sie kriegen ein verzerrtes Bild. Der Computer wird dieses Bild entzerren und überträgt es in die zuständige maßstäbliche Karte. Die Nutzung ist also vielfältiger Art.*

Dr. Scollar: *Wir können bei einer Grabungszeichnung mit der Maschine machen, was Sie nie per Hand machen können. Wir können mehrere Senkrechtprofile und mehrere Waagerechtprofile kombinieren und ein dreidimensionales Modell bauen.*

Prof. Janssen: *Es ist ja eigentlich ein günstiges Zusammentreffen, daß an diesem Haus ein Ingenieur in der Form von Herrn Dr. Scollar vorhanden ist, der als Naturwissenschaftler die Geisteswissenschaften mit ihrer Handstrickmaschine aus einer gewissen skeptischen Distanz beobachtet. Er hat uns gesagt: Das macht ihr ja alles ganz brav, und ihr seid auch engagierte Leute, ihr tut, was ihr könnt. Aber es ist doch alles sehr handgestrickt. Wenn ihr für die Beobachtung eurer Bodendenkmäler auch mal die Luftperspektive wählt, dann würdet ihr vielleicht noch zu anderen Resultaten kommen… Das ist ein Punkt gewesen, wo sich archäologische Interessen mit den technisch-naturwissenschaftlichen Möglichkeiten einmal getroffen haben – sozusagen in Person.*

Dr. Scollar: *Aber ich muß zur Verteidigung der Archäologen sagen – gewisse Sachen macht ein Fleischcomputer noch immer besser. Was man zum Beispiel mit einer Maschine nicht machen kann, ist assoziatives Denken. Das schafft keine Maschine. Und diesen intuitiven Einblick »das ist doch ähnlich wie…« oder »da gibt es doch Zusammenhänge« – also wahnsinnig lückenhafte Informationen zusammenzustraffen zu einem Bild –, das ist die Kunst, die die Archäologen dauernd betreiben. Archäologen kriegen fast richtige Ergebnisse mit völlig unzulänglichen Daten. Das ist eine Kunst.*

Prof. Janssen: *Nur, sie können sie viel sicherer machen, indem sie die Quantität dieser Daten erhöhen.*

Dr. Scollar: *Aber dieses Überspringen von Lükken, das schafft die Maschine nie.*

Frage: *Was versprechen Sie sich insgesamt von der neuen Computer-Anlage?*

Prof. Janssen: *Ich möchte sagen, wir werden durch dieses Verfahren die Zeit der Bearbeitungsdauer drastisch kürzen. Wir werden eine Fülle von weiteren Informationen herausgeben können, wir werden andere Leute besser informieren können über das, was Archäologie ist. Wir werden also unserer gesetzlich verordneten Verpflichtung in besserem Maße gerecht werden, als wir das bisher konnten.*

*Meine Leute setze ich ein, um bekannte Fundplätze, die in Not sind, auszugraben, nicht um die Akten nachzuschlagen. Deshalb setze ich als Denkmalpfleger meine größten Hoffnungen in diesen Computer, und wenn er das bringt – und ich zweifle gar nicht daran, daß er es bringt –, dann wird die Denkmalpflege hier in diesem Hause in ein neues Stadium treten. In ein* neues Stadium der Aktivität, in der die modernen Informationsmöglichkeiten ausgenutzt werden. Darin sind wir hier führend. Das wird eigentlich der Clou werden. Wir werden hier die potenteste Denkmalpflege sein, die es überhaupt gibt…

Wir werden in unserem Haus dieser enormen Bautätigkeit in unserem Gebiet durch angemessene Mittel gerecht. Wenn man so viele Bauanfragen hat wie wir, kann man nicht mehr wie der Steinzeitmensch in Akten wühlen, hier ein bißchen Staub, da ein bißchen Staub – sondern da muß man wirklich die besten Medien und Informationsmaschinen heranziehen, die es gibt.

*Amerikaner gräbt deutsche Vergangenheit aus*

»Der Strom der Geschichte ergibt sich aus dem Handeln des Menschen, und die Taten von einst werden reflektiert in den materiellen Spuren, die die Menschen in ihrem Lebensbereich zurückgelassen haben« – Dr. Irwin Scollar vom Rheinischen Landesmuseum in Bonn ist der Vergangenheit des Menschen mit den modernsten naturwissenschaftlichen Methoden auf der Spur: Mit Prospektionstechnik, Luftbildforschung und geophysikalischer Meßtechnik (s. Methoden).

Schatten am frühen Morgen und am späten Nachmittag, Boden- und Feuchtigkeitsmerkmale, Besonderheiten im Bewuchs – alle die Zeichen verraten dem geübten Luftbild-Archäologen, wo Mauern, Straßen und Gräber in der Erde verborgen sind. Dinge, die so tief im Boden liegen, daß sie an der Oberfläche nicht mehr zu erkennen sind, entdeckt Dr. Scollar, indem er den Erdmagnetismus mißt, und seit wenigen Monaten besitzt seine Abteilung den modernsten Computer Europas – für archäologische Zwecke.

Dr. Scollar: *Daß man überhaupt unterirdische Denkmäler aus der Luft sehen kann, ist seit etwa 1924 bekannt. Der Engländer Crawford, der mein Lehrer war, hat diese Phänomene entdeckt. Er war seinerzeit im Ersten Weltkrieg Beobachtungsflieger und wurde während der Somme-Schlacht abgeschossen von den Deutschen, als er eine schöne mittelalterliche* Motto *fotografierte.*

*Er brachte dann 16 Monate in deutscher Kriegsgefangenschaft zu, und in dieser Zeit* lernte er eine ganze Reihe deutscher Archäologen kennen. Unter anderem auch Professor Bersu, der später Direktor der Römisch-Germanischen Kommission des Deutschen Archäologischen Instituts wurde.

*Bersu war in England, als der Krieg ausbrach. Er wurde interniert, und weil er Jude war, rettete ihm das sein Leben.*

Frage: *Wie sind Sie zur Archäologie gekommen?*

Dr. Scollar: *Ich war erst einmal Ingenieur. In Amerika war man in meiner Jugend der Meinung, daß es ganz wichtig wäre, wenn Ingenieure auch ein klein wenig Kultur hätten. Wir sollten also auch Geschichte belegen. Nur, der Professor, der uns analphabetischen Ingenieuren was beibringen sollte, hatte in meinem Jahr sein Bein gebrochen und konnte keine Vorlesungen halten. Also entschied ich mich für die Geschichte der klassischen Architektur. Das hat mich so begeistert, daß ich nebenher noch klassische Archäologie studiert habe.*

Frage: *Wie kamen Sie ans Rheinische Landesmuseum?*

Dr. Scollar: *Crawford hat mich an Bersu empfohlen, denn in England waren keine Möglichkeiten für die Luftbildarchäologie. Vielleicht wäre es aber möglich, diese Methode in Deutschland einzuführen. Bersu hatte kein Geld für so etwas, er schickte mich zu Professor von Petrikovits, der etwas mehr Geld hatte. Und damit fing alles an.*

*Ich kam mit einem kleinen Auftrag von der DFG, für ein oder zwei Jahre, und sollte sehen, ob ich etwas aufbauen könnte. Aus diesen kleinen Anfängen ist dann unser Labor entstanden, mit sechs festen Mitarbeitern und einer zahlreichen Schar von freiwilligen, gelegentlichen und sonstigen Mitarbeitern.*

*Die Luftbilder hatten nämlich gleich Erfolg gebracht, fast im ersten Jahr schon. Und dann standen wir sogleich vor dem zweiten Problem: Was machen wir mit den Fundstellen, die so tief liegen, daß sie keinen Einfluß auf die Vegetation haben.*

*Da bin ich durch Lesen auf eine Methode gekommen, die – wie die Luftbildarchäologie – aus England stammt. Wenn man ganz präzise Messungen des erdmagnetischen Feldes vornimmt, kann man auch diese tiefliegenden Reste entdecken. Das wurde im März 1958 in England zum erstenmal publiziert. Ich kam im Januar 1959 hierher und habe dann neben der Luftbildarchäologie gleich mit dem Bau eines*

*Magnetometers begonnen. Nach etwa 18 Monaten war der Prototyp fertig.*

Frage: *Und nun besitzen Sie sogar einen eigenen Computer!*

Dr. Scollar: *Jetzt mache ich wieder »archaeological engineering«. Ich kann all das anwenden, was ich in meiner Jugend gelernt habe. Meine Computererfahrung datiert zurück bis 1949 – ich gehöre sozusagen zu den Graubärten der Computerforschung.*

*Der erste Computer lief 1949, das erste System eigentlich schon 1944 in Amerika. Die ersten kommerziellen Computer kamen 1953 auf den Markt. Und es hat immerhin über zwanzig Jahre gedauert, bis wir hier einen bekamen. Wir sind das erste europäische Museum mit so einer Maschine von nennenswertem Umfang. Das Britische Museum hat eine kleine Maschine im Labor. Kurioserweise besitzt das Museum von Mexico City die älteste Computeranlage, die ganze Installation dort besteht schon seit gut zwölf, dreizehn Jahren. Dann kam das Smithsonian Institute in Washington.*

*Unser Computer hat allerdings andere Aufgaben. Die Textverarbeitung war nebensächlich, das war in der ursprünglichen Planung nicht sehr großgeschrieben. Ich hatte den Computer für die Luftbildauswertung beantragt. Dann hörten die anderen, das und das kann man auch damit machen, und dann haben wir das System erweitert. Der Computer übernimmt auch andere Dokumentationsaufgaben – was ich für außerordentlich notwendig halte, aber für nicht sehr reizvoll. Das sind Nullachtfünfzehn-Programme, die man vom Hersteller schon fix und fertig einkaufen kann.*

*Der Boß des Computers, Bernt Weidner, ist übrigens von Beruf extraterrestrischer Physiker – er geht in die Vergangenheit, nach oben und auswärts, im Gegensatz zu den Archäologen ... Doch im Grunde ist die gesamte Astronomie und die extraterrestrische Physik auch nichts anderes als die Untersuchung der Umwelt und der Vergangenheit. Allerdings mit erheblich höheren Reisekosten.*

Frage: *Apropos Kosten – wie teuer ist so ein Computer, wer hat ihn bezahlt?*

Dr. Scollar: *Der Computer wurde von der Stiftung Volkswagenwerk angeschafft und zu etwa*

*70% bezahlt. Die anderen 30% stammen aus Hausmitteln. Wobei man bedenken muß, daß die Unkosten für den gesamten Komplex in zwei, drei Jahren an Personalkosten eingespart werden können.*

*Die Anlage hat etwa 1,1 Millionen Mark gekostet. Ich habe allerdings meine Dollar zu einer ganz besonders günstigen Zeit eingekauft, so daß der Wiederbeschaffungswert etwa bei 1,5 Millionen Mark liegt.*

Frage: *Wie sind Sie überhaupt auf den Computer gekommen?*

Dr. Scollar: *Ich nenne das nicht Computer, diese »computergesteuerte Bildbearbeitungsmaschine« ist etwas ganz Neues. Sie besteht aus drei Computern, und ist konzipiert als Universalbildbearbeitungsmaschine. Man gibt Informationen in Bildern ein und bekommt Informationen in Bildern heraus, dasselbe geschieht mit Informationen, die in Worten eingespeist werden. Es ist kein Normalcomputer in dem Sinne. Eine vergleichbare Installation existiert in Deutschland nicht. Es ist der größte Bildbearbeitungscomputer Europas zur Zeit. Eine vergleichbare große Installation dieser Art gibt es bei der NASA. Sie wird dort für die Kartierung von Mars- und Mondfotos verwendet.*

*Unser Konzept entstand folgendermaßen: Ich habe diese Riesensammlung an archäologischen Luftbildern. Die sind alle schräg aufgenommen, sie müssen entzerrt werden. Das läßt sich fotografisch unmöglich machen. Ich habe mir überlegt, was könnte man da tun? Und da fiel mir ein, daß die NASA genau das gleiche Problem hat. Die haben auch schräge Satellitenbilder, aus allen möglichen Richtungen aufgenommen, und müssen daraus eine Karte basteln.*

*Unser Programm und das der NASA, die mathematische Basis und die Maschine, die sind identisch. Wir haben eine etwas modernere Anlage als die NASA, das muß ich ganz stolz sagen, aber der Eingabeteil der Bilder ist absolut identisch, der Ausgabeteil ist das gleiche Fabrikat, und der Farbfernsehschirm für die Beobachtung des ganzen Vorganges ist auch der gleiche.*

*Wenn Sie zur NASA YPL-Pasadena gehen, da sehen Sie die gleichen Geräte!*

# Ein Metall verändert die Welt

»Leicht mögen . . . ihre Schatten verzeihen, wenn die spätere Nachwelt die Heiligkeit ihrer Gebeine entweiht, und mit frohem Sinn Aschen- und Knochenreste ausgräbt, die wohl oft unter schmerzhaften Thränengüssen der Erde anvertraut wurden« – so schrieb Anno 1787 A. J. Kraut in seinen »Annalen der Braunschweig-Lüneburgischen Churlande« und verwahrte sich damit gegen die Vorstellung, die »Alterthumsforscher« seien Grabschänder.[61] Selbst moderne Archäologen, die NASA-Computer zur Auswertung ihrer Funde einsetzen, mit chemischen Prozessen aus winzigen Phosphorspuren im Boden die Reste längst vergangener Leichen ausmachen, sind nicht immun gegen den Gedanken, daß sie, sobald sie auf ein Grab stoßen, die letzte Ruhestätte eines Menschen zerstören.

Als ich in der »Moorleichenkammer« von Schloß Gottorf in Schleswig vor dem jungen Mädchen stand, das man vor zweitausend Jahren als Ehebrecherin hingerichtet hatte, sagte eine ältere Besucherin spontan: »Mein Gott, das arme Ding! Liegt nun hier und muß sich von jedem ansehen lassen . . .«

Wir sind heute davon überzeugt, daß die sterbliche Hülle des Menschen Materie ist, die zerfällt – Erde zu Erde – und dennoch befolgen wir das uralte Ritual der Beisetzung, das sich in ständig abgewandelter Form jahrtausendelang zurückverfolgen läßt, bis es sich im Nebel der Vorzeit verliert.

Noch immer gibt es Gemeinden, in denen Selbstmörder nicht auf »geweihtem Boden« beigesetzt werden, bei deren Begräbnis das »Armsünderglöcklein« geläutet wird. Grabschändung wird gesetzlich belangt. Andererseits ist es auf unseren Friedhöfen allenthalben üblich, alte Grabstätten nach einer gewissen Zeit neu zu belegen, die alten Begräbnisse beiseite zu schaffen.

Seitdem der Mensch bewußt zu denken und zu planen begann, seitdem er eine »Vorstellung hatte vom eigenen Ich, vom Tod und von der Zukunft im allgemeinen«,[62] machte er sich Gedanken um das, was nach dem Tode mit ihm geschehen würde. Davon zeugen all die Gräber, in denen er die Toten liebevoll bestattete. Gräber geben auch heute noch Aufschluß über Krieg und Frieden, über soziale Schichten, das Totenbrauchtum und vor allem über das tägliche Leben und religiöse Vorstellungen. Diese Feststellung gilt bereits für die Vorgeschichte, und ganz besonders für die Bronzezeit.

## Die Bronze löst wirtschaftlich soziale Umwälzungen aus

Als in Ägypten das Neue Reich begann – die Großen Pyramiden waren längst gebaut –, als auf Kreta die Minoische Kultur ihren Höhepunkt erreichte und Mykene auf dem griechischen Festland seiner Hochblüte zustrebte, begann im Norden Europas die ältere Bronzezeit.

Die Bronze wurde zu Beginn des dritten Jahrtausends im Vorderen Orient erfunden. In Süddeutschland taucht sie etwa um 1700 v. Chr. auf, den norddeutschen und skandinavischen Raum erreicht sie rund hundert Jahre später, doch hier wird sie bis weit in die Eisenzeit hinein benutzt, bis ins 5. oder 4. Jahrhundert v. Chr.

Zuerst war das Kupfer da. Wann seine Verwendung bei uns begann, wissen wir nicht. Speziell für die Bundesrepublik läßt sich die An-

War die Anwendung von Ackerbau und Viehzucht, gekoppelt mit der Erfindung der Keramik, die »neolithische Revolution«, so könnte man die Entwicklung der Bronzeindustrie mit den internationalen Handelsbeziehungen und der damit verbundenen immer deutlicher hervortretenden Strukturierung der Bevölkerung als »wirtschaftlich-soziale Revolution« bezeichnen, die im Gegensatz zum Prozeß der Seßhaftwerdung, der Jahrtausende dauerte, innerhalb allerkürzester Zeit vom Vorderen Orient bis in den fernen Norden Europas getragen wurde.

### Konkurrenz zwischen Stein und Metall

Irgendwann im frühen 3. Jahrtausend v. Chr. entdeckte ein findiger Handwerksmeister im Vorderen Orient durch Zufall oder Experiment, daß Kupfer seine Eigenschaften verändert, sobald man Zinn beigibt. Ein wesentlich härterer Werkstoff entsteht: die Bronze. Die ersten Gegenstände aus dem neuen Metall waren von recht unterschiedlicher Qualität, denn es galt noch, die günstigste Mischung herauszufinden. Sie besteht aus neun Teilen Kupfer und einem Teil Zinn, die Schmelztemperatur liegt bei tausend Grad. Den härtesten Werkstoff erzielten die Gießer allerdings, wenn sie bis zu 35 Prozent Zinn zusetzten, das gab eine helle Farbe, metallischen Klang und eine leicht flüssige Masse.

Im 17. und 16. Jahrhundert v. Chr. saßen die erfahrensten Bronzeproduzenten im mitteldeutsch-böhmischen Raum. Hauptabnehmer der Dolche und Äxte dieser Aunjetitzer Kultur waren die Bewohner Schleswig-Holsteins und Südskandinaviens.

Die nordischen Flintmeister waren sicherlich über die neuen ausländischen Erzeugnisse nicht sonderlich begeistert. Doch ihre Chance lag darin, daß sie billiger produzieren konnten; solch ein importierter Bronzedolch war teuer und nur wenige konnten sich dieses Statussymbol leisten.

Um konkurrenzfähig und modern zu sein, kopierten die Steinschmiede importierte bronzene und kupferne Originale in Stein. Sie schufen Dolche und Beile von makelloser Schönheit und technischer Vollkommenheit.

Doch bald änderte sich die Wirtschaftslage, denn neue Ware eroberte den Markt; diese war nicht in Stein zu kopieren: Aus dem ungarisch-siebenbürgischen Raum trat das Schwert seinen

*Speerspitzen aus Bronze mit durchlaufender Tülle und geschweiftem Blatt. Die Verzierungen wurden teilweise mitgegossen.*

kunft des Kupfers schlecht datieren. Es taucht nur vereinzelt in Form importierter Schmuckgegenstände auf, für Gebrauchsgegenstände taugte das weiche Metall nicht. In Süddeutschland, in Österreich und der Schweiz ist das neue Metall häufiger zu finden. Das mag daran liegen, daß sich in diesen Gebieten die aus Spanien oder Portugal eingewanderten Glockenbecherleute niederließen. Wir wissen wenig über sie, immerhin aber soviel, daß sie Kenntnisse metallurgischer Verfahren (Prospektion, Verhüttung, Verarbeitung von Kupfer, Goldwaschen) hatten. Sie integrierten sich erstaunlich schnell in die lokalen Gruppen.

Die Bronzezeit bringt den Einsatz von Metall auf breiter Basis. Ein fein verästeltes Handelsnetz, dessen Anfänge in die Jungsteinzeit zurückreichen, wird sozusagen weltweit ausgebaut. Bergbau, Verhüttungsbetriebe bringen Wohlstand, spezialisierte Handwerkszweige entstehen, Gebrauchsgegenstände werden serienmäßig produziert. Fernstraßen lassen die Länder dichter aneinanderrücken, Erfindungen und Modetrends folgen Schlag auf Schlag und verbreiten sich in Windeseile.

Siegeszug an. Gleichzeitig mit Axt und Lanze blieb es bis ins Mittelalter hinein wichtigste Waffe des Ritters. Als Säbel und Bajonett lebt es bis heute fort.

Das Schwert kam entweder über Süddeutschland oder entlang der Donau und der Oder in den Norden. Kurze Zeit noch bemühten sich die Flintmeister, auch Schwerter aus Stein zu schlagen, doch das Material war einfach zu spröde, die Klingen zersprangen beim ersten kräftigen Hieb. Es galt, Abhilfe zu schaffen.

Zunächst holte man fremde Metallurgen ins Land, die als hochqualifizierte Facharbeiter den Menschen in Schleswig-Holstein und Dänemark beibrachten, wie man Bronze verarbeitet. Innerhalb von ein- bis zweihundert Jahren, einem unerhört knappen Zeitraum, hatten die »Nordleute« den Anschluß an den internationalen Handel und den neuen Produktionszweig gefunden. »Schon um 1400 hatten die Vollgriffschwerter und Absatzbeile, die Lanzen und Äxte, die Rasiermesser und Haarpinzetten der Männer, sowie bronzene Halskragen, Armringe und Gürtelscheiben der Frauen von Hamburg im Süden bis hin nach Schweden im Norden ein solches Eigengepräge und eine solche Ähnlichkeit der Formen erreicht, daß man von einer eigenen nordischen Formenprovinz sprechen kann.«[63]) Charakteristisch für die nordischen Erzeugnisse waren die Ornamente, die oft die gesamte Fläche bedecken und aus Schlingbändern und Spiralen bestehen, wohl eine Anleihe aus der mykenischen Kultur.

So eifrig die nordischen Metallhandwerker auch produzierten, um den einheimischen Bedarf zu decken, es mußten dennoch Artikel aus Süddeutschland importiert werden, insbesondere Schwerter. Ein Großteil der alltäglichen Gebrauchsgegenstände und Werkzeuge bestand allerdings nach wie vor aus Stein. Das Aussehen der Steingeräte hatte sich seit dem Paläolithikum nur wenig verändert, nachdem einmal eine optimale Form erreicht war. Die Archäologen haben heute ihre liebe Not damit. Es ist äußerst schwierig für sie, zu entscheiden, ob eine Feuersteinklinge, die ohne weiteren Fundzusammenhang vom Boden aufgelesen wurde, aus der Bronzezeit stammt oder ob sie älter ist.

Metall hingegen war und blieb kostbar und sobald ein Gegenstand defekt war, ließ man ihn reparieren oder einschmelzen und neu verarbeiten. Folglich werden Bronzestücke in Siedlungen seltener ausgegraben. Ihre Datierung macht keine Schwierigkeit.

Was gefunden wurde, prächtige Dolche, Schwerter, Schilde und Schmuckgegenstände, stammt meist aus Gräbern oder Mooren und Tümpeln, wo sie als Weihegaben für die Götter

*Als der Mensch entdeckt hatte, daß sich aus der Mischung von Zinn und Kupfer ein neuer Werkstoff ergibt, die Bronze, entstand ein völlig neuer Handwerkszweig. In erstaunlich kurzer Zeit entwickelte sich eine technisch hochstehende Bronzeindustrie. Eine Methode des Gießens bestand darin, das flüssige Metall in steinerne Formen zu geben (mit dieser Form [links] konnte man mehrere Gegenstände in einem Arbeitsgang herstellen). Anschließend wurde das rohe Werkstück geglättet und verziert – wie die Messer auf dem Foto ganz links zeigen.*

niedergelegt wurden, aus regelrechten Warenlagern oder aus sogenannten Hortfunden im Gelände, wo der eine oder andere in unruhigen Zeiten seine kostbare Habe vor anrückenden Feinden vergrub.

## Mit der Bronzeverarbeitung entsteht ein neues Wirtschaftssystem

Um die Bronzeproduktion auf eine breitere Grundlage zu stellen, versuchte man, sich so weit wie möglich vom Import der Metalle unabhängig zu machen. Das gilt nicht so sehr für Norddeutschland, als für die Schweiz und Österreich, wo es Metallager gab.

Kupfer hatte man, in geringen Mengen, wahrscheinlich schon recht früh auf Helgoland gewonnen – doch reichten die Vorkommen nicht aus, um die rapide ansteigende Nachfrage nach Artikeln aus Bronze zu decken. Zinn mußte man einführen.

Nun zogen Prospektoren durch das Land, auf der Suche nach neuen Kupfer- und Zinnvorkommen, Bergleute bauten die kostbaren Metalle ab. »Man nimmt an, daß der urzeitliche Bergmann die zur Erzgewinnung notwendigen Einbaue mittels der Feuersetzmethode erzielte. Dabei wurde durch Erhitzung und rasche Abkühlung der Erzgänge ihr Herauslösen aus dem umgebenden Nebengestein erzielt. Diese Einbaue waren regelrecht mit Holzzimmerung versehen. Zahlreiche Funde gestatten uns einen Einblick in die Arbeitsvorgänge und die Lebensweise des urzeitlichen Bergmannes. An bestimmten Stellen wurde dann das geförderte Erz aufbereitet, das heißt, das hältige vom tauben Material getrennt. Noch heute sind viele solche Scheideplätze im Gelände erkennbar. Das Erschmelzen des Kupfererzes erfolgte in speziellen Schmelzöfen und stellte einen sehr komplizierten Vorgang dar, dessen vielgliedrige Stufen als Röst-Reduktionsprozeß bezeichnet werden. Dies geschah so, daß man das Kupfer oder auch schon die mit Zinn legierte Bronze in Barrenform brachte und verhandelte. Die zahlreichen Barrendepots zeugen nicht nur von einem wohl hochentwickelten Händlerstande, sondern weisen in ihrer räumlichen Verbreitung oft geradezu den Weg auf, den dieser Metallhandel genommen hat.«[64]

Mit der Bronzeverarbeitung entstand ein völlig neues Wirtschaftssystem. Wohl hatte es neben den Landwirten und Viehzüchtern schon Töpfer und Steinschmiede gegeben, von einer echten Industrie konnte jedoch bis zur Ankunft des neuen Metalls in Mitteleuropa nicht die Rede sein. Bronzegießer und Schmiede wurden schnell zu geachteten Leuten. Ihr Ruhm klingt noch in Sagen und Märchen nach, in denen sie oft mit Magie und Zauberei in Verbindung gebracht wurden.

Bis auf einen Fund bei Ripdorf/Uelzen, von dem noch nicht feststeht, ob es sich um eine richtige Werkstatt handelt oder um die Hinterlassenschaften eines Wanderhandwerkers, kennen wir zwar keine komplett eingerichteten Gießereien der Bronzezeit. Dennoch können wir uns durch zahlreiche Einzelfunde recht gut vorstellen, wie es in so einer Werkstatt vor dreieinhalbtausend Jahren aussah, und wie es dort zuging.

»Zur Ausstattung gehörten neben den Einrichtungen für den Gießereibetrieb, umfassend Ofen und Gebläse, Regale mit Formensätzen, Schmelztiegel, Behälter für Altstoff und Wassereimer für Abschreckprozesse, niedere Holzblöcke mit eingelassenem Amboß, Hämmer, Sägen, Schleifsteine, Poliermaterial und selbstverständlich reichhaltige Sätze an Meißeln und Punzen aller Art sowie Gravierinstrumente. Auch Holzbearbeitungsgeräte, Messer und vor allem das Querbeil, der Dechsel, durften nicht fehlen, um jederzeit Lehren, Unterlagen und Hilfsgeräte improvisieren zu können.«[65]

Hauptgesprächsthema in den Werkstätten waren wohl neue Techniken und Formen, denn »berühmte Meister waren tonangebend und gewiegte Händler, unter Dienstbarmachung der Eitelkeit schmucksüchtiger Frauen und prahlerischer Krieger«.

Zum Gießen der Bronze gehört lange Erfahrung, und einige mißlungene Stücke verraten, daß selbst dem Meister einmal etwas danebenging. Wir können also davon ausgehen, daß Bronzegießer bereits ein ausgesprochener Lehrberuf war, nur die Besten stiegen über den Gesellen zum Meister auf.[66]

Wiederholt erhitzte und im Wasser abgeschreckte Bronze läßt sich schmieden, und es ist erstaunlich, welch feine Bleche die Bronzeschmiede herzustellen verstanden. Einige Schilde sind so dünnwandig, daß den experimentierfreudigen Engländer John Coles, Archäologe an der altehrwürdigen Universität Cambridge, der Gedanke nicht ruhen ließ, ob sie im Kampf wirklich vor Schwerthieben schützten. Sie taten es nicht.

## Experimental-Archäologie fordert Todesopfer

Speziell in England und Irland hatten die Archäologen neben den Bronzeschilden in den Mooren auch Lederschilde gefunden, bei denen die Wirksamkeit allerdings ebenso fraglich war, denn ein einziger kräftiger Dauerregen mußte das organische Material aufweichen und andauernde Feuchtigkeit – auf den Britischen Inseln keine Seltenheit – führte zu Schimmel und Zerfall.

Nach einigem Probieren fand Coles heraus, daß Leder hart und widerstandsfähig wird, wenn man es kurze Zeit in heißes Wasser oder Bienenwachs taucht und dann über eine hölzerne Form zieht. Er ging daran, die Haltbarkeit zu testen. Hier das Ergebnis: »Eine bronzene Speerspitze auf einem Schaft durchbohrte den Metallschild, und der erste Hieb mit einem Schwert der Bronzezeit schnitt den Schild fast mittendurch. Nur der Rand, in den der Draht eingezogen worden war, hielt die Teile noch zusammen. Danach wurde der Lederschild dem gleichen Angriff ausgesetzt, und der Speer drang nur wenig in das Leder ein. Das Schwert wurde kraftvoll geschwungen, und der Schild hielt 15 Schlägen stand. Der einzige Schaden waren ein paar leichte Schnitte in der Außenfläche des Leders. Die Flexibilität des Schildes absorbierte die Hiebe und lenkte sie ab.«[67] Fazit des Experimentes: Im Kampf benutzte man Lederschilde. Die dünnwandigen Bronzeschilde dagegen und die Brustharnische, die häufig als Opfergaben in Seen und Mooren niedergelegt wurden, waren »Paradestücke«, eher Dekor als Schutz.

Schon recht früh scheinen sich innerhalb des Bronzehandwerks einige Spezialisten herausgebildet zu haben, wie die Lurengießer. Luren, diese prächtigen, bis zu zwei Meter langen Blasinstrumente aus der späten Bronzezeit (1000 bis 700 v. Chr.), wurden im allgemeinen paarweise hergestellt, gegensätzlich gewunden in der Form, als ob sie Tierhörner imitieren sollten. Die Luren sind die wohl eindrucksvollsten Beweise dafür, daß man den Guß in »verlorener Form« perfekt beherrschte. Bei dieser komplizierten Technik wird über eine Tonform die eigentliche Form des Gegenstandes in Wachs modelliert und später mit einem Tonmantel überzogen. Beim Brennen des Tons schmilzt das Wachs und gibt Raum für die Gußmasse. Die einzelnen Teile der Lure wurden aneinandergefügt, mit der Hand geglättet und poliert.

Obgleich sich die Rieseninstrumente nicht so recht für den musikalischen Vortrag eignen – sie waren wohl eher als Opfer für die Götter gedacht – entlockten ihnen moderne Berufsmusiker immerhin 16 Töne. Und siehe da – man kannte in der Bronzezeit im hohen Norden bereits die Harmonie. Da die Tonreinheit jedoch zu wünschen übrig läßt, klingt das gleichzeitige Blasen zweier oder mehrerer Luren – wenigstens für unsere Ohren – dennoch recht erbärmlich.

Um noch für einen Augenblick bei der Musik zu bleiben: Hörner hat man in großer Zahl ausgegraben und in die späte Bronzezeit datiert (900 bis 600 v. Chr.). Sie sind sehr schwierig zu blasen und bringen »einen tiefen Baßton hervor, der dem Brüllen eines Bullen ähnelt«. Beim Experimentieren kam ein Archäologe, der so kräftig ins Horn blies, daß ihm eine Halsader platzte, zu Tode. Es ist der einzige bisher bekannt gewordene Todesfall, der durch experimentelle Archäologie verursacht wurde.

Mit der Töpferei ging es in der Bronzezeit bergab. Man konzentrierte sich auf den neuen Werkstoff; Kochtöpfe, Küchengeschirr und Vorratsbehälter wurden, ihren Funktionen entsprechend, schlicht und ohne große künstlerische Gestaltung hergestellt. Allerdings kamen im Zusammenhang mit der Metallindustrie neue keramische Erzeugnisse auf den Markt, sozusagen Teilprodukte: Düsen und Muffen für Blasebälge, Schmelztiegel, Trichter und Gußformen waren häufig aus dem guten alten Ton gefertigt.

## Man zahlte mit Bernstein

Die Bronzezeit entwickelte im Zuge der Hochkonjunktur einen ausgedehnten Im- und Exporthandel. Bronze und Gold (in Schleswig-Holstein und Dänemark fand man mehr Goldgefäße als im übrigen Deutschland und in Frankreich zusammen) deuten darauf hin, daß es den Leuten im Norden gut ging, in erster Linie durch die Viehzucht. Im Fernhandel, als Gegenwert für importiertes Kupfer aus Österreich, Mitteldeutschland, Siebenbürgen und Zinn aus Spanien und England war Vieh freilich wenig gefragt. Hier zahlte man in anderer Währung: mit Bernstein, dem »Gold des Nordens«.[68]

Bernsteinwälder wuchsen vor 35–55 Millionen Jahren im Gebiet der heutigen Ostsee, in Südschweden bis nach Südfinnland hinauf. Das herabtropfende Baumharz umschloß Spinnen, Skorpione, Läuse, Fliegen, Bienen, Blüten des Teestrauches und in einem Falle sogar eine Eidechse. Das Harz wurde im Laufe der Jahrmillionen steinhart. Die Wälder versanken in den hereinbrechenden Meeresfluten, die den Bernstein mitrissen und an anderer Stelle ablagerten. Während der Eiszeit schoben dann die Gletscher ganze Bernsteindepots über halb Europa ins Binnenland hinein.

Die größten Bernsteinlager lagen in Ostpreußen, auf der Jütländischen Halbinsel und an den Küsten Schleswig-Holsteins, wo die Funde inzwischen, bedingt durch Anlandung und verstärkte Neulandgewinnung, immer spärlicher werden.

Seit frühester Zeit glaubten die Menschen, dem milchigweißen bis dunkelbraunen Stein wohnten Zauberkräfte inne. Wenn man ihn reibt, werden magnetische Kräfte frei, er verbrennt mit aromatischem Kiefernduft.

Oscar Montelius, der schwedische Prähistoriker, der die typologische Methode in die Archäologie einführte, wies als erster regelrechte Bernsteinstraßen nach.

Sie führten von der Elbmündung die Elbe und Moldau aufwärts, durch das Osterbachtal an die Donau bei Passau, oder auch die Elbe und Saale aufwärts, dann durch das Naabtal an die Donau bei Regensburg. Von Passau, wo sich beide Wege trafen, ging es durch das Inntal südwärts nach Innsbruck, über den Brenner durch das Tal der Eisack und Etsch bis an die Mündung des Po.

Hier wurde die Fracht auf Schiffe umgeladen und über die Adria in die Länder des östlichen Mittelmeergebietes verschifft. Möglich, daß von Regensburg oder Passau aus auch die Donau für den Transport von Bernstein und anderen Handelswaren aus dem nordischen Raum in die Balkanländer und nach Griechenland benutzt wurde.

Ein anderer Weg verlief von der Elbmündung durch die Lüneburger Heide und Westfalen bis an den Niederrhein bei Asciburgium. Dies ist der sogenannte Hellweg, der noch heute an vielen Stellen diesen Namen trägt. Rheinaufwärts ging es dann durch das Moseltal an die Saône und Rhône oder durch die Burgundische Pforte an den Doubs und an die Rhône bis nach Marseille. Hier liefen Schiffe ein und aus, die Bernstein und andere Handelswaren aus dem Norden weitertransportierten.

## Das Rad beginnt seinen Eroberungszug

Man kann davon ausgehen, daß sich diese Bernsteinstraßen veränderten entsprechend den Völkerverschiebungen, einzelnen Krisenherden, doch die Richtung blieb stets dieselbe. Die Bernsteinstraßen waren – nicht zuletzt durch den kulturellen Austausch – wichtige Lebensadern im vorgeschichtlichen Europa.

Es ist nicht auszuschließen, daß neben Bernstein auch Pelze aus Finnland und Nordrußland nach Süden exportiert wurden, womöglich auch Sklaven, und zwar auf Wegen, die seit der Steinzeit bekannt waren. Denn daß der vorgeschichtliche Mensch seine Umwelt recht gut kannte, darf man wohl voraussetzen. Als Jäger und Sammler durchstreifte er das Land und lernte bald, daß er Zeit sparen konnte, wenn er dem Wild auf ganz bestimmten günstigen Wegen nach Norden folgte. »So haben die Pfade, die schon in der späten Tundra vorgezeichnet waren und dann in den leichten Wäldern festere Gestalt angenommen hatten, die Entstehung des Eichenmischwaldes erlebt. Sie weisen den bäuerlichen Trägern des Neolithikums und der Folgezeit den Weg in die Weite und sind teilweise auch die Linien des Fernhandels, der einer seßhaften Bevölkerung fremde Güter und Nachricht von anderen Ländern bringt.«[69]

Straßen halten sich lange. »Die auffällige Reihung der Grabhügel läßt schließlich noch ein Wegenetz erkennen, durch das die alten Siedlungskammern untereinander und auch mit den fernen Bergbauzentren in Mitteldeutschland und Ungarn in Verbindung standen. Im

*Der Einbaum mit Paddel wurde bei der »Asserburg«, Bad Buchau, einer bronzezeitlichen Siedlung (1100–800 v. Chr.) gefunden.*

wesentlichen entsprach diesem Verkehrsnetz noch das der spätmittelalterlichen Straßen. Die Grundlinien des Verkehrs haben sich also schon in der ältesten Bronzezeit herausgebildet.«[70]

Handel und Fernstraßen aber bedeuten Rad und Wagen. Irgendwann im 4. Jahrtausend v. Chr. muß ein praktisch veranlagter Mensch auf den Gedanken gekommen sein, zwei Räder durch eine Achse zu verbinden. Das Rad allein war sinnlos.

Dieser »fahrbare Untersatz« ließ sich ans Ende der beiden Stangen montieren, zwischen denen bisher die Nomaden und frühen Landwirte ihre Habe über unwegsames Gelände geschleift hatten. Der Wagen war erfunden.

Daß er in Mesopotamien und in Nordwestdeutschland um 3000 v. Chr. gleichzeitig bekannt war und benutzt wurde, konnte der Oldenburger Moor-Archäologe Hajo Hayen, der unter anderem Fachmann ist für prähistorische Fahrzeuge, durch glückliche Funde und gründliche Untersuchungen jetzt nachweisen. Zunächst wohl in erster Linie in der Landwirtschaft verwendet, war der Wagen in der Bronzezeit als Gütertransportmittel nicht mehr fortzudenken.

Die Räder der vierrädrigen Wagen, von Rindern gezogen, haben sich tief eingefressen in die alten Straßen, über die noch im Mittelalter Karren rumpelten. Über manch eine rasen heute Autos und Lkw.

Doch auch der Transport auf dem Wasser bot keinerlei Schwierigkeiten. Einbaum und Paddel sind seit der mittleren Steinzeit nachgewiesen (Erteböle-Ellerbek-Kultur). Diese mit Beil und Feuer ausgehöhlten Baumstämme wurden an den schleswig-holsteinischen Küsten noch bis weit ins 19. Jahrhundert benutzt. In der Jungsteinzeit hatten mutige Seefahrer sogar das Meer herausgefordert und Vieh auf die Britischen Inseln verschifft.

In der Bronzezeit baute man bereits Plankenschiffe – das beweisen nicht nur die Felszeichnungen in Schweden und Norwegen, sondern auch die Bootsdarstellungen auf Rasiermessern, die im norddeutschen Raum gefunden wurden. Allerdings gaben die Bilder den Archäologen einiges Rätselraten hinsichtlich der Konstruktion auf. Ein einziger glücklicher Fund löste dann aber mit einem Schlag alle Probleme: Auf der dänischen Insel Alsen entdeckte man ein Doppelstevenboot, das zwar erst aus dem 3. oder 2. Jahrhundert v. Chr. stammt, jedoch starke Ähnlichkeit aufweist mit den bronzezeitlichen Abbildungen. An diesem Boot konnten

die Fachleute alle Einzelheiten untersuchen, die auf den Bildern nur schematisch angedeutet sind. »Das Hjortspring-Boot besteht aus einer Bodenplanke und an jeder Seite zwei Seitenplanken aus dünnem Lindenholz, die mit Schnüren zusammengenäht sind. Gebogene Haselruten bilden die Spanten, die bis zur Reling emporreichen und durch Schnüre mit sogenannten Klampen (leistenartigen Vorsprüngen) an der Innenseite der Planken verbunden sind. Die obere Querverbindung dient zugleich als Ruderbank für je zwei Mann. 9 Paar Ruderer mit Stechpaddeln gaben dem schlanken Boot (Länge mit Doppelsteven ca. 19 Meter, ohne 13,60 Meter, Breite 2,05 Meter) eine beachtliche Geschwindigkeit. Achtern bediente der Steuermann von einem leichten Halbdeck aus das an der rechten Seite (›Steuerbord‹) angebrachte lange Steuerruder. Ähnlich gebaut waren offenbar die auf den bronzezeitlichen Ritzungen dargestellten Boote, die ursprünglich wohl über einem Rutengerüst aus Fell zusammengenäht waren, wie die Haselruten und die Plankennaht beim Hjortspring-Boot vermuten lassen.«[71]

Menschen lebten an Nord- und Ostsee lange bevor die heutigen Küstenlinien entstanden. Der Mensch war dabei, als sich die Deutsche Bucht herausbildete, als die Landbrücke zwischen Jütland und Schonen im Sund und in den beiden Belten versank. Seit der Bronzezeit verkehrten Schiffe zwischen Norwegen und Schottland, bereits im Neolithikum transportierten Bauern und Seeleute lebende Ware über den Kanal.

Spätestens in der Bronzezeit wird es also auch den Spezialberuf des Bootsbauers gegeben haben.

## Von den Siedlungen der Bronzezeit gibt es kaum Spuren

Soviel die Archäologen über Handel und Metallverarbeitung in Erfahrung brachten, sowenig konnten sie über die Wohnformen der Bronzezeit eruieren. Funde von Häusern oder gar Siedlungen aus der Bronzezeit sind selten. Daß man bisher so wenige bronzezeitliche Siedlungen entdeckt hat, liegt wohl daran, daß kaum Bronzegeräte liegenblieben – sie wurden eingeschmolzen. Zurück blieben die Steinwerkzeuge. Und die kann man auch heute noch nur mit Mühe von jungsteinzeitlichen Dolchen und Sicheln

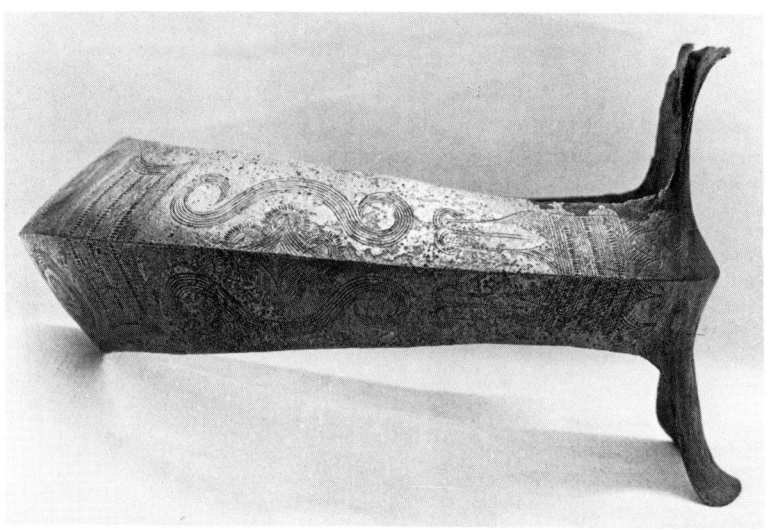

aus Feuerstein unterscheiden. Wenn das einmal möglich ist, dann wird man vermutlich auch bronzezeitliche Siedlungen finden. Haben bei den Bandkeramikern, von denen im Merzbachtal auf der Aldenhovener Platte gleich mehrere Siedlungen ausgegraben wurden, die Friedhöfe Seltenheitswert, so gilt für die Bronzezeit das andere Extrem. Man fand kaum Siedlungen, an Gräbern hingegen mangelt es nicht.

Zu den wenigen Siedlungen, die bisher untersucht wurden, gehört ein Ort der jüngeren Bronzezeit bei Runstedt/Helmstedt. Dort wird alle Jahre wieder gegraben. Die Siedlung ist für die Archäologen von zusätzlicher Bedeutung, weil sie hier schon für eine verhältnismäßig frühe Zeit die Salzgewinnung nachweisen konnten – kaum acht Kilometer entfernt von der späteren Saline Schöningen.

Eines der wenigen bronzezeitlichen Häuser, von denen man so etwas wie einen Grundriß kennt, fanden Archäologen auf der Insel Amrum. Es »umschloß ein Rechteck von 10 mal 4 Metern, war durch doppelte Firstträger unterteilt und hatte einen laubenartigen Vorbau mit Steinpflaster«.[72]

Eine Notbergung bei Handewitt/Krs. Schleswig-Flensburg brachte die Wissenschaftler auch nicht viel weiter. Im Frühjahr 1974 stießen Archäologen dort unter einem bronzezeitlichen Grabhügel, den sie ausgruben, bevor die Autobahn darübergelegt wurde, auf Reste eines 25 Meter langen und 9,60 Meter breiten Hauses, das ungefähr 3100 Jahre alt ist. Es war abgebrannt. Die Außenwände, das ließ sich noch rekonstruieren, bestanden aus dicht nebeneinandergesetzten Spaltbohlen, tief in die Erde eingelassen. Deutlich war zu erkennen, daß das Innere des Hauses dreifach unterteilt war, jeder Raum hatte einen eigenen Eingang von außen. Eine Feuerstelle und zerbrochenes Geschirr im Westteil könnten bedeuten, daß hier der Wohnteil lag. Alles übrige blieb ungeklärt. Es läßt sich nicht einmal sagen, ob das Haus von Handewitt ein Einzelgehöft war, vielleicht mit weiteren Wirtschaftsgebäuden, oder ob hier einst ein ganzes Dorf gestanden hatte.

Zum Glück bleiben den Archäologen die Gräber, und gerade diesen Stätten der Toten verdanken wir paradoxerweise das meiste von dem, was wir über das tägliche Leben wissen.

Zu Beginn der Bronzezeit war es üblich, die Toten in Baumsärgen zu bestatten. Darüber schichtete man Grasplaggen oder Heidesoden. Einige Särge haben sich überraschend gut erhalten, und selbst die Kleidung der Toten, aus Leder und Stoff, wurde so weit konserviert, daß wir uns ein recht vollständiges Bild von den Trachten jener Zeit machen können. So entdeckte man die Sensation, daß sich der weltberühmte Harris-Tweed bereits in der Bronzezeit größter Beliebtheit erfreute!

## Die Damen kannten bereits den Lippenstift

Daß organische Stoffe in größerem Umfang erhalten geblieben sind, verdanken wir dem Umstand, daß sich die Grasplaggen und Heidesoden schon bald nach der Beisetzung voll Wasser sogen. Die Feuchtigkeit schloß den Sarg luftdicht ab, und die Gerbsäure der Eichenbohlen trug dazu bei, daß sich keine Fäulnisbakterien entwickeln konnten. In dem berühmten Baumsarggrab aus Harrislee, Krs. Flensburg, war der Sarg zwar intakt geblieben, die Grabbeigaben jedoch fehlten. Schon kurze Zeit nach der Beerdigung hatten Grabräuber den Hügel geöffnet und den Sarg geplündert. Zurück blieben ein paar Kleiderlumpen, die Kappe des Toten und einige beschädigte Gegenstände. Doch andere Bestattungen, vor allem in Dänemark, waren so gut erhalten, daß eine gründliche Untersuchung der Gewebe möglich war.

»Die Gewebe sind hier aus reiner Schafwolle gefertigt. Gewebt wurde mit dem Gewichtswebstuhl, der bis zur Erfindung des Trittwebstuhls um 1000 n. Chr. im Norden in Gebrauch geblieben ist. Die mit einer festen Anfangskante versehene Gewebe wurden als abgepaßte Stücke verfertigt und in Tuchbindung gewebt. Da das lockere Gewebe anschließend gewalkt wurde, kann man mit Recht schon von Tuchmachern der Bronzezeit sprechen.«[73])

Bereits gegen Ende der Jungsteinzeit trat neben die bis dahin übliche Leder- und Fellkleidung der Stoff. In den bäuerlichen Haushalten wird man also schon sehr viel eher, als die Funde es beweisen, die Wolle des Schafes und die Fasern des Flachses zu Kleidungsstücken verarbeitet haben.

In der Bronzezeit sind Kleider aus Tuch ebenso üblich wie Umhänge aus Leder und Fell. Über die Mode wissen wir recht gut Bescheid.

Die Männer trugen Kittel mit Gürtel, Lederschuhe und Mütze, bei schlechtem Wetter einen Faltenumhang. Das Haar ließen sie halblang wachsen, seitlich am Ohr wurde es durch einen Ring zusammengehalten. Das Feuerzeug – Schlagstein und Schwefelknollen – führte man in einem Lederbeutel bei sich.

Die Mädchen und Frauen trugen Mini-Röcke. Sie sind nicht nur als Funde in Gräbern bewiesen, sondern auch durch Bronzefigürchen. »Der längere Faltenrock hingegen ist nicht zu belegen, denn so interpretierte Tuchstücke waren immer nur auf die Toten gelegt, und was man entsprechend rekonstruiert hat, sind außerordentlich unförmige Gebilde.«[74])

Im Norden trugen also vermutlich die Frauen Schnürröcke. Von Funden, die aus der Bronzezeit Süddeutschlands stammen, kennen wir

Saumbesätze, die ebenfalls für Miniröcke sprechen; sie waren aber offenbar aus einem Gewebe, das nicht erhalten blieb.

Das Haar wurde lang getragen, zum Knoten geschlungen, von einem Netz geschützt. Fibeln hielten den locker fallenden Stoff, die Gürtelplatten waren oftmals Meisterwerke der Bronzeschmiedekunst. Ringe, Hals- und Armreifen vervollständigten die für unsere Begriffe recht schwergewichtige Schmuckausrüstung. »Daß damals schon der Schönheit nachgeholfen wurde, beweisen zwei rote Schminkstifte, bronzene Kämme und kleine spitze Pfriemen, die einige für Tätowiernadeln halten.«[75]) In manchen Frauengräbern lagen neben kleinen Messern und Nähnadeln auch Dolche als Zeichen dafür, daß die Frau dem Manne ebenbürtig war.

Nicht ganz geklärt ist bisher, ob – und in welchem Umfang – während der älteren Bronzezeit Leinen getragen wurde. In der ausgehenden Bronze- und der beginnenden Eisenzeit jedenfalls hatte die Leinenweberei in Schleswig-Holstein einen beachtlichen Stand erreicht. Zwar finden sich Anzeichen für die Verwendung des Flachses bereits im Neolithikum, doch aus der Bronzezeit blieb lediglich wollene Oberbekleidung erhalten. Karl Schlabow, Spezialist für prähistorische Textilien, sucht noch immer verzweifelt nach der Unterwäsche der Bronzezeit, sei sie aus Wolle oder Leinen. Er vermutet, daß

*Bronze blieb kostbar. Nur wenige konnten sich Waffen aus dem neuen Metall leisten. Bronzeschmuck war sehr begehrt und erschwinglicher. Diese kunstvollen Anhänger wurden in einer Form aus Sandstein gegossen (Schweiz). Die Spiralfibeln von Oberpöring wurden aus Bronzedraht gewickelt.*

Archäologen vereinzelte Reste einfach übersahen. »Die Überlieferung von Leinen aus der Vorzeit im nordischen Raum konzentriert sich durchgehend bei früheren Leichenbestattungen nur in Verbindung mit Bronzeschmuck oder Bronzegegenständen, wie Waffen und Gefäße. Die abgesonderten Kupfersalze durchziehen die direkt auf dem Metall ruhenden Geweteile, die damit konserviert werden, aber nur in dem Umfang der vorliegenden Metallgröße. Bei der Auffindung ruht auf dem Metall zusätzlich meist ein kleines Häufchen Humusbildung, die als solches leicht beiseite geschoben wird, da doch der Schmuck den Ausgräber voll in Anspruch genommen hat.«[76] Es könnte natürlich auch sein, daß es überhaupt keine Unterwäsche gab.

Eine Mode also gab es damals schon, wenn auch nicht in ganz so hektischem Wandel wie heute. Das Material hingegen – Leder, Pelze, Wolle und Leinen – blieb bis zur Erfindung des Kunststoffs unverändert das gleiche, wenn man davon absieht, daß später auch in Europa die Seide bekannt wurde, und daß man natürlich neue Webtechniken erprobte und einführte. Damals schon war Kleidung mehr als Witterungsschutz.

## Die Landwirtschaft blieb Haupterwerbszweig

Wir haben gesehen, daß die »wirtschaftlich-soziale Revolution« der Bronzezeit bis zu einem gewissen Grade von handwerklicher Spezialisierung abhängig war. Das bedeutet allerdings nicht unbedingt, daß sich gleich Spezialberufe herausbildeten, denn noch im Mittelalter waren die Handwerkszweige nicht immer scharf voneinander getrennt. Es bedeutet wohl nur, daß sich einige Menschen stärker auf Handel, Herstellung von Geräten usw. verlegten und die Landwirtschaft nur nebenher betrieben. Der überwiegende Teil der Bevölkerung jedoch blieb weiterhin der Landwirtschaft und Viehhaltung treu.

Der Ackerbau expandiert, die dichten Wälder weichen den Feldern. Das beweisen die Pollendiagramme, an denen sich »das stetige Ansteigen der Getreidepollen und des Ackerunkrauts ablesen läßt«.

Weizen verdrängt allmählich die Gerste, später kommen noch Hafer und Roggen hinzu. Der Mensch ernährt sich immer mehr von Getreide, und das führt allem Anschein nach zu einem Anstieg der Zahnkaries.

Weiden gibt es noch nicht, sie entstehen erst

*Freigelegtes Hügelgrab im Staatsforst Oldenstadt mit Steinkranz und einer Steinbedeckung über der Zentralbestattung.*

durch ständiges Mähen der Halme. So weidet das Vieh im Eichenmischwald. Noch Anfang dieses Jahrhunderts mischten die Bauern in manchen Gegenden getrocknetes Laubfutter unter das Heu.

Am liebsten knabberten Schafe und Rinder allerdings die zarten Schößlinge, immer weniger junge Bäume wuchsen nach – der Wald lichtete sich zusehends.

Im Zuge des allgemeinen Fortschritts werden auch die Ackergeräte verbessert. Aus dem primitiven Grabstock entwickelte sich der Pflug. 3700 Jahre alt ist der einsterzige Sohlpflug mit gebogenem Pflugbaum von Walle in Ostfriesland. Er wendete die Scholle zwar noch nicht um, wie es später die Pflugschar tat, er riß den Boden lediglich auf, so daß man kreuzweise Furchen ziehen mußte. Diese typischen Kreuzfurchen finden die Archäologen häufig unter alten Grabhügeln, so zum Beispiel unter einem Grab der älteren Bronzezeit bei Nebel auf der Insel Amrum.[77] Gezogen wurde der Pflug von den Nachkommen der kräftigen Ure. Jochfunde aus den Mooren stützen diese Vermutung.

Abgesehen von örtlich begrenzten Fehden und Streitereien um Ackergrenzen scheinen die Menschen recht friedlich gelebt zu haben. »Waffenfreudigkeit und spielerische Gestaltung der Waffen deuten weniger auf Vernichtungskrieg hin, sondern auf Kämpfe ritterlicher Art.«[78]

## Grabbeigabe landet auf Briefmarke

Über die soziale Gliederung läßt sich nichts Definitives aussagen. Unfreie und Freie gab es sicherlich seit der Zeit, als die neolithischen Bauern die rückständigeren Jäger- und Sammlerbevölkerung verdrängten. Landwirtschaft und Handel brachten Wohlstand, der nicht mehr gleichmäßig verteilt war.

Neben freien Bauern lebten wahrscheinlich auch solche, die einer Oberschicht durch Abgaben und Dienstleistungen verpflichtet waren. Und diese Oberschicht wird natürlich damals ebenso wie heute darauf bedacht gewesen sein, die einmal erworbenen Privilegien zu erhalten und auszubauen. Auch dafür liefert das Totenbrauchtum wieder die Beweise.

Zu Beginn der älteren Bronzezeit wurden die Toten in Baumsärgen unter Hügelgräbern beigesetzt. Ab 1200 v. Chr. änderte sich dies grundsätzlich. Von nun an wurden in Süd-

deutschland, dann – zunächst zögernd – auch in Norddeutschland, die Leichen verbrannt und in Urnen beigesetzt.

Die einheitliche Totenverbrennung erweckt den Anschein, als seien nun auf einmal alle Menschen gleich gewesen, nachdem jahrhundertelang die Reichen in Hügeln, die Armen in unscheinbaren Flachgräbern beigesetzt worden waren. In der Lüneburger Heide entwickelte sich unter dem Einfluß aus Süd- und Norddeutschland eine besondere Kultur: der Ilmenauer Kreis. Friedrich Laux, ein Lüneburger Archäologe, in dessen Arbeitsgebiet der Ilmenauer Kreis fällt, interpretiert die soziale Struktur aufgrund des Totenbrauchtums so: »Den Urnenfeldern haftet für unser Gefühl ein Hauch von Demokratie an, es ist, als ob wir hier zum erstenmal nach einem Jahrtausend Adelsherrschaft die Gesamtbevölkerung erleben, wobei wir soziale Unterschiede durchaus nicht zu fassen vermögen, die sicherlich bestanden haben werden, die aber durch einen neuen, das gesamte Volk einenden Jenseitsglauben überdeckt werden.«[79]

*Zwar wurde die Keramik während der Bronzezeit in einigen Teilen Deutschlands schlichter – einige Archäologen sprechen gar von »Kümmerkeramik«–, doch ohne Tongefäße kam man nicht aus. Wozu die tönernen Feuerböcke (Zürich) benutzt wurden, ist unbekannt. Die vollendet geformten Becher (Kt. Neuenburg, Kt. Waadt), die durch reich verzierte Zinnstreifen besonders kostbar wurden, beweisen, daß man sich durchaus noch aufs Töpfern verstand.*

Daß diese Feststellung nur auf den Ilmenauer Kreis zutraf, beweist der folgende Fund: Bei Ausschachtungen für einen Bauernhof kam Juli 1970 bei Acholshausen, westlich von Ochsenfurt, ein Steinkammergrab ans Licht, das noch Reste eines Leichenbrandes enthielt. Wie die nachfolgenden Laboruntersuchungen ergaben, stammten sie von einem 40–50jährigen Mann. Ihm hatte man neben einer ganzen Reihe von Gefäßen ein Spanferkel, eine Flußmuschel und Getränke mitgegeben auf die Reise ins Jenseits, ein rechteckig zugeschliffener Kiesel wurde als Spielstein gedeutet. Recht ungewöhnlich waren zwei Bronzescheiben von 20,6 cm Durchmesser, die möglicherweise »Schallbecken« waren. Parallelen zu den Stücken von Acholshausen finden sich, so versichert der Würzburger Archäologe Christian Peschek, nur in Griechenland.

Das Prunkstück des Grabes, das aus der Zeit um 1000 v. Chr. stammt, entdeckte Peschek erst später, als er das ausgehobene Erdreich noch einmal gründlich untersuchte. Es ist jener prächtige Kesselwagen, 17,6 cm lang und 12 cm hoch, der 1976 eine 30-Pfennig-Sondermarke der Deutschen Bundespost zierte. »Das Gestell ist in doppelschaliger Gußform gegossen und endet vorn und hinten in je zwei elegant profilierte Köpfe von Wasservögeln. Die senkrecht hierzu stehenden Wagenachsen sind drahtig ausgehämmert und nach Aufsetzen der aus gleicher Gußform gefertigten vierspeichigen Räder umgebogen. An dem massiv gegossenen Kessel ist ein sanduhrförmiger Fuß angelötet und durch diesen der Kessel am Kreuzungspunkt der Wagengestellstangen aufgenietet. Unter seinem Zylinderhals besitzt der Kessel eine reiche geometrische Zier.«[80]

Einen ähnlichen Wagen trägt eine Münze der thessalischen Stadt Krannon zwischen 400 bis 344 v. Chr., und von dieser Stadt heißt es, hier habe es einen heiligen Wagen und zwei heilige Raben gegeben. In Zeiten der Dürre brachte man den Wagen zum Schwingen und bat auf diese Weise den Gott um Regen. In diesem Zusammenhang ließen sich dann die Bronzescheiben von Acholshausen sehr gut als Schallbecken erklären, die man gegeneinanderschlug und so künstlichen Donner erzeugte.

Das Grab von Acholshausen könnte wichtige Aufschlüsse geben zum einen darüber, daß sich mit Ende der Bronzezeit eine spezielle Adelsschicht herausbildete, zum anderen über die Machtverteilung zwischen Herrscher und Priester, denn Schwert und Lanze deuten auf weltliche, Kultwagen und Schallbecken indes auf priesterliche Macht des Toten hin.

Allem Anschein nach gab es um diese Zeit noch keinen ausgeprägten Priesterstand. Diese Funktion übte der Familienvorstand oder Sippenälteste aus, für eine größere Gemeinschaft vollzog der Herrscher die Opfer.

Als sich in Süddeutschland die Sitte der Einäscherung längst eingebürgert hatte, schloß man im Norden noch allerlei Kompromisse. So kennen wir aus der Lüneburger Heide einige Beispiele von Totenhäusern. Eines davon legten Archäologen bei Grünhof-Tesperhude im Kreis Herzogtum Lauenburg frei.

Die Last des Daches trugen kräftige Pfosten, die Wände bestanden offenbar aus Flechtwerk, das mit Lehm verstrichen war. Das Haus maß 4,4 Meter mal 3,8 Meter. In der Lehmtenne des Hausinneren, die auf einer Steinpackung ruhte, fanden sich eingetiefte Mulden für zwei Baumsärge, in denen man eine Frau und ein Kind be-

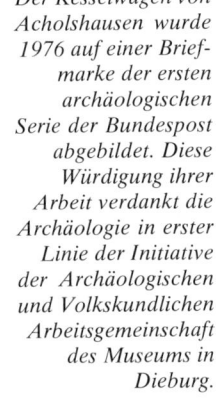

*Der Kesselwagen von Acholshausen wurde 1976 auf einer Briefmarke der ersten archäologischen Serie der Bundespost abgebildet. Diese Würdigung ihrer Arbeit verdankt die Archäologie in erster Linie der Initiative der Archäologischen und Volkskundlichen Arbeitsgemeinschaft des Museums in Dieburg.*

stattet hatte. Haus und Särge wurden verbrannt.

Diese Totenhäuser sind recht selten, und vielleicht baute man sie nur für hochgestellte Persönlichkeiten, und auch das nur über eine gewisse Zeitspanne hinweg.

## Sagen und Märchen weisen den Archäologen die Spur

Die neue Sitte der Totenverbrennung hat offenbar großen Eindruck auf die Menschen gemacht. Das beweisen Flurnamen und Sagen, die in der Erinnerung der Bevölkerung über die Jahrtausende hinweg lebendig geblieben sind.

Ein Beispiel dafür ist der »Rooksberg« bei Neddenaverbergen/Verden. Dort liegt der größte jungbronzezeitliche Urnenfriedhof dieser Gegend. Bis zum 7. Jahrhundert v. Chr. flammten hier mehrmals im Jahr die Leichenfeuer auf – noch 2500 Jahre später heißt der Hügel Rauchberg. »Ein Jahrtausend, so lange die allgemeine Leichenverbrennung angehalten hat, muß der ekle Geruch verbrannten Menschenfleisches über unserer Landschaft gehangen und die Luft verpestet haben. Waren die Scheiterhaufen auch sicherlich in Windrichtung von den Siedlungen entfernt angelegt, so hat der Wind den Gestank doch weitergetragen, und wer durch das Land wanderte, wird ihn zu spüren bekommen haben.«[81]

Daß der Leichnam des Menschen verwest, war sicherlich schon dem Steinzeitmenschen bekannt, »aber sein ganz auf die Wirklichkeit gerichteter Sinn nahm an, daß dem Verstorbenen noch 30–40 Tage nach dem Tode Leben innewohne ... Nach dieser Frist führte der Tote in einem ›Neuleib‹ im Kreise seiner Vorväter, im Grabe oder auch außerhalb des Grabes, ein reales körperliches Dasein weiter.«[82] Durch die Verbrennung des Leichnams wollte man diesen Verwesungsprozeß vielleicht abkürzen, die Seele eher vom Körper befreien.

Daß man die Toten nicht mehr fürchtete, sondern sich ihnen enger verbunden fühlte, beweist die Tatsache, daß die Grabhügel in der Nähe der Siedlungen und entlang der Straßen liegen. Auf den Gräbern der Ahnen wurde bis ins Mittelalter hinein das Thing abgehalten. Unter der tausendjährigen Linde auf dem Grabhügel in Evessen bei Wolfenbüttel tagte noch bis ins Jahr 1808 das Vogteigericht des Dorfes. Der Sage nach ruht im Hügel ein goldener Sarg, und noch heute schlagen die Bauern Nägel in den Stamm des Baumes, um sich vor Krankheiten und Schaden zu schützen.

Daß Sagen, die sich um Hügelgräber ranken, nicht selten einen wahren Kern enthalten, bewies die Grabung am Dronninghoi von Schuby bei Schleswig. Hier soll ein Fürst begraben worden sein, den die »Swarte Margret« hinterlistig enthauptet hatte. Die Archäologen fanden tatsächlich ein Skelett im Grab – der Schädel lag zu Füßen des Toten. Der Dronninghoi-Hügel stammt übrigens aus der gleichen Zeit wie das Totenhaus von Tesperhude, von dem die Sage noch heute berichtet, im Grabhügel lodere ein Feuer – letzte Erinnerung an das Begräbnis der Frau und des Kindes.

Im Ketelberg von Peccatel in Mecklenburg sollen Unterirdische hausen, von denen die Menschen sich Kessel ausleihen. Als die Archäologen gruben, stießen sie im »Kesselberg« auf einen tönernen Kesselwagen, der dem von Acholshausen sehr ähnlich ist.

Bei Seddin in der Westerpriegnitz liegt mit acht Meter Höhe und 30 000 Kubikmeter Erde der größte Grabhügel Mitteldeutschlands aus der jüngeren Bronzezeit. Er ist damit etwas jünger als der Grabhügel von Peccatel. Im »Hinzenberg«, wie der Grabhügel im Volksmund heißt, ruht nach der Überlieferung der alte König Hinz (Heinrich) in einem dreifachen Sarg aus Gold, Silber und Kupfer. Als man 1899 die Grabkammer aus Stein öffnete, wurde die Sage bestätigt: Im Grabe stand eine Tonurne mit geometrischem Muster auf weißem Kalkputz, deren Deckel mit drei tönernen Nägeln befestigt war. Sie enthielt eine bronzene Urne italienischer Herkunft, und erst in dieser Bronzeurne lag der Leichenbrand.

Die reichen Grabbeigaben, darunter zwei eiserne Nadeln, die ältesten Gegenstände aus diesem Metall in Nordeuropa, lassen keinen Zweifel daran, daß der Tote ein Fürst oder König war.

## Das Moor gibt seine Geheimnisse preis

Die aufschlußreichsten Funde aus der Bronzezeit wurden, seit die Archäologie als wissenschaftliche Disziplin existiert, im Moor gemacht. Doch erst die modernen naturwissenschaftlichen Methoden brachten hieb- und stichfeste Ergebnisse, machten sie also wirklich ergiebig. Hinzu kommt, daß die Funde heute dauerhaft konserviert werden können.

Im Anfang war man mit der Deutung der Funde schnell bei der Hand. 1817 berichtete der Bürgermeister von Lohne in den »Oldenburgischen Blättern« von einem »neuentdeckten hölzernen Heerweg im Moor bei Lohne«, Torfstecher hatten ihn fünf Jahre zuvor bei der Aufteilung des Moores in Einzelparzellen gefunden. Ein Lateinprofessor aus Osnabrück verfaßte sogleich ein gelehrtes Werk über den Fund, denn für ihn war der Fall klar. Hier lag nun endlich der Beweis vor für die »pontes longi«, die Langen Brücken, die »Heerstraßen« der Römer, die zahlreiche Feldzüge und Strafexpeditionen ins Land der Küstenstämme der Bataver, Chauken und Canninefaten unternommen hatten.

An einer dieser Strafexpeditionen im Jahre 47 n. Chr. – es ging damals gegen die Chauken – nahm der römische Geschichtsschreiber Plinius teil. Von ihm stammen unter anderem die ersten Berichte über Warften, die er hier im Lande der späteren Friesen kennenlernte. Mag sein, daß auch die Römer auf einigen dieser Bohlenwege marschierten, erfunden und gebaut haben sie sie nicht. Der »klassische Römerweg« des Osnabrücker Lateinprofessors wurde nämlich schon um 500 v. Chr. gebaut.

Wir stehen im Großen Moor vor dem Bohlenweg VI(Pr) – so lautet die offizielle Bezeichnung. Er wurde um 200 v. Chr. angelegt, doch einige dieser »Straßen zweiter Ordnung«, Querverbindungen über riesiges, unwegsames Gelände, das nur der betreten konnte, der sich hier genauestens auskannte, sind wesentlich älter. Die ersten befahrbaren Wege entstanden in der Jungsteinzeit, ein Beweis dafür, daß man hier oben nicht »hinter den Mooren lebte«.[83]

»Die Forschungsgeschichte beginnt mit diesem Weg«, so eröffnet Hajo Hayen das Gespräch draußen im Großen Moor am Dümmer. Die Forschungsgeschichte – damit meint er einen Bereich der Spatenforschung, der unmittelbar mit den geographischen Besonderheiten dieses Landstrichs zusammenhängt: die Moorarchäologie. Hajo Hayen kennt sich im Moor aus wie kaum ein anderer Archäologe. Darüber hinaus – das ergab sich durch die Funde – ist er Fachmann für prähistorische Fahrzeuge, Naßhölzer und vorgeschichtliche Hölzer schlechthin.

Um Zeit zu sparen, indem man Umwege abkürzte, entstanden bereits in der Jungsteinzeit hölzerne Wege durchs Moor, die jüngsten dieser Holzwege kennen wir im Großen Moor aus der Zeit um 400 n. Chr., als die Römer aus Germa-

nien abgezogen waren und die Zeit der Völkerwanderung begann. Hier im Großen Moor gibt es allein mehr als zwanzig Wege, »und das erklärt auch, warum diese Wege nie eine zweite Bauphase erlebten«, sagt Hayen. »Denn wenn sie nach rund dreißig Jahren von den Moosen des Hochmoores überwachsen waren, dann konnte man sie aufgeben und baute einen neuen Weg.« Und zwar stets an der Stelle, wo das Moor am schmalsten war.

»Unser« Bohlenweg, 3700 Meter lang, verband zwei Halbinseln miteinander, die ins Moor hineinragen. Zu beiden Seiten verliefen Fernstraßen. Die eine diente als Höhenweg über die Geest. Sie kam aus dem Raum Osnabrück und führte an die westliche Nordseeküste, in Richtung Wilhelmshaven, nach Holland. Der Parallelweg im Osten kam aus Mitteldeutschland und verlief weiter nach Cuxhaven, Hamburg und Jütland. Diese Fernstraßen wurden vom Neolithikum bis ins Mittelalter befahren. Wege bedeuten Verbindung und Handel, sie bedeuten aber auch, daß man Rad und Wagen kannte.

Hajo Hayen ist es gelungen, durch Funde, Rekonstruktionen und Experimente die Entstehungsgeschichte des Wagens bis um 3000 v. Chr. zurückzuverfolgen. Er kam zu dem Schluß, daß der Wagen dort erfunden wurde, »wo zuerst das Verkehrsbedürfnis so stark wurde, daß man den Schlitten und die Schleppe oder Schleife auf Räder setzte, um den täglichen Transport zu erleichtern. Das setzt voraus, daß dieser tägliche Transport zwingend notwendig wurde. Er wurde überhaupt erst aktuell, als man mit dem Ackerbau und der seßhaften Lebensweise begann. Jetzt mußte man sogar die Hölzer des Hauses heranfahren, man mußte den Mist vom Haus wegfahren, man mußte Getreide heranholen, man mußte Futter und Lebensmittel, alles hin- und herfahren, und das täglich. Man mußte zum Vieh fahren, um es zu versorgen, um Wolle oder Tiere oder Milch zu holen. Tägliche Erfordernis des Transports ist die Folge der seßhaften Lebensweise. Nomaden ritten oder fuhren dorthin, wo sie fanden, was sie brauchten, verbrauchten es, und zogen dann weiter. Ihnen genügte es vollkommen, wenn ein Pferd zwei Stangen hinter sich herschleifte, auf der die Habe lag.«[84]

Die allerersten Wege bildeten sich, als die eiszeitlichen Jäger im Rhythmus der Jahreszeiten dem Wild folgten und Markierungen anbrachten, die ihnen im nächsten Jahr den Weg wiesen. Wege für Rad und Wagen jedoch müs-

*Rechts: Rasiermesser aus Bronze mit gepunzten und ziselierten Verzierungen, rechts die Darstellung eines doppelstevigen Plankenbootes.*

sen instand gehalten, Hindernisse beiseite geräumt, Löcher zugeschüttet werden.

## 5000 Jahre Rad und Wagen in Nordwest-Europa

Die ältesten befahrbaren Moorwege in Nordwesteuropa entstanden zwischen 3000 und 2700 v. Chr. »So ist es auch kein Wunder, daß das älteste in Europa gefundene Scheibenrad um 2900 bis 2700 v. Chr. festzusetzen ist.« Ein unerwartet frühes Datum für viele Archäologen, die nicht für möglich hielten, daß der Wagen in unserem Lande so früh vorhanden war.

In Uruk, einer Stadt in Sumer, in Südmesopotamien, tauchte der Wagen zwischen 3200 und 3000 v. Chr. auf, und zwar als Schriftzeichen. Aus dieser Zeit aber kennen wir für unser Gebiet bereits befahrbare Straßen. Das bedeutet nichts anderes, als daß die Sumerer, die eine der ersten Hochkulturen der Menschheit schufen, und die Bewohner Nordwesteuropas den Wagen gleichzeitig besaßen! Das muß andererseits natürlich nicht unbedingt heißen, daß der Wagen in beiden Gegenden gleichzeitig auftauchte. Es ist durchaus möglich, daß er in Sumer eher bekannt war als in Nordwesteuropa – nur blieb vielleicht kein Holz erhalten.

3000 v. Chr., das ist die Zeit, als in Schleswig-Holstein die Trichterbecherleute lebten, als die ersten Großsteingräber gebaut wurden und

die Michelsberger Gruppen ihre Seeufersiedlungen errichteten, bevor dann die (vielleicht) indogermanischen Schnurkeramiker aus den Steppengebieten im Südosten kamen.

Vermutlich war es irgendwo in Südrußland, so nimmt Hayen an, wo ein Mensch von der Erfahrung her das Zusammenwirken zwischen Rad und Achse erkannte, denn das eine ist ohne das andere wertlos. »Also muß man zuerst auch die feste Achse gehabt haben, um die sich das Rad dreht, und nicht die Achse der Mittelmeerleute, die sich mit dem Rad dreht.«

Wir gehen am Bohlenweg entlang, der gut einen halben Meter tiefer liegt. Bei jedem Schritt gibt der nasse weiche Boden ein schmatzendes Geräusch von sich. Dabei ist das Gelände schon kultiviert. Hier versinkt niemand mehr – höchstens bis zu den Knöcheln, wenn es gerade heftig geregnet hat.

»Unser« Bohlenweg VI(Pr) ist fast drei Meter breit. Die gespaltenen Stämme liegen noch ebenso wie vor zweitausend Jahren fast lückenlos nebeneinander über einer Lage von Längshölzern, die den Untergrund bilden. Durch die gelochten Enden sind Pflöcke geschlagen, die die Bohlen am Platz halten.

Zwischen den Bohlen liegen hier und dort achtlos fortgeworfene Reste der Wegzehrung – Häufchen von Haselnußschalen. Auch sie stammen aus der Zeit um 200 v. Chr. »Haselnüsse waren wohl das Kaugummi der ollen Germanen«, meint einer der Grabungsarbeiter.

*Rad und Wagen lassen sich auch in Europa bis ins 4. Jahrtausend vor Chr. zurückverfolgen. Diese Scheibenräder aus der älteren Bronzezeit mit eingesetzten Buchsen drehten sich auf der Achse. Die Schleifrille (r. u.) spricht eine deutliche Sprache. Die Räder wurden im Moor bei Wardenburg gefunden.*

Daß die großen Bohlenwege von geübten Handwerkern gebaut wurden, die oft von beiden Richtungen gleichzeitig arbeiteten, nachdem die Trasse abgesteckt war, verrät der Bohlenweg XLII(Ip) aus dem 3. Jahrhundert v. Chr., der 3200 Meter lang durch das Wittemoor bei Hude führt. Die Südstrecke besteht – wie im Großen Moor – aus bis zu drei Meter langen gespaltenen Eichenbohlen, die von Pflöcken gehalten werden. Die Nordstrecke weist dieselbe Technik auf, doch die dort arbeitende Kolonne verwendete runde Erlenstämme aus dem benachbarten Bruchwald.

Die Straße war zweifellos sehr wichtig, denn sie schuf eine Verbindung zwischen der hohen Geest bei Hude, wo man schmiedbares Roheisen förderte (die über 50 dort gefundenen Schmelzöfen beweisen, daß das Raseneisenerz an Ort und Stelle gewonnen wurde), mitten durchs Wittemoor zu einem Nebenflüßchen der Hunte. Der Wasserlauf ist heute längst verlandet, doch damals erschloß er über Hunte und Weser den Weg zur Nordsee.

Die Verbindung war von so großer Bedeutung, daß man einen Wegwart einsetzte, der für die Straße verantwortlich war. Straßenzustandsberichte gab es damals noch nicht, zumindest kamen sie mit Verspätung an und nützten dem nichts, der bereits unterwegs war. So etwas wie Verkehrsschilder hingegen existierte schon, wenn auch nicht so profaner Art wie heute.

## Götterbilder wurden als Warnschild eingesetzt

So perfekt der Bohlenweg durchs Wittemoor auch gebaut gewesen sein mag – es gab doch einige problematische Stellen, die ständig kontrolliert werden mußten. Da war nämlich ein Bach, fast völlig mit Schilf zugewachsen, und an dieser Stelle, wo Bach und Bohlenweg sich kreuzten, war der Untergrund nicht sehr tragfähig. Hinzu kam der veränderte Wasserdruck im Boden, die Hölzer lösten sich schon nach kurzer Zeit unter den schwerbeladenen Wagen, zerbrachen und zerfielen. Eine sumpfige Furt entstand. Die Stelle war lebensgefährlich. Wenn man nicht aufpaßte, stürzten die Zugtiere, der Wagen kippte um, ein Rad zerbrach, man saß fest. Der Wegwart hatte mit dieser Stelle seine liebe Not. Ständiges Ausbessern nützte nichts, und auch die zwei Feuer, die die Furt nachts beleuchteten, halfen nicht viel. Vielleicht spannte man zusätzliche Zugtiere vor oder lud den Wa-

gen ab, schleppte die Waren auf die andere Seite – bei Roheisen sicherlich keine leichte Arbeit –, damit der Wagen leer besser hinüberkam. Doch damit war die Gefahr noch nicht gebannt. Also nahm man Zuflucht zu den Göttern.

Links und rechts des Weges wachte ein Götterpaar über die Gefahrenstelle – als Wegweiser. Die Figuren waren aus Eichenbohlen geschnitten, deutlich erkennbar im Umriß die menschliche Gestalt. Der Körper des männlichen Gottes (1,05 m) ist lang und eckig, an den Seiten sind fünf und sieben Kerben eingeschnitten, Zahlen, die kultische Bedeutung hatten. Die weibliche Gestalt (90 cm hoch) wirkt runder, in ihren Umrissen sind Brust, Bauch und Hüften angedeutet. Zwischen den Göttern stand ein Tor aus zwei Vierkantbalken, verbunden durch ein Querbrett, dessen Enden hornförmig ausliefen, und die diesen Ort als »heilig« kennzeichneten.

Die Göttin hatte ein wenig abseits des Weges, nach Westen hin, auf einer erhöhten Stelle ihren Platz. Vor der Figur standen Pfähle zum Aufspießen von Opfergaben, doch Felle oder Knochen fand Hayen nicht. Die Göttin war »umgeben von zahlreichen daumendicken Stäben, deren Enden man säuberlich zurechtgeschnitten hatte. Alle waren zerbrochen und wahllos auf den Boden geworfen.« Je nachdem, wie diese Orakelstäbe fielen, gaben sie dem Gläubigen Auskunft über den Ausgang seiner Reise.[85]

Fünf Jahre später legte Hayen die Wegstrecke nördlich der Furt frei. Er fand vier weitere Götter, die schadhafte Wegstrecken markierten. Sie waren in der Form noch abstrakter als das Götterpaar an der Furt. Eine Gestalt war »mit wenigen Beilhieben aus einem schmalen Brett herausgeschlagen«, zwei weitere waren kaum mehr als Pfähle, jedoch immer deutlich mit einer Gesichtsfläche versehen. Der vierte »Gott« hat die Form eines Hammers. Daß auch dieses Stück Tabu-Bedeutung hatte, wie die übrigen Figuren, bewies zum einen der schlechte Zustand des Weges an der Fundstelle, zum anderen aber ein in das Holz geschnittenes zauberkräftiges Zeichen. Die Runenschrift gab es um 300 v. Chr. noch nicht, doch fünfhundert Jahre später wird dieses Zeichen als lebenserhaltendes, schützendes Element verwendet.

Alle sechs Figuren standen, als Hayen sie fand, nicht mehr am Wegesrand. Der Wegwart, neben seiner Verantwortung für die Straße auch für das Kultische zuständig, hatte sie, als die Straße aufgegeben wurde, aus ihrer Halterung

*Wo der Weg durchs Wittemoor (bei Hude) unsicher und gefährlich war, wachte ein Götterpaar. Die Figur des männlichen Gottes (rechts) ist 1 m hoch und eckig, in den Umrissen der etwas kleineren weiblichen Gestalt (unten) sind Brust, Bauch und Hüfte angedeutet.*

gebrochen, neben dem Bohlenweg ins Moor gebettet und mit Torf zugedeckt, damit sie keinem gewöhnlichen Sterblichen in die Hände fallen und entweiht werden konnten.

Mehr für Anlieger bestimmt war der Moorweg bei dem Ort Neuengland. Die Bauern, die ihn 500 v. Chr. durchs Moor zu einer Sandinsel bauten, hatten keine Fachleute hinzugezogen. Zwischen die auf den unteren Längshölzern quer ruhenden Bohlen und Pfähle schüttete man auch Abfälle aus Haus und Hof. Das rächte sich. Auf der holprigen Fahrbahn gingen immer wieder Räder und Achsen zu Bruch. Hayen fand die Reste. Doch die Bauern hatten offenbar mit Pannen gerechnet, denn sie führten Ersatzteile auf dem Wagen mit und bauten sie gleich an der Unfallstelle ein.

Die Archäologen fanden manches andere mehr als nur Wagenteile. Zwischen den Bohlen lagen der hölzerne Trommelschlegel eines Hütejungen, der geschnitzte Stab eines Wanderers und immer wieder Scherben. Reste eines zerrissenen Zaumzeuges verraten, daß hier ein Pferd durchging; und einem der Leute, die die schlechte Wegstrecke vor zweieinhalbtausend Jahren mit Strauchbündeln ausbesserten, fehlte abends ein Verschluß an der Jacke. Hayen fand den aus Eichenholz geschnitzten »Knebelknopf« unter dem Reisigbündel, an dem er hängengeblieben war.

Im Staatlichen Museum für Naturkunde und Vorgeschichte in Oldenburg hat sich eine bunte Sammlung kurioser Gegenstände angehäuft, die allesamt in den letzten viertausend Jahren im Moor verlorengingen. Aus vor- und frühgeschichtlicher Zeit stammen: geschnitzte Hornlöffel, eine halbe Heuharke, Torfspaten, die durchlochte Scheibe eines Butterfasses; ein Haarzopf mit Häkelband, den eine Frau den Göttern opferte; Beilklingen, eine ausgetretene Fackel aus der Bronzezeit, die Platte vom Fuß eines Springstabes, mit dem man im Moor von Bult zu Bult sprang, um nicht in den nassen Schlenken einzusinken; eine große Bernsteinperle; ein Bienenkasten, der im 4. oder 5. Jahrhundert n. Chr. vom Wagen fiel, und ein Biertopf, auf dem noch der Teller lag, mit dem ihn jemand abgedeckt hatte. Ob das Bier nun als Opfergabe gedacht war, oder ob jemand vergessen hatte, den Topf aus dem »Kühlschrank Moor« zu holen, ist nicht mehr auszumachen. Den Archäologen bescherte er jedenfalls »einige Dutzend Mistkäfer-Moorleichen«. Die Tiere waren hineingekrochen und ertrunken.

Die meisten Gegenstände dieses Raritätenkabinetts sind aus Holz – ein Material, das in unseren Breiten gewöhnlich im Boden vergeht. Im Moor jedoch vermodert es nicht, denn sobald organisches Material, wie Holz, Pflanzen, Stoff oder Leder (und auch Menschen), unter Wasser gedrückt oder durch Torfmoose überwuchert und luftdicht abgeschlossen wird, bleibt es jahrtausendelang erhalten.

## Auch die Moorarchäologie kann nicht aus dem vollen schöpfen

Die Archäologen allerdings haben Probleme mit der Konservierung der nassen Gegenstände, denn sobald sie auszutrocknen beginnen, reißt und schrumpft das Material.

Hayen hat hauptsächlich mit Naßhölzern zu tun, und zwar in großen Mengen. Beim heutigen Stand der Dinge ist es unmöglich, einen ganzen Bohlenweg, und sei er noch so alt, zu konservieren. Die Aufbereitung von einem Kilogramm Naßholz kostet 400 Mark, und eine einzige Eichenbohle wiegt rund hundert Kilogramm. Man sucht zur Zeit nach einer billigeren Methode. Bis das Holzkonservierungslabor im Staatlichen Museum von Oldenburg die Arbeit aufnimmt, ist sie vielleicht ausgereift. Denn auch in der Moorarchäologie mangelt es hier und dort an Geld.

Eines der wichtigsten Hilfsmittel bei der Altersbestimmung der Funde ist die Pollenanalyse: Die Blütenstaubkörner, die noch Jahrtausende später so im Boden liegen, wie der Wind sie einst angeweht hat, verraten, welche Pflanzen zu der Zeit, als der Fund in die Erde kam, dort wuchsen und wie häufig sie waren. Da sich, speziell in Nordwesteuropa, die Vegetation seit der Eiszeit praktisch vom Nullpunkt aus entwickelte, gelang es den Wissenschaftlern, einen Kalender aufzustellen, an dem der geübte Archäologe ablesen kann, daß sein Fund, wenn die Pollen so und so verteilt sind, so und so alt sein muß.

Nur, um möglichst exakte Werte herauszubekommen, muß Hayen alle zwei Zentimeter eine Bodenprobe entnehmen, also 50 Proben pro Meter. Und die Torfschicht ist bis zu fünf Meter stark. »Das bedeutet für jede Probe im Schnitt sechs Stunden Arbeit am Mikroskop.«

Niedersachsen ist noch heute eines der moorreichsten Länder der Erde, ungeachtet der Tatsache, daß seit dem 18. Jahrhundert, als die

Nächste Doppelseite: Wandmalereien, die an die Funde von Pompeji erinnern, kamen in der Nähe des Kölner Doms zutage. Ihre Rekonstruktion wurde erst vor kurzem abgeschlossen. Hier die »Weinlese«: Ein Satyr zeigt pummeligen Eroten, wo die reifsten Trauben zu finden sind.

99

Hochmoore bald ein Viertel des Geländes bedeckten, weite Gebiete abgetorft und kultiviert worden sind. Moorarchäologie betreibt man in Skandinavien, England, Holland, Schleswig-Holstein und in Ostfriesland. Hier bemüht sich Hayen seit dreißig Jahren zu retten, was zu retten ist, denn die Industrie breitet sich aus. Hayens britischem Kollegen etwa, John Coles von der Universität Cambridge, der überdies Spezialist für experimentelle Archäologie ist, steht ein großer Mitarbeiterstab zur Verfügung mit Wissenschaftlern der verschiedensten Teildisziplinen.

Hajo Hayen muß sich – wie viele Archäologen in der Provinz – seine Spezialisten selbst suchen, er ist, wie sie, auf Verbindungen zu anderen Instituten angewiesen. Die Kölner Dendrochronologen werden in den nächsten Wochen 150 Eichenhölzer vom Bohlenweg im Großen Moor am Dümmer untersuchen, die Wachstumsringe der Bäume analysieren und mit Hilfe des »Baumringkalenders« das Jahr errechnen, in dem die Eichen gefällt wurden. Die ABC-Truppe des freiwilligen Katastrophenschutzes hat sich bereiterklärt, die Hölzer ins Museum zu transportieren. Der Leiter der

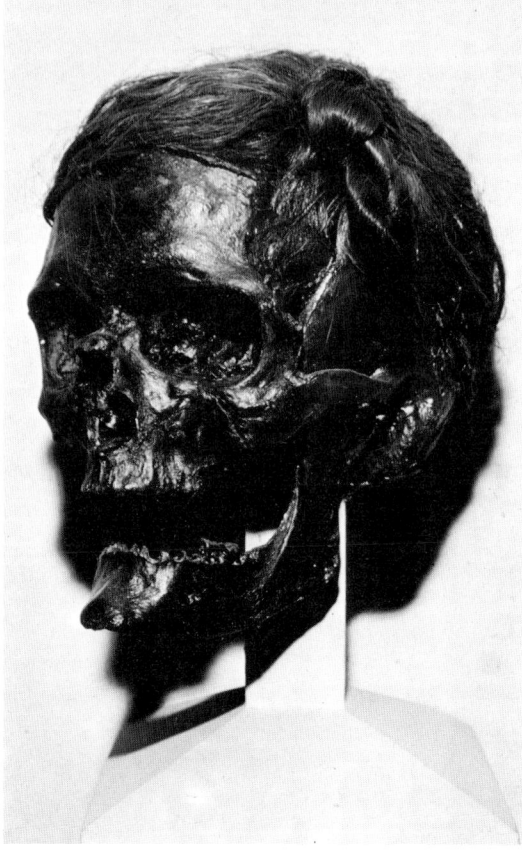

*Kopf der Moorleiche von Osterby bei Eckernförde (röm. Kaiserzeit). Die Haartracht des Mannes hat Tacitus in seiner »Germania« als Suebenknoten beschrieben, doch war der zusammengedrehte Zopf auch bei anderen Stämmen üblich.*

Abteilung, ein Orchideenzüchter, wird in seinem Schaufenster eine der Bohlen ausstellen.

Forstbotaniker aus Hamburg bestimmen anhand von zweihundert Holzproben die Baumarten. Ein Insektenforscher erhält die Käfer, Ameisen und Holzwürmer samt Larven und Fraßgängen im Holz, um den Schädlingsbefall zu untersuchen. Aus all diesen Teil-Untersuchungen läßt sich ein sehr wirklichkeitsgetreues Landschaftsbild rekonstruieren. Dazu Hayen: »Wir bekommen als Umwelt einmal den Wald in seiner ungefähren Zusammensetzung, durch Großhölzer natürlich besser als durch Pollen, da Pollen sich großflächig vermischen in der Luft. Und wir bekommen die Umwelt auf der Mooroberfläche, einmal durch die Insekten, die in den Gewächsen gefunden sind. Hinzu kommt, daß wir in den letzten 14 Tagen unter den Hölzern die unveränderte alte Oberfläche gefunden haben, mit den noch grüngebliebenen Gräsern, mit vollständigen Heidezweigen, Krähenbeeren, Besenheide und all den kleinen speziellen Hochmoorheidegewächsen, wie zum Beispiel die Moosbeere. Sie sind Blatt für Blatt frisch erhalten. Und der Blütenstaub sagt uns überdies, wann und in welcher Weise Ackerbau und Viehhaltung betrieben wurden.«

*Die Bronzezeit brachte einen neuen Werkstoff. Wir wissen heute, daß damit der Anfang zur beruflichen Spezialisierung gemacht wurde:*

- *mit der Bronzeverarbeitung bildeten sich die ersten Handwerksstände, das muß allerdings nicht unbedingt heißen, daß es bereits Fachberufe gab. Bislang war man davon ausgegangen, daß der Bauernhof autark war, auch in technischer Hinsicht;*
- *die Tuchweberei war in der Bronzezeit hochentwickelt, nach Leinenstoffen wird noch gefahndet;*
- *Experimente ergaben, daß die bronzenen Kriegsgeräte eher zu Paraderüstungen gehörten. Wird hierdurch bereits ausgeprägtes Statusdenken dokumentiert?*
- *die Moorarchäologie bewies, daß bereits um 3000 v. Chr. der Wagen gleichzeitig in Mesopotamien und in Norddeutschland bekannt war und benutzt wurde;*
- *das Fürstengrab von Acholshausen zeigte, daß es gegen Ende der Bronzezeit bereits Ansätze zur Herausbildung eines Priesterstandes gab. Frühere Annahmen gingen davon aus, daß auch um diese Zeit der Fürst bzw. der Familienvorstand im Bedarfsfall magische Funktionen ausübte.[86])*

# Deutsche Archäologie international anerkannt

*Interview mit Dr. Schauer, Mainz*

*Das Römisch-Germanische Zentral-Museum in Mainz besitzt die wohl prominenteste und gefragteste Restaurierungswerkstatt der Bundesrepublik, in der wertvolle archäologische Funde aus aller Welt aufgearbeitet werden. Über Aufgaben und Probleme dieser Einrichtung gibt Dr. Peter Schauer vom Department Museum und Öffentlichkeit am Römisch-Germanischen Zentral-Museum Auskunft.*

Frage: *Die Werkstätten des Römisch-Germanischen Zentral-Museums sind weltberühmt – warum?*

Dr. Schauer: *Konservierungslaboratorien gibt es fast an jedem großen Landesmuseum für Vor- und Frühgeschichte. Sie sind zum Teil allerdings sehr klein. Daß dies Zentralmuseum zu einem Spezialinstitut wurde, liegt einmal daran, daß das Museum so alt ist – das älteste aller deutschen Institute. 1852 gegründet, hatte es von Anfang an den Auftrag, vaterländische Altertümer in Gips nachzubilden. Dabei mußte man besondere Sorgfalt auf das Zusammensetzen der zerbrochenen Gefäße verwenden, um dann später eine wirklich schöne Nachbildung machen zu können. Aus dieser Gipsfabrik hat sich dann im Laufe der Zeit eine Restaurierungswerkstatt herausgebildet, damit verbunden ein Laboratorium, das zunächst im Rahmen der deutschen Vorgeschichte von Bedeutung war.*

*Nach dem Krieg, und das ist mit ein Verdienst von Professor Hundt, der hier bis vor zwei Jahren als Leiter der Werkstatt tätig war, begannen wir hier in großem Stil auch internationale Restaurierungsarbeiten vorzunehmen.*

*Die Gipsphase ist längst vorbei, man restauriert und ergänzt heute in der Hauptsache mit Kunststoff.*

Frage: *Sie restaurieren Objekte aus aller Welt?*

Dr. Schauer: *Ja. Das Zentralmuseum hat den Ruf, die beste europäische Restaurierungswerkstatt für archäologische Funde zu sein. Und das bedeutet, daß nun aus aller Herren Länder Funde hier ankommen – ausgenommen die amerikanischen Länder, das haben wir grundsätzlich abgelehnt, sonst hätten wir vom Keller bis zum Boden Kisten aus Mittelamerika stehen und es bliebe keine Zeit mehr für andere Funde. Wir bekommen Objekte aus dem Libanon, aus Israel, aus dem gesamten Nahen und Fernen Osten, und vor allem aus dem Mittelmeerbereich, dem europäischen Raum, der sich anschließt, aus dem Gebiet also, das im herkömmlichen Sinne die Alte Welt umfaßt. Besonders häufig sind Funde aus dem Zweistromland und dem Niltal, und deshalb haben wir gesagt, wir versuchen dort, aufgrund eigener Erfahrungen Restaurierungswerkstätten mitzubegründen. Das geschieht im Augenblick gerade in Kairo, mit den Ägyptern zusammen. Dort wird nach dem Vorbild des Zentralmuseums ein Restaurierungsinstitut für ägyptische Altertümer eingerichtet, mit deutscher Unterstützung über das Auswärtige Amt.*

Frage: *Glas, Keramik, Leder, Textilien, Metalle – all das können Sie hier in Mainz restaurieren. Schickt man Ihnen weitgehend Kleinfunde oder bearbeiten Sie auch größere Stücke?*

Dr. Schauer: *...auch größere Gegenstände. Was nicht restauriert wird, sind in erster Linie Plastiken, etwa römische Porträts, denen eine Nase fehlt. Das machen dann Bildhauer, Restaurierungswerkstätten oder Laboratorien der Kunstmuseen. Aber sonst restaurieren wir alles*

*Nächste Doppelseite: Die Kelten waren exzellente Handwerker und verstanden nicht nur mit Eisen umzugehen. Das beweist der Goldschmuck aus dem Grab der »Fürstin« von Reinheim, Kr. St. Ingbert, Saarland (Endverzierung eines Torques/Halsring). Die nebenstehende Goldschale stammt aus Schwarzenbach.*

– ob das jetzt ganze Grabinhalte sind mit sehr vielen Kleinfunden, oder ob das riesengroße Kessel sind aus Zypern, die wir gerade hier hatten – das spielt keine Rolle.

Es sollten allerdings zwei Grundvorausetzungen gegeben sein: Einmal soll es ein Fund von wirklich internationaler Bedeutung sein, zum anderen muß er sehr gefährdet sein, so daß man ihn in einem anderen Laboratorium nur mit Mühe restaurieren könnte. Er muß uns interessieren, entweder vom Forschungsgedanken oder aber von der Ausstellung her, das heißt, daß wir gern eine Nachbildung anfertigen möchten, um sie in unserem Museum auszustellen.

Frage: *Kann es passieren, daß Sie die Restaurierung eines Fundes ablehnen, weil Sie glauben, daß die Technik noch nicht so weit ausgereift ist, daß Sie es vielleicht in zwei, drei Jahren besser machen könnten?*

Dr. Schauer: *Das ist an sich eine sehr schwierige Entscheidung. Wenn der Fund sehr bedroht ist – was meistens der Fall ist –, dann empfiehlt es sich, lieber etwas Vorläufiges zu machen, auch wenn man genau weiß, es wird vielleicht in einigen Jahren notwendig sein, das Stück noch einmal zu überarbeiten. Aber man wird in jedem Falle etwas unternehmen. Denken Sie beispielsweise an schnellwuchernde Patina. Das gibt es besonders häufig bei den Bronzefunden aus dem östlichen Mittelmeer, die nicht selten Salzwasser ausgesetzt waren. Wir hatten da gerade eine ganze Reihe von schwierigen Restaurationsfällen aus den Königsgräbern von Salamis auf Zypern. Bei diesen Funden war die Bronze so aufgeblüht, daß die Gegenstände aussahen wie Blätterteig. Vom eigentlichen Metall war kaum mehr was vorhanden, Blasen überzogen die gesamten Formen, man sah nicht mehr, was im einzelnen darunterstecke. Die Objekte wurden geröntgt, man stellte fest: Da sind noch Metallkerne. Die Form kannte man jetzt in etwa, nun mußte man darangehen, den Zerfall chemisch zum Stoppen zu bringen, die Chloride herauszuziehen, die die Bronzen blasig werden lassen.*

*In solch einem Fall wird man sofort etwas unternehmen, selbst wenn man weiß, daß bedingt durch die aggressiven Luftverhältnisse im Mittelmeergebiet oder bei uns die Bronze erneut zu blühen anfängt.*

Frage: *Was geschieht, wenn Sie einen formlosen Klumpen geschickt bekommen, von dem Sie nur ungefähr wissen, was drinsteckt?*

Dr. Schauer: *Im allgemeinen ist es so, daß der* vernünftige Ausgräber einen Befund, den er nicht selbst vor Ort lückenlos deuten kann, einpackt. Das heißt, er sticht den Erdballen mitsamt dem Inhalt – ob das nun ein Bronzegefäß ist, Keramik, Perlen oder was auch immer – heraus, gipst das Ganze, mit Mullbinden umwickelt und durch Metallstücke verstärkt, ein, und bringt den Packen her. Der Ausgräber hat zwar die kurze Beschreibung dabei, ein Foto vielleicht vom Fundzustand, aber keiner von uns hat in den Erdblock reingeschaut, wir müssen ihn röntgen.

Der Fund kommt also ins Röntgenlabor, der ganze Block wird geröntgt, und dann sieht man ja nun die einzelnen Teile an Metall oder was auch immer liegen. Dieses Röntgenbild ist die Grundlage für jede Restaurierung. Das heißt, der Restaurator kriegt dann diesen Gipsblock überantwortet mitsamt dem Röntgenbild. Er packt die ganze Geschichte aus, präpariert anhand des Röntgenbildes die darin befindlichen Dinge frei. Gleichzeitig achtet er auf die ursprünglichen Zusammenhänge, die Lage etwa von Pferdetrensen, von Schmuckketten. Das ist sehr wesentlich, damit man etwas aussagen kann über die Tragweise. Dazu muß man nämlich wissen, wo die einzelnen Funde am Skelett, am Körper, in einem Grab oder in einem Schatzhaus lagen. Wenn das geschehen ist, werden die Funde herausgenommen. Manchmal untersucht man den Erdblock noch makroskopisch, um die Pflanzenreste oder die Zusammensetzung der Erde, eventuell auch Speisebeigaben und Fettreste zu analysieren. Ansonsten ist der Erdblock dann wertlos. Die Funde werden nun mit den herkömmlichen Methoden präpariert, getränkt, gestärkt und dem Museum zurückgegeben.

Frage: *Sie restaurieren nicht nur beschädigte Gegenstände, sondern Sie untersuchen auch ganze Fundkomplexe, zum Beispiel Gefäße, deren Inhalt analysiert werden muß?*

Dr. Schauer: *Ja, das machen wir auch. Gerade unsere naturwissenschaftlichen Laboratorien stehen im Augenblick in der Forschungsförderung an erster Stelle. Die Zusammenarbeit zwischen Naturwissenschaft und Archäologie ist Forschungs-Schwerpunkt-Programm der Deutschen Wissenschaftsstiftung, vor allem der Volkswagen-Stiftung. Dazu gehören alle Untersuchungen, die über die biologische und zoologische Umwelt des Menschen unterrichten, seine anthropologische Herkunft, sein Werden zum Kulturmenschen. Dazu gehören in ver-*

stärktem Maße chemische Untersuchungen, botanische, zoologische, anthropologische, mineralogische, metallurgische Untersuchungen; man versucht also, von den Methoden naturwissenschaftlicher Nachbardisziplinen her das archäologische Erkenntnisbild zu erweitern, hinauszukommen über die reine Formenbestimmung, über Altersfragen und kunsthistorische Einordnung, um ein komplettes Bild des gesamten Lebensraumes zu schildern.

Frage: *Herr Dr. Schauer, hier am Museum arbeiten rund dreißig Techniker: Bildhauer, Restaurateure, Schmiede, Goldschmiede, Grafiker – wie viele Funde können im Jahr bearbeitet werden?*

Dr. Schauer: *Das ist sehr unterschiedlich. Im allgemeinen ist es so, daß die Funde auf Jahre hinaus angemeldet werden, doch es gibt sehr gefährdete Objekte, die man uns sofort einliefert. Die haben dann Vorrang, weil sie so total bedroht sind, daß sie zerfallen würden, wenn man sie ein halbes Jahr liegenließe. Aber es gibt ja eine ganze Reihe von Gegenständen, die sind ganz gut erhalten. Die werden im allgemeinen ein, zwei Jahre vorher angemeldet, dann können wir in Ruhe sagen, das paßt dann und dann in unseren Zeitplan. Denn die Wiederherstellung eines Objektes, das uns eingeliefert wird, egal welchen Materials, bedeutet doch, daß ein Restaurator sechs bis zehn Monate im Durchschnitt dafür braucht – wenn es kompliziertere Dinge sind, sitzt er ein Jahr und mehr daran.*

Frage: *Das bedeutet also, daß relativ wenige Funde restauriert werden?*

Dr. Schauer: *Ja. Es ist schwer, so einen Jahresdurchschnitt anzugeben. Wenn zum Beispiel ein großer Bronzekessel restauriert werden muß, der in viertausend Einzelteilen hier ankommt – wie das gerade der Fall war –, das ist eine Riesenkiste voll Bronzestücke, die womöglich noch* über und über korrodiert sind, die Patina ist aufgetrieben – ein solches Stück zu behandeln, das dauert sicherlich zwei Jahre.

*Dabei ist zu berücksichtigen, daß wir – wie gesagt – nur die schwierigsten Fälle übernehmen, weil einfach für uns der Reiz besteht, die Werkstatt immer neu zu erproben.*

*Alles in allem kann man sagen, wenn im Jahr zehn bis zwanzig solcher komplizierter Befunde einwandfrei restauriert werden können, dann ist das schon eine gute Leistung.*

Frage: *Und wie ist es mit der Bezahlung?*

Dr. Schauer: *Das Zentralmuseum ist als Restaurierungswerkstatt, als Forschungsinstitut – das ist ja im Haus vereint – eine Stiftung. Diese Stiftung wurde bislang finanziert aus dem Königsteiner Staatsabkommen, das ist eine Vereinbarung zwischen den Ländern, die paritätisch nach einem Verteilerschlüssel Geld für diesen Haushalt geben. Nach der neuen Vereinbarung, die 1977 in Kraft tritt zwischen Bund und Ländergemeinschaft, werden die überregionalen Forschungsinstitute in der Bundesrepublik in der Hauptsache vom Bund finanziert, daneben auch nach einem Verteilerschlüssel von den Ländern oder dem jeweiligen Sitzland, das wäre in unserem Fall Rheinland-Pfalz. Diese Mittel sind vor allem für Forschungsunternehmungen bestimmt, wozu natürlich auch die Restaurierungstechnik gehört. Die Werkstätten werden also auch aus diesem Haushalt finanziert.*

Frage: *Was kostet so eine Restaurierung?*

Dr. Schauer: *Das läßt sich schwer sagen. Da muß man die Arbeitszeit des Präparators berechnen, dann die Materialkosten, die im allgemeinen nicht so erheblich sind, die Reisekosten – das alles kommt in jedem Falle auf mehrere tausend Mark. Aber es gibt auch Objekte, da muß man zehn-, zwanzigtausend Mark und mehr ansetzen.*

# Handwerker begründen eine Großmacht

Das Rad der Zeit dreht sich weiter. Wir haben miterlebt, wie der Mensch zum Menschen wurde, wie er sich allmählich mit seiner Umwelt vertraut machte und es fertigbrachte, die Eiszeiten mit ihren extremen Klimaschwankungen zu überleben. Vor dreißigtausend Jahren wurde der Mensch zum Künstler.

Die Bandkeramiker trugen die »neolithische Revolution« in unser Land, der Mensch begann, sein Leben zu planen, die Umwelt zu verändern und auf seine Bedürfnisse zuzuschneiden. Der Mensch erfand den Wagen und wagte sich aufs Meer hinaus.

Hunderttausende von Jahren hatte er sein Werkzeug aus Stein geschlagen, bis dann vor knapp 4000 Jahren unsere Vorfahren die Vorzüge des Metalls erkannten, das andere Völker »erfunden« hatten. Die Bronzezeit begann. Die ersten Industriezentren bildeten sich, der internationale Handel florierte.

Erfindungen in immer kürzeren Abständen führten zur Beschleunigung des technischen Fortschritts, ein Phänomen, das in unserem Jahrhundert beängstigende Ausmaße angenommen hat.

Im 8. Jahrhundert v. Chr. taucht in Europa ein neuer Werkstoff auf – das Eisen.

Die ersten eisernen Gegenstände stammen aus Vorderasien. In Ägypten zum Beispiel verarbeitete man Meteoritenstücke, und ein Dolch aus einem Grab in Alaca Hüyük in Anatolien (2500 v. Chr.) zeigt, daß man offenbar bereits in der Lage war, Eisen zu gießen, damals eine außerordentlich mühsame Prozedur, die in Europa erst im 15. Jahrhundert n. Chr. beherrscht wurde. Bis zum ausgehenden Mittelalter wußte man Eisen nur zu schmieden.

Die Hethiter schließlich produzierten Eisen im 15. Jahrhundert v. Chr. bereits kommerziell, und sie schienen eifersüchtig darauf bedacht gewesen zu sein, ihre Herstellungsgeheimnisse zu hüten. Erst als das Hethiterreich zusammenbrach, verbreitete sich die Kenntnis von der Eisenverarbeitung von Anatolien und dem Nahen Osten aus nach Griechenland und ins übrige Europa.

Eisen hat gegenüber Zinn und Kupfer, die für die Bronzeproduktion nötig sind, den großen Vorteil, daß es viel häufiger vorkommt. Andererseits erfordern Herstellung und Verarbeitung wesentlich kompliziertere Techniken. War die Kunst der Eisenverhüttung und des Schmiedens einmal erlernt, konnte man allerdings erheblich billiger produzieren und war nicht so sehr von einigen wenigen Erzlieferanten abhängig, die ihre Monopolstellung damals sicherlich ebenso ausspielten, wie das heute Rohstofflieferanten fallweise tun.

Mit dem Einzug des Eisens in Europa (um 750 v. Chr.) war die Bronzezeit »offiziell« vorbei. Das heißt allerdings nicht, daß die Bronze gänzlich von der Bildfläche verschwand. Vor allem für Schmuck blieb sie noch lange Zeit ein beliebtes Metall. In Norddeutschland, wo sich das Eisen rund zweihundert Jahre später als in südlicheren Gegenden anschickte, den alten Werkstoff – zumindest was Waffen und Geräte betraf – zu verdrängen, verlief die kulturelle Entwicklung weitaus gleichmäßiger.

Im Süden begann sich zwischen dem 8. und 5. Jahrhundert v. Chr. eine durchschlagende soziale Differenzierung abzuzeichnen, die zu Spannungen führte und möglicherweise zum Ende der Herrschaft der »hallstättischen« Salz- und Eisenherren.

P. Reinecke teilte die Bronze- und Eisenzeit

Hallstatt.

Hallstätter See.

*Der österreichische Bergrat Johann Georg Ramsauer war im vorigen Jahrhundert einer der bedeutendsten Archäologen seines Landes. Er legte das Gräberfeld von Hallstatt frei. Nach diesem Fundort im Salzkammergut wurde der erste Abschnitt der Eisenzeit benannt.*

für Süddeutschland in eine Hügelgräberbronzezeit und eine Hallstattzeit auf. Für ihn war die Grabform die Grenzmarke, weniger das Metall. Aus diesem Grunde gehören Hallstatt A und B der Bronzezeit (Urnenfelderkultur) an. Hallstatt C und D fallen in die Eisenzeit. »Unter Hallstattkultur versteht man heute in der Regel nur die Perioden C und D in den Regionen, die von der Hallstattkultur erfaßt sind.«[87]

Der Fundort Hallstatt selbst liegt ungefähr auf der Grenze zwischen einem westlichen und einem östlichen Teilbereich dieser Kultur.

Mit der regelmäßigen Verwendung des Eisens (in der späten Hallstattperiode) entstanden luxuriöse Herrensitze und prunkvolle Fürstengräber, wie man sie in diesen Gebieten nie zuvor gekannt hatte.

Wer nun eigentlich die Träger der Hallstattkultur waren, die zwischen dem 8. und 5. Jahrhundert das Gebiet von der Saône bis zum Po, von der Donau bis zum deutschen Mittelgebirge beherrschten, wobei sich die Machtzentren auf Böhmen, Oberösterreich und Bayern konzentrierten, um sich später dann nach Burgund, in die Schweiz und das Rheinland zu verlagern, ist umstritten.

In den ersten Abschnitten wurde diese Kultur sicherlich stark von Osten her geprägt. In den letzten Jahrhunderten jedoch werden keltische Elemente immer deutlicher spürbar, und ab 500 v. Chr. (in der jüngeren Eisenzeit), nach dem ersten bedeutenden Fundort am Ostende des Neuenburger Sees »Latène-Kultur« genannt, haben wir es zweifelsfrei mit Kelten zu tun. Die Kelten dann dehnten ihr Herrschaftsgebiet bis Frankreich aus, siedelten in Spanien, England und Irland. Doch beginnen wir mit Hallstatt.

## Unfälle waren an der Tagesordnung in Hallstatt

Hallstatt ist heute ein vielbesuchter Touristenort im schönen Salzkammergut, fünf Kilometer östlich von Salzburg gelegen. Der steile Aufstieg des Ortes von einer einfachen Siedlung zur Handelsmetropole gründete sich auf der Ausbeutung der reichlich vorhandenen Salzlager.

Salz (Natriumchlorid, Chlornatrium) ist ein für Menschen und Tier lebensnotwendiger Nährstoff, denn Salz ist ein Hauptfaktor für die Bewegung der Flüssigkeitsmassen im Körper.

In Hallstatt wurde Salz über und unter Tage abgebaut. Eineinhalb Kilometer lang trieben die Bergleute im flackernden Licht des Kienspans die Stollen bis zu 330 Meter tief in den Felsen. Mit bronzenen Spezialwerkzeugen, Beilen und Pickeln, lösten sie das Salz in großen herzförmigen Stücken aus dem Gestein und schleppten die kostbare Ware in ledernen Tragsäcken und Kiepen, die bis zu 45 Kilogramm Salz faßten, ans Tageslicht.

Wir wissen eine ganze Menge über die Bergleute von Hallstatt. Das verdanken wir einmal dem Salz, das organische Stoffe konserviert, zum anderen dem Bergrat Johann Georg Ramsauer, der vor 130 Jahren neuntausend Quadratmeter Erde durchsuchte, 980 Gräber entdeckte und rund zwanzigtausend Gegenstände barg – mit einer für die damalige Zeit seltenen Gründlichkeit, professionelle Archäologen gab es damals auf dem Gebiet der nichtrömischen Archäologie Mitteleuropas noch nicht. Deshalb sei dieser frühe Amateur-Archäologe mit seiner Arbeit hier vorgestellt.

Als Ramsauer im November 1846 in einer Schottergrube sieben Skelette entdeckte, »alle in ziemlich gleicher Richtung, das Gesicht ge-

gen Sonnenaufgang gewendet, gestreckte Lage des Körpers, die Hände an den Leib oder an die Brust gelegt«, fiel ihm sofort die Geschichte vom »Mann im Salz« ein. Dieses Ereignis hatte seinerzeit auf die Dorfbewohner großen Eindruck gemacht: 1734 entdeckten Angestellte des Bergwerks »die im Salz verwachsene Leiche eines verunglückten Bergmannes«. Sie verscharrten den Toten auf dem Teil des Friedhofes, der für Selbstmörder reserviert war. Wann dieser Bergmann wirklich starb, weiß heute niemand. Er kann vor dreitausend Jahren, aber ebensogut auch im Mittelalter verunglückt sein.

Ramsauers Grabungen wurden so berühmt, daß selbst Kaiser Franz Joseph I. nebst Gemahlin Elisabeth anreiste, um dabeizusein, wie die Gräber Nummer 340 und 341 geöffnet wurden. Auf den beiden Weltausstellungen in Wien (1873) und Paris (1878) erregten die österreichischen Funde großes Aufsehen.

Salz konserviert, wie gesagt, alle organischen Stoffe. Noch heute pökelt man auf dem Lande Schweinefleisch in Salzlake ein, damit es sich länger hält. Und so blieben alle möglichen Arbeitsgeräte und viele Kleidungsstücke erhalten, wie jene Lammfellmütze, die ein Hauer im Stollen vergaß und ein Stück Stoff, auf dem noch der Flicken saß.

Man fand sogar Exkremente im Bergwerk. Nach der Untersuchung wußte man, was die Bergleute gegessen hatten: in erster Linie Gerste, Saubohnen und Hirse.[88]) Daß es mit der Reinlichkeit nicht allzuweit her war, verraten Läusenisse in der Kleidung; gebündelte Blätter des Pestwurzes, der Blutungen stillt und Entzündungen hemmt, beweisen, daß Unfälle an der Tagesordnung waren.

Einen zweiten »Mann im Salz« hat es bisher nicht gegeben, obgleich Jahr für Jahr »Wissenschaftler unter Mithilfe von Salinenleuten unter Lebensgefahr das langsam zuwachsende ›Heidengebirge‹ im Salzwerk begehen«.[89])

Knapp dreitausend Gräber wurden in Hallstatt untersucht, davon eine ganze Reihe mit modernen archäologischen Methoden. Die Untersuchungen ergaben, daß in der Mitte des Gräberfeldes überwiegend Körpergräber lagen. Waffen fehlten. Dort wurden offenbar die einfachen Bergknappen und Arbeiter beigesetzt.

Am Rande des Friedhofs überwogen die Brandbestattungen, hier fanden sich häufig Waffen. Diese Toten gehörten vermutlich zum »Werkschutz« und zur Verwaltung. Sie waren für Sicherheit und Transport verantwortlich.

Am prächtigsten hatte man, wie nicht anders zu erwarten, die Gräber der »Salzherren« und ihrer Frauen ausgestattet. Dennoch weist das Gräberfeld von Hallstatt eine Absonderlichkeit auf, die in unmittelbarem Zusammenhang mit dem Bergwerk steht: »Die Zusammensetzung entspricht nicht dem Friedhof einer normalen Siedlung, sondern eines Gemeinwesens, das auf den Bergbau eingestellt war und in dem die im Bergbau und mit dem Bergbau, seiner Organisation und dem Transport seiner Produkte befaßten Männer den Hauptanteil bildeten.«[90]) Frauengräber waren äußerst selten.

## Die Salz- und Eisenherren liebten den Prunk

Die einfachen Bergleute führten ein ungesundes Leben und mußten stets damit rechnen, unter Tage zu bleiben. Die Salzherren dagegen, die Abbau und Handel kontrollierten, lebten in Saus und Braus.

Ihr begehrtes Salz tauschten sie ein gegen Gold und Bernstein, gegen Elfenbein und ägyptisches Glas. In einem Fürstengrab aus dem frühen 6. Jahrhundert v. Chr. in der Nähe der Heuneburg fand sich gar eine Stickerei in chinesischer Seide.

Die Leute der Hallstattkultur betrieben, wie auch ihre Nachfolger der Latène-Kultur, einen regen Handel mit den Anrainern des Mittelmeers. Es hat den Anschein, als seien auch die südländischen Handelspartner sehr am Geschäft mit den »Barbaren« interessiert gewesen.

Im Mittelmeergebiet nämlich konkurrierten

*Links: Salz konserviert organische Stoffe jahrtausendelang. So blieb diese Kiepe aus Holz und Fell, mit der die Bergleute vor mehr als zweieinhalbtausend Jahren Salz aus dem Berg bei Hallstatt holten, bis in alle Einzelheiten erhalten.*

*Mit diesem Pferdepaar aus Ton haben vielleicht Keltenkinder gespielt. Die Figuren wurden in Zainingen gefunden.*

konnten – und Zeit war auch damals für die Kaufleute schon bares Geld – mußten die Leute aus dem Süden sich mit den »Barbaren« auf guten Fuß stellen.

Riesige Prachtgefäße scheinen speziell für die »Fürsten« jenseits der Alpen angefertigt worden zu sein und entsprachen offenbar deren Protz- und Prunkbedürfnis. Repräsentationsgeschenke mediterraner Herkunft wurden auf vielen Adelssitzen, vor allen Dingen in Baden-Württemberg, ausgegraben.[91]

Zwei der berühmtesten Fürstensitze der späten Hallstattzeit werden seit vielen Jahren erforscht.

## Untergang durch Adelsstolz

Das Gelände der Heuneburg war bereits in der Steinzeit besiedelt; in der Frühbronzezeit (ca. 1800 v. Chr.) entstand die erste Befestigungsanlage, die wiederholt verändert und umgebaut wurde, bis im 5. Jahrhundert v. Chr. (späte Hallstattzeit) ein offenbar sehr mächtiger Fürst dort baute »wie am Mittelmeer«. Seit zwanzig Jahren graben Tübinger Archäologen auf dem Hügel, der im Volksmund »Kleine Heuneburg« hieß, doch laufend werden neue Entdeckungen gemacht. So stieß Wolfgang Kimmig, der heute die Grabungen leitet, beispielsweise 1974 auf ein bis dahin »völlig unbekanntes, mächtiges Grabensystem«.[92]

Ob der »Fürst«, der Reichtum und damit auch Macht seinen Produktionsstätten verdankte, einen sizilianischen Architekten mit dem Umbau der alten Anlagen beauftragte, oder ob einheimische Baumeister das Gelände nach den Angaben und Wünschen des Bauherren gestalteten, der die Mittelmeerländer bereist hatte, sei dahingestellt. Daß er zeitlebens intensiven Kontakt zu diesen Gebieten hatte, steht fest. Der goldene Sieblöffel des Tafelgeschirrs könnte aus Etrurien stammen, die schwarzgrundige Keramik kam aus Griechenland. Sie wurde vielleicht, ebenso wie die Weinamphoren, über dem Rhône-Saône-Weg nach Württemberg geschafft, nachdem die Griechen an der Rhônemündung ihre Kolonie Massilia gegründet hatten.[93] Die Cardium-Muschel, die zwischen dem Geschirr lag, könnte ein Reiseandenken vom Mittelmeer sein.

Völlig neu für das Gebiet nördlich der Alpen ist eine »massive Mauer aus luftgetrockneten Lehmziegeln, die auf einem Bruchsteinsockel

gleich drei Völker um Platz Nummer eins im internationalen Handel: Phönizier, Griechen und Etrusker. Die »Salz- und Eisenherren« nördlich der Alpen scheinen sich durch geschickte Politik diese Rivalität zunutze gemacht zu haben. Zum einen importierten die Mittelmeervölker wohl Salz und Eisen der »Barbaren«. Doch es gab noch einen anderen Grund, warum die Kaufleute vom Mittelmeer um die Gunst der Fürsten buhlten: das Zinn.

Zinn ist ein relativ seltener Rohstoff, ohne ihn kann man keine Bronze herstellen. Und dieses Metall war in Karthago, Griechenland und Etrurien sehr gefragt, denn dort goß man riesige Kultbilder aus Bronze, und auch auf Geschirr und Schmuck aus dem beliebten Metall mochte man nicht verzichten.

Die ergiebigsten und besten Zinnlager befanden sich in Südostengland, in Cornwall. Das bedeutete, daß die antiken Flotten ganz Spanien umschiffen mußten. Der Landweg war erheblich kürzer. Von der Kanalküste aus konnte man die kostbare Fracht die Seine aufwärts bis zum Mont Lassois per Schiff transportieren. Dort wurde das Zinn auf Wagen verladen und bis zur Rhône gefahren. Von Massilia (Marseille) aus, der 600 v. Chr. gegründeten griechischen Kolonie am Mittelmeer, bot der Transport auf dem Seewege dann keine großen Schwierigkeiten mehr.

Damit sie diesen kürzeren Landweg benutzen

aus Jurakalk errichtet und auf der Nordseite mit dichtgereihten Rechtecktürmen bestückt war«.[94]

Etwas abseits des prächtigen Herrensitzes lag das Handwerksviertel. Zwei Häuserzeilen säumten ein ganzes Netz von Gassen, ein umfangreiches Grabensystem sorgte für Entwässerung und Hygiene.

Hier lagen die Werkräume, die Schmelz- und Gußhallen der Metallhandwerker. Die in den Boden eingetretenen Schmelzrückstände, Werkabfälle und Geräte lassen keinen Zweifel an der Bestimmung der Gebäude, und sorgfältige Untersuchungen ergaben späterhin, daß es sich um regelrechte Fabriken gehandelt haben muß, in denen Keramik, Wagen, Waffen, Schmuck und Geräte aller Art für den Eigenbedarf und für den Export produziert wurden.

Bauweise und Finessen zeugen von einem hohen Stand der Zimmerei und der Bautechnik. »Der Betrieb einiger dieser Öfen muß mit einer erheblichen Rauch- und wohl auch Gasentwicklung verbunden gewesen sein, die eine besondere, wirksame Entlüftung der betreffenden Hallen notwendig machte. Zu diesem Zwecke sind offensichtlich Vierpfostengerüste in unmittelbarer Nähe der Öfen errichtet worden. Sie müssen Hauben über großen Rauchluken im Hallendach getragen haben, durch die Abgase und Rauch rasch entweichen konnten, und die in dieser oder ähnlicher Form noch bis ins hohe Mittelalter nachweisbar sind.«

Doch die Macht und der Reichtum der Heuneburger war den Nachbarn und Konkurrenten ein Dorn im Auge. Ihre Vorrangstellung, »nicht zuletzt auf dem Handel mit dem Süden gründend, führte wohl das gewaltsame Ende dieser nördlich der Alpen bisher einmaligen Burganlage herbei«.[95]

Wie stark die Hallstatt-Kultur sozial gegliedert war, läßt sich noch an der Nordgrenze des von ihr beherrschten Gebietes erkennen. Abgesehen von dem gesellschaftlichen Unterschied zwischen bäuerlicher Landbevölkerung und gehobener Adelsschicht, gab es offenbar auch innerhalb dieser Gruppierungen noch Verbände, in denen einzelne Personen zusammengeschlossen waren.

Die Untersuchungen eines Gräberfeldes aus dem 7. Jahrhundert v. Chr. bei Großeibstadt, in der Nähe Königshofens, brachten wichtige Erkenntnisse in dieser Hinsicht. Auf einem kleinen Höhenrücken zwischen zwei Bächen lagen sieben Gräber, über denen sich seinerzeit viel-

leicht Hügel wölbten. Ein Grab war leer. Vermutlich hatte man es für jemanden angelegt, der in der Fremde gestorben war.

Das erste Grab war gleichzeitig das älteste und das am prächtigsten ausgestattete, die übrigen unterschieden sich von ihm allerdings nur durch weniger reiche Grabbeigaben.

In der in den Boden eingelassenen holzverschalten Gruft ruhte das Skelett eines etwa vierzigjährigen kräftigen Mannes. Neben ihm lag ein Eisenschwert in einer Holzscheide, vierunddreißig Gefäße mit Speisen und Getränken; und Fleischstücke von zwei Rindern, zwei Schweinen und einem Schaf oder einer Ziege sollten für sein leibliches Wohl im Jenseits sorgen. Das Prunkstück des Grabes aber war ein vierrädriger Wagen. Das Holz ist vergangen, die Eisenteile und ihre Lage (vier Radreifen samt Naben- und Felgenbeschlägen) machten dennoch seine Rekonstruktion möglich: Die Räder waren 0,85 Meter hoch, hatten eine Spurweite von 1,16 Meter und einen Achsstand von 1,5 Meter. Da-

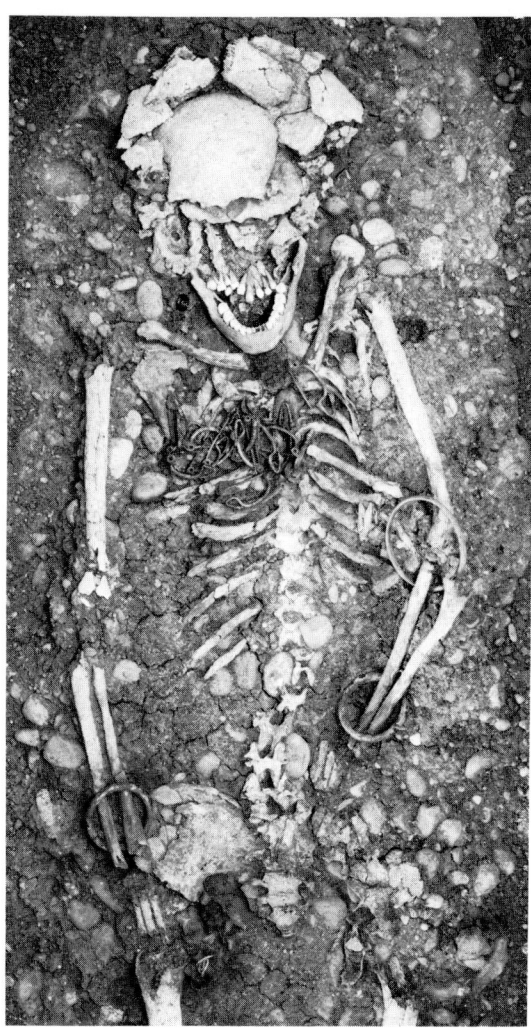

*Frauengrab der Frühlatènezeit, Kanton Zürich. Deutlich zu erkennen sind die reichen Schmuckbeigaben. (René Wyss, Funde der jüngeren Eisenzeit. Aus dem Schweizerischen Landesmuseum Bern, 1957)*

neben lagen Joch und Zaumzeug der beiden Zugpferde.

Die übrigen Männer, die auf dem Friedhof von Großeibstadt beigesetzt wurden, sind zwischen 25 und 45 Jahre alt geworden. Alle sechs Gräber waren nach dem gleichen Grundmuster ausgestattet:

»Die Gemeinsamkeit dieser Männer wird vor allem durch jene Elemente bestimmt, die sich auf Gemeinschaftshandlungen beziehen: das Festmahl im Kreise der Männer, damit verbunden vielleicht auch Opfer von Speise und Trank, und die Wagenfahrt.«[96] Hier finden sich Anklänge an Darstellungen aus dem Ostalpenraum und Etrurien, Gegenden, mit denen man ja in engen Handelsbeziehungen stand.

Allem Anschein nach ist das Gräberfeld ein Sonderfriedhof, auf dem Männer bestattet wurden, die auf eine Art und Weise miteinander verbunden waren, die mehr wog als die Bindung an die Familie. Auf allen umliegenden Friedhöfen liegen nämlich stets Männer, Frauen und Kinder nebeneinander begraben, und Wagen oder Zaumzeug als Grabbeigaben sind die Ausnahme.

Vielleicht war es der Neid der Nachbarn, der die Träger der frühen Hallstatt-Kultur vernichtete, vielleicht hatten aber auch die sozialen Spannungen die Grenze des Erträglichen überschritten, und die ländliche Bevölkerung und die Arbeiter in den Produktionszentren wehrten sich gegen die Ausbeutung durch die Fürsten. Geplünderte Gräber, wie das des »Eisenherren« von Grafenbühl bei Asperg, deuten darauf hin.[97]

### Römer und Griechen zitterten vor den »keltischen Barbaren«

Indes auch die Abstammung der Kelten, die die Hallstatt-Kultur fortsetzten, ist ungeklärt.[98] Zwar werden sie als erstes Volk, das in unserem Gebiet siedelte, von römischen und griechischen Historikern ausführlich beschrieben, doch stammen all diese Berichte aus einer Zeit, da sie sich bereits als mächtiges Volk etabliert hatten und auf Eroberungszüge gingen. Achthundert Jahre vor der germanischen Völkerwanderung zogen die Kelten, aus einem relativ begrenzten Gebiet nördlich der Alpen, nach Italien, Kleinasien, Ägypten, Frankreich und Spanien. Sie ließen sich auf den Britischen Inseln, dem Balkan, in Süd- und Westdeutschland nieder.

387 v. Chr. belagerten sie Rom, 275 v. Chr. plünderten sie Delphi und schafften sich damit gewaltige Feinde. Auch wenn sie sich ab 293 v. Chr. aus Italien zurückziehen mußten, blieben sie doch eine ständige Gefahr für das Römerreich. Neben den Skythen und Persern zählten sie zu den mächtigsten »Barbarenvölkern« der damals bekannten Welt. Sie hatten große Chancen, neben Römern und Griechen dritte europäische Großmacht zu werden.

Daß sich seit dem 5. Jahrhundert eine Verschiebung des Machtzentrums der »Salz- und Eisenherren« an die Marne und in das Mosel-Mittelrhein-Gebiet abzeichnete – also etwa um die Zeit, als die Hallstattkultur mit der Latènekultur verschmolz –, könnte andeuten, daß »die Macht- und Handelsrivalen im westlichen Mittelmeer sich einen Wechsel im Kräftespiel der barbarischen späthallstättisch-frühlatènezeitlichen Welt zunutze gemacht oder gar in bewußter Bündnispolitik herbeigeführt oder gefördert« hatten.[99] Denn auch die Kelten trieben, wie ihre Vorgänger, Handel mit Griechen und Etruskern.

Ihre Macht verdanken die Kelten der Latènezeit in erster Linie ihren handwerklichen Fähigkeiten. Wie kein anderes europäisches Volk verstanden sie sich auf die Verhüttung und Verar-

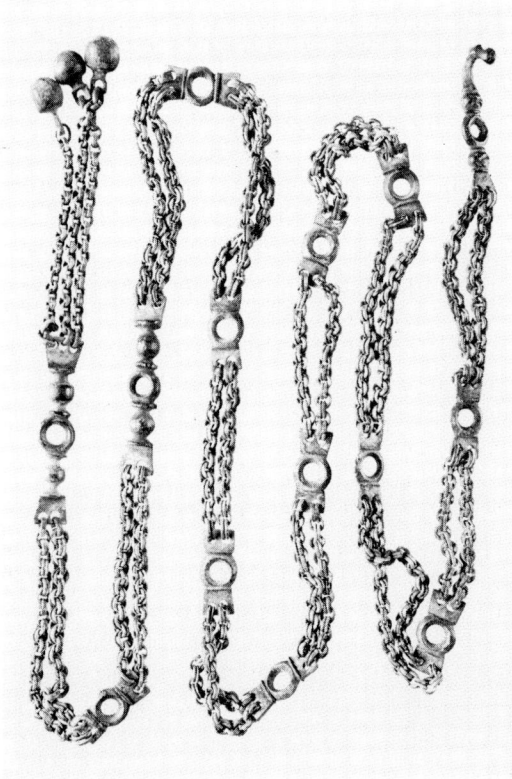

*Gürtelkette aus Bronze, aus dem Chiemsee-Gebiet. Man beachte, mit welcher Akkuratesse die Doppelglieder zusammengefügt wurden.*

beitung des Eisens. Keltische Schmiede genossen internationalen Ruf. Keltischer Goldschmuck war überall begehrt, vor allem die »Torques« aus massivem Gold, die zwei Pfund und mehr wogen.[100]

Bei Reinheim/Kr. St. Ingbert, Saarland, legten Archäologen vor mehr als zehn Jahren das Grab einer keltischen »Fürstin« frei, mit einem Schatz, der auch für damalige Verhältnisse ein Riesenvermögen bedeutet haben muß. Um den Hals trug die Dame einen »Torques«, jenen typisch keltischen, »hier aus drei Lamellen gedrehten Goldring mit verzierten Enden: tropfenförmige Knöpfe, menschliche Köpfe und Löwenmasken, darüber je einen Kopfputz aus einem Vogelkopf mit Flügeln«.[101] Ein massiver goldener Armreif war mit geflügelten Sphingen verziert, mit jenen Fabelwesen, die die Ägypter in Sandstein meißelten. Ein weiterer Armring bestand aus Ölschiefer, ein anderer aus hellgrünem Glas. Bronzene Fibeln, gläserne Perlen und Ringe, 120 Bernsteinperlen, Bronzekettchen, Talismane und ein wundervolles Eß- und Trinkservice aus Bronze sollten der Dame im Jenseits all den Luxus bieten, den sie zu Lebzeiten genossen hatte.

## Die Kelten glänzten durch technische Erfindungen

Die Kelten führten nördlich der Alpen die Töpferscheibe und die Metalldrehbank ein, und sie waren es wohl auch, die die erste Mähmaschine erfanden. Darüber hinaus scheinen sie bis zu einem gewissen Grade auch gute Taktiker gewesen zu sein. Denn trotz ihrer Kriegszüge ins Mittelmeergebiet blieben sie weiterhin beliebte Handelspartner. Vielleicht verhielt sich die keltische Adelsschicht innenpolitisch geschickter als die Feudalherren der Hallstattzeit. Denkbar wäre indes, »daß das Ende der Hallstattkultur in Südwest-Deutschland vor allen Dingen durch die Machtverschiebungen herbeigeführt wurde, die parallel zu denen am Mittelmeer verliefen«. Im 5. Jahrhundert v. Chr. nämlich scheinen die alten hallstättischen Fürstengräberbereiche vom etruskischen Import ausgespart zu sein.

Eisenerze fand man im Schweizer und im Schwäbischen Jura, im Gebiet zwischen Sambre und Maas und im Siegerland. Und so mögen die Eisenerze damals verhüttet worden sein:

»In einen Berghang trieb man zunächst einen Stollen vom dreifachen Durchmesser des zukünftigen Tiegels; die Wände dieses etwa zwei Meter hohen Stollens wurden mit Lehm ausgestampft. Darüber baute man einen Schacht aus sandigem Lehm und bedeckte das Ganze mit Steinbrocken. Der kegelförmige Ofen hatte ein Fassungsvermögen von ein bis zwei Kubikmetern und trug eine schaftförmige Esse von 30 bis 40 Zentimeter lichter Weite, die nach dem Verhüttungsprozeß meist in das Innere der Kuppel stürzte. Der Hangwind, den die gewölbte Ofenbrust über einem rechteckigen, aus Steinplatten gebauten Kanal auffing, fachte das Feuer an. Wenn der Ofen gefüllt und die Glut voll entfacht war, verschloß man den Steinkanal mit einem Lehmpfropfen, in den eine Düse von etwa 6 Zentimeter Durchmesser hineingestochen wurde.«[102]

Auf diese Weise erzielte man Temperaturen von 1000 Grad und mehr. Im Tiegel sammelte sich dann das Metall, das allerdings durch »Aushämmern« noch von Oxyden und Silikaten gereinigt werden mußte.

Die Kelten waren es auch, die in unseren Breiten die ersten richtigen Städte bauten, die »Oppida«. Das Oppidum von Manching in der Nähe von Ingolstadt, das seit mehr als zwanzig Jahren ausgegraben wird, war doppelt so groß wie später die mittelalterlichen Städte Frankfurt oder Nürnberg![103]

Wie die Graffitti vom Magdalensberg in Österreich zeigen, hatten die Kelten im ersten Jahrhundert vor der Zeitwende von den Etruskern ein, wenn auch »verderbtes«, Alphabet übernommen und damit immerhin den ersten Schritt zu einer Schrift getan, die bis dahin nördlich der Alpen unbekannt war. Caesar berichtete, daß die Kelten sich teilweise auch der griechischen Schrift bedienten – einige ihrer Schwerter, die gefunden wurden, tragen griechische Inschriften. Und bereits früher schon, wohl im 2. Jahrhundert v. Chr., kopierten sie Gold- und Silbermünzen nach griechischem Vorbild und besaßen kurz darauf eigenes Geld, die sogenannten »Regenbogenschüsselchen«.

1880 begab sich im hessischen Mardorf die Einwohnerschaft geschlossen auf die Suche nach diesen kleinen, schälchenartig gewölbten und mit Prägestempel versehenen Münzen, die über einen Hügel verstreut direkt unter der Grasdecke lagen. Allem Anschein nach hatte ganz in der Nähe, auf der Amöneburg, eine »staatliche Münzstelle« gelegen. Moderne Spektralanalysen des Landesmuseums Kassel,

*Eine Fibel oder Gewandnadel aus Bronze. Das 11,3 cm lange keltische Schmuckstück wurde in Oberwittighausen bei Tauberbischofsheim entdeckt.*

*»Antennendolch« aus der jüngeren Hallstattzeit.*

die in den letzten Jahren durchgeführt wurden, ergaben zunächst einmal, daß das Gold nicht aus dem Rhein stammte, aus dessen Sanden man früher das »Rheingold« wusch, das allerdings nur in geringen Mengen vorkam.

Die Münzen von Mardorf enthalten Spuren von Platin – ebenso wie das Geld von Mykene. Das kann Zufall sein, vielleicht aber auch nicht. Es ist durchaus möglich, daß das Gold, aus dem die hessischen Regenbogenschüsselchen geprägt wurden, tatsächlich aus dem östlichen Mittelmeergebiet stammt und als Kriegsbeute durch einen der keltischen Raubzüge nach Deutschland gelangte.

Die Spektralanalyse enthüllte außerdem: Der ungewöhnlich hohe Prozentsatz an Kupfer (8 Prozent und mehr) beweist, daß das Münzgold gestreckt wurde. Suchte man einen Ausweg aus einer wirtschaftlichen Flaute? Oder wirtschaftete ein Münzmeister in die eigene Tasche? Möglich ist beides.

### Caesar stoppt den Aufstieg der Kelten

Mit ihren Eroberungszügen seit 400 v. Chr. und ihrem Reichtum hatten die Kelten das Interesse der Römer geweckt. Aus dem Norden drohte ebenfalls Gefahr. In immer neuen Schüben drängten Germanenstämme aus dem Elbegebiet nach West- und Süddeutschland, der Schwerpunkt keltischer Macht und Kultur verlagerte sich nach Frankreich.

In den Jahren 58–51 v. Chr. gliederte Caesar Gallien dem Imperium Romanum an. Damit war der Aufstieg der Kelten zur Weltmacht ein für allemal blockiert. Ihr Erbe allerdings lebt in Sagen und Bräuchen bis auf den heutigen Tag fort, besonders in der Bretagne und in Irland.

Kelten und Germanen waren keineswegs so verschieden voneinander, wie die Römer es hinstellten. Beide gehörten zur indogermanischen Völkergruppe. Doch Caesar war in erster Linie daran gelegen, ein Feindbild auch für die verbündeten Germanen zu schaffen, das sich wirkungsvoll in seine Propagandamanöver und seine ausgeklügelte Machtpolitik einpassen ließ.

Es ist auch nicht so, daß die Kelten den »zivilisierten« Römern kulturell in jeder Hinsicht unterlegen gewesen wären. Immerhin verdanken die Römer den »Barbaren« die Mähmaschine. Von ihnen übernahmen sie die Drehmühle. Von ihnen übernahmen sie die Drehmühle – mit rotierendem Läufer – bis dahin zerquetschten sie ihr Getreide nach Altvätersitte auf Reibsteinen. Von den Kelten lernten die Römer, die Pferde regelmäßig zu beschlagen.

Nicht abzusprechen ist den Kelten indes eine gewisse Grausamkeit, die auch in der Religion zum Durchbruch kam, zum Beispiel im »Kult der abgeschlagenen Köpfe«. Kult und Religion spielten bei diesem Volk eine wesentliche Rolle, und die keltischen Priester, die Druiden, waren gewichtige Persönlichkeiten, Medizinmann, Schamane und Seher zugleich. In Bayern fand man im Grab eines solchen »Mannes der Kunst« neben Waffen auch Sonde, Schlinge und Trepaniersäge, Handwerkszeug des Arztes.[104] Wir haben Beweise für Menschen- und Tieropfer, »sowie von Weissagungen aufgrund ritueller Tötung; wahrscheinlich sanktionierten die Druiden auch die Kopfjagd der Krieger, die in antiken und einheimischen Quellen bezeugt ist«.[105] Auch die zahlreichen »Viereckschanzen«, die überall dort zu finden sind, wo Kelten siedelten, waren wohl Stätten, an denen religiöse Riten vollzogen wurden – welcher Art sie waren, entzieht sich allerdings unserer Kenntnis.[106]

Dennoch: »Fünfhundert Jahre lang stand das barbarische Europa unter der Vorherrschaft keltischer Kultur. Es gibt kein Land Europas, in dem nicht keltische Altertümer gefunden wurden.«[107]

*Obwohl sich in der Eisenzeit die Funde mehren, sogar geschichtliche Quellen zur Verfügung stehen, gelingt es überraschenderweise nicht, im Verhältnis zum vorliegenden Material letzte Klarheit über diese Zeit zu verschaffen.*

- *über die Hallstattzeit und die Latènekultur wurde viel geschrieben. Wer jedoch die Hallstattleute waren, ist nicht sicher, denn erst seit dem 5. Jahrhundert v. Chr. treten die Kelten eindeutig als Träger der Latènekultur hervor. Wahrscheinlich übernahmen sie das Erbe der Hallstattkultur;*
- *Ausgrabungen bestätigten, was man bereits annahm: Beide Kulturen unterhielten einen intensiven Handel mit Griechen und Etruskern. Offenbar gekoppelt mit einer Machtverschiebung größeren Ausmaßes im Mittelmeergebiet hörte der Handel zwischen Etruskern und den Leuten im alten keltischen Fürstengräberbereich im 5. Jahrhundert v. Chr. völlig auf.*

# Methoden der Archäologie

## Archäometrie

Die Archäometrie ist eine interdisziplinäre Wissenschaft. Methoden aus der Biologie, Geologie, Technik, Chemie, Physik, Mineralogie, Mathematik sollen Archäologen, Bodendenkmalpflegern und Kunsthistorikern helfen, mit neuesten naturwissenschaftlichen Methoden optimale Ergebnisse zu erzielen. Archäometrie ist ein Schwerpunktprogramm der Stiftung Volkswagenwerk, die zur Zeit ein Institut für Restaurierungskunde in Kairo finanziert (s. Interview mit Dr. Peter Schauer). »Hier gilt es im weitesten Sinne, eine Brücke zwischen Geisteswissenschaften und Naturwissenschaften zu schlagen«, heißt es im Bericht der Stiftung Volkswagenwerk aus dem Jahre 1971. »Ergebnisse der Fotografie, empfindliche analytische Nachweisverfahren, die Synthese von Kunststoffen – solche und ähnliche Fortschritte haben sich noch zu wenig niedergeschlagen bei Ausgrabungen, bei der Aufzeichnung der Funde, bei der Analyse ihrer Zusammensetzung und ihres Alters oder bei der Erhaltung freigelegter Gegenstände.«

Die Archäometrie gibt es im Grunde seit der Mitte des 18. Jahrhunderts, doch das Berliner Rathgen-Forschungslabor, das vor dem Kriege tonangebend war, wurde nicht wieder aufgebaut. Die Stiftung Volkswagenwerk wird bis 1978 eineinviertel Millionen Mark für die Einrichtung eines neuen Labors zur Verfügung stellen. Ab 1978 übernimmt dann die Stiftung Preußischer Kulturbesitz in Berlin die Kosten der Unterhaltung.

Hier einige der wichtigsten Methoden, die in diesem Programm verstärkt eingesetzt werden sollen:

1. Materialanalyse von Metallen und Keramik
Bei der *Röntgenfluoreszenz-Analyse* werden die untersuchten Objekte mit Radioisotopen bestrahlt, aus der dadurch erzeugten Fluoreszenzstrahlung läßt sich ablesen, wie das Material zusammengesetzt ist. Für diese Untersuchung braucht man keinerlei Proben zu entnehmen, der Gegenstand wird also nicht beschädigt. Zum anderen kann das Gerät aber auch pulverisierte Proben in Serien analysieren. Das Ergebnis wird ausgedruckt, die Analyse vom Computer gesteuert.

Am *Gammaspektroskopie-Meßplatz* bestrahlt man die Proben in einem Reaktor mit Neutronen. Je nach Ablauf der kernphysikalischen Reaktionen verrät auch dieser Prozeß die Zusammensetzung eines Materials, gibt Hinweise etwa auf die Herkunft und Zusammengehörigkeit von Münzen.

2. Identifizierung unbekannter Substanzen
»Die Röntgenfeinstrukturanalyse beruht auf dem Prinzip, daß jede kristallisierte Substanz ihr charakteristisches Kristallgitter besitzt.« Sobald eine kristallisierte Substanz (Patina, Salze, anorganische Farbstoffe) mit Röntgenstrahlen beschossen wird, »beugt« sich dieses Gitter. Der Vorgang – der jeweils für eine ganz bestimmte Substanz typisch ist – wird auf einem Film sichtbar oder als Diagramm registriert. Anhand von Tabellen und Vergleichsaufnahmen kann das Ergebnis ausgewertet werden.

Bei der *Infrarotabsorptionsanalyse* durchstrahlt man die entsprechende Probe mit infrarotem Licht, das organische Moleküle absorbiert. Das sogenannte »Absorptionsspektrum« wird aufgezeichnet, der Vergleich mit anderen Spektren und Tabellen gibt Aufschluß über Zusammensetzung organischer Substanzen wie Fette, Harze, Lacke, Öle etc.

Organische Stoffe können auch mit der *Chromatographie* untersucht werden. Mit der Dünnschicht-Chromatographie bestimmt man Farbstoffe in Textilien. Dabei wird eine Farbprobe auf einer beschichteten Platte durch Lösungsmittel in ihre Bestandteile zerlegt, die mit ultraviolettem Licht sichtbar gemacht und identifiziert werden können.

3. Technologische Untersuchung

Mit dem *Polarisationsmikroskop* untersucht man Dünnschliffe von Keramik. Menge und Verteilung der unterschiedlich großen Körner geben Hinweise auf die Werkstatt, in der ein Stück entstand, auf die Art der Bemalung, die Glasur.

Angeschliffenes Metall wird unter dem *Metallmikroskop* untersucht. Das Ergebnis ermöglicht Rückschlüsse auf die Bearbeitungstechnik, die Reinheit des Metalles etc. Beide Mikroskope sind mit einer automatischen Fotoeinrichtung versehen.

Das *Rasterelektronenmikroskop* »verbindet den Vorteil der hohen Vergrößerung mit der räumlichen Abbildung des mikroskopischen Bildes auf einem Bildschirm, von dem es mit der Polaroidkamera abfotografiert werden kann«. Mit diesem Mikroskop kann man vor allem Korrosionserscheinungen erkennen, die auf Umwelteinflüsse zurückzuführen sind.

Man kann mit dem *Dilatometer* sogar feststellen, mit welcher Temperatur Keramik gebrannt wurde. Aus einer Scherbe wird hierzu ein circa 1 cm langes Stäbchen von Bleistiftdicke herausgeschnitten und von null auf tausend Grad erhitzt. Die Keramik dehnt sich aus, »bis der ursprüngliche Brennpunkt erreicht ist, bei dem Sintervorgänge einsetzen, die zur Längenverkürzung des Stäbchens führen«. Die Materialveränderung markiert also die ehemalige Brenntemperatur.

### Argon-Methode

Ebenso wie die C-14-Methode macht man sich bei der Argon-Datierung die »Atomuhr« zunutze. Das Isotop $^{40}K$ des Elementes Kalium zerfällt mit einer Halbwertzeit von 1,3 Millionen Jahren zu $^{40}A$, dem Edelgas Argon. Aus bestimmten vulkanischen Mineralien entwich alles Argon, als sie flüssig waren – das neugebildete Argon jedoch kann nicht entweichen, so daß man am Verhältnis von $^{40}K/^{40}A$ die Zeitspanne

ermitteln kann, die seit dem Erkalten des Gesteins bis zur Gegenwart vergangen ist. Die Leakeys datierten einige ihrer Funde aus der Olduwai-Schlucht nach der Kalium-Argon-Methode.

### Bodenwiderstandsmessung

Verschiedene Materialien leiten Elektrizität unterschiedlich stark. Eine Grube, in der lockere Erde, Gesteinsbrocken etc. liegen, eine Füllung also, die Feuchtigkeit speichert, leitet Elektrizität besser als normaler Boden. Mauern dagegen leiten wesentlich schlechter. In einem Abstand von 1–2 Meter werden nun Sonden in den Boden gesteckt als Sender und Empfänger, zwischen ihnen läuft der Strom durch den Boden, der aus einer Stromquelle kommt. Die Ergebnisse werden von einem Spezialgerät aufgezeichnet. Dr. Irwin Scollar vom Rheinischen Landesmuseum Bonn spürte mit dieser Messung und mit geomagnetischen Peilungen eine ganze Reihe von unterirdischen, dem Auge unsichtbaren römischen Bauten auf, die die Stadtväter von Xanten schließlich veranlaßten, einen Archäologischen Park einzurichten. Die Bauten werden nun nach und nach ausgegraben. Ein Vorteil dieser Prospektionsmethode ist, daß man in relativ kurzer Zeit auch größere Komplexe aufspüren kann, ohne graben zu müssen. Die Denkmäler bleiben also im Boden erhalten.

### Computer

Das Rheinische Landesmuseum Bonn besitzt den modernsten Computer seiner Art in Europa, er ist sogar noch ein bißchen besser als das System, mit dem die NASA, Pasadena, Mond- und Marsbilder auswertete. Die Bonner Archäologen wollen mit den »Bildprozessoren« (das Geld stammt zu 70% von der Stiftung Volkswagenwerk, zu 30% aus Hausmitteln) Siedlungsreste aufspüren, bevor sie durch Industrie, Bergbau und Besiedelung zerstört werden. Denn »nirgendwo sind in Mitteleuropa die Probleme der Bodendenkmalpflege so gravierend wie im Rheinland, wo . . . ein größerer Teil der Erdoberfläche bewegt und zubetoniert wird als anderswo. In den ersten drei Metern dieser Oberfläche sitzt die rheinische Geschichte in Form von Spuren menschlicher Siedlungen und Tätigkeiten.« (Dr. Christoph B. Rüger, Direktor des Rheinischen Landesmuseums Bonn).

Die Bonner Computeranlage besteht aus mehreren Teilen: ein Bildabtaster, ein mittlerer und zwei kleine Computer, ein Gerät für die

Wiedergabe von Bildern und Bildschirmen für Schwarzweiß- und Farb-Aufnahmen.

Bei der elektronischen Verarbeitung der Luftbilder werden Strukturen und Kennzeichen sichtbar, die mit bloßem Auge kaum zu erkennen sind; Bildfehler (Kratzer, Unschärfe, falsche Belichtung etc.) werden korrigiert. Darüber hinaus kann der Computer Fotos zu einem Großbild zusammensetzen. Die Schrägperspektive der Luftbilder wird entzerrt, die Bilder in Karten oder Pläne umgesetzt. Der Computer bringt Zeichnungen, Pläne, Tafeln auf einen einheitlichen Maßstab, so daß man sie müheloser und gründlicher auswerten kann. Auch die Meßwerte, die Dr. Irwin Scollar mit Hilfe des von ihm konstruierten Protonenresonanz-Magnetometers, dem »archäologischen Röntgenauge«, erhält, werden per Computer aus Zahlen in Bilder verwandelt – und umgekehrt.

Wenn alle Luftbilder ausgewertet sind, werden die Fundstellen auf einer Karte zusammengefaßt, auf Magnetbändern gespeichert (s. Interview mit Dr. Irwin Scollar).

## Dendrochronologie

Jahr für Jahr legt sich um einen Baum ein Wachstumsring, der jeweils aus einem weicheren Sommer- und einem härteren Winterwachstum besteht. Den Klimaschwankungen entsprechend (Trockenperioden, Regenperioden) schwankt die Dicke dieser Baumringe. Man kann also das Alter eines Baumes durch das Zählen der Jahresringe bestimmen. Daß man einen regelrechten Kalender aus sich überschneidenden Jahresringabfolgen zusammenstellen kann, liegt daran, daß eine Abfolge von diesen »Weiser-« oder »Kennjahren«, die Jahresringe eines bestimmten Zeitraums, sich in dieser typischen Reihenfolge praktisch nie wiederholt. Wenn man Holz findet – einen Pfahl, ein Brett, einen Balken etc. – und die darin enthaltene »Signatur« mit dem Baumringkalender vergleicht, kann man das Stück Holz ohne große Schwierigkeiten einordnen und damit datieren.

Der Amerikaner A. E. Douglass stellte 1929 zum erstenmal einen solchen Kalender zusammen, und zwar kam er mit Hilfe der kalifornischen Mammutbäume, die bis zu 3000 Jahre alt werden, bis in die Zeit um 1120 v. Chr. zurück. Mit dem Holz der kalifornischen Borstenkiefer, die doppelt so alt wird wie die Mammutbäume, konnte der Kalender bis 5200 v. Chr. zurückgeschoben werden. Baumringkalender gelten allerdings jeweils nur für ein bestimmtes geographisches Gebiet, wichtig ist dabei, daß es Klimaschwankungen gibt, die zu unterschiedlich breiten Wachstumsringen führen.

## Diluvialchronologie

Im nördlichen Alpenvorland untersuchte man den Ablauf der Eiszeit und stellte zunächst vier Haupteiszeiten fest mit jeweils unterschiedlichen Kältevorstößen und Abschmelzperioden. Zur Zeitbestimmung kam man durch heute noch meßbare Sedimentierungsvorgänge auf Seeböden, bei Abwitterungsvorgängen von nacheiszeitlichen Sedimenten (Ablagerungen) und den unterschiedlichen Tiefenerosionen bei Schottern verschiedener Glaziale. Die Eiszeitdauer wurde auf 600 000 Jahre festgesetzt, allerdings ist diese Zeitangabe heutigentags sehr umstritten.

## Dreiperiodensystem

Der Däne C. Thomsen führte eine Dreiteilung der Vorgeschichte ein in Stein-, Bronze- und Eisenzeit. Im Laufe der Zeit wurde das System verfeinert.

## Fluortest

Das Grundwasser enthält Fluor-Ionen, die dem Kalziumphosphat der im Boden ruhenden Knochen eingelagert werden. Je höher der Fluorgehalt, desto älter der Knochen. Jungpaläolithische Knochen haben einen Fluorgehalt von ca. 1%, altpaläolithische Knochen von ca. 2% – die Anreicherung geht also sehr langsam vonstatten. Daher kann bei jüngeren Skelettfunden die Bestimmung problematisch werden. Auch gelten die Untersuchungen jeweils nur für ein begrenztes Gebiet, denn der Fluorgehalt des Grundwassers variiert regional. Mit dem Fluortest kommt man zu einer relativen Datierung, das heißt, man kann sagen: Dieser Knochen ist älter als jener.

## Geomagnetische Peilung

Dr. Irwin Scollar vom Rheinischen Landesmuseum Bonn baute ein Differential-Protonmagnetometer, der die erdmagnetische Feldintensität mißt. Im Boden vorhandene Strukturen, die man auf der Oberfläche nicht sehen kann, verändern das erdmagnetische Feld in der Erde. Scollar hat einen regelrechten Meßwagen eingerichtet, der u. a. eine Vorrichtung enthält, mit deren Hilfe die Meßdaten automatisch auf einen Lochstreifen aufgezeichnet werden. Der Lochstreifen wird vom Computer ausgewertet.

## Kraniologischer Index

Ein wichtiges Hilfsmittel der Anthropologen. Der Schädelindex wird ermittelt durch das prozentuale Verhältnis zwischen maximaler Schädelbreite und maximaler Schädellänge. Darüber hinaus geben die Backenknochen Aufschluß über das Geschlecht, Zustand der Schädelnähte, der Langknochenepiphysen; Stellung und Abnutzungsgrad der Zähne sagen etwas über das Alter eines Individuums aus.

## Leichenbrandbestimmung

Weil es recht schwierig ist, ausreichende Hitze zu erhalten – und weil häufig auch mehrere Leichen gemeinsam auf einem Scheiterhaufen verbrannt wurden –, sind alte Leichenbrände meist nur unvollkommen verbrannt. Oft sind die Gebeine nur gedörrt und geschrumpft, und damit sie in die Urnen paßten, mußte man sie nachträglich zerkleinern. Die Nasenbeinwurzel und das Schambein, auch Zähne, verbrennen schlecht, und aus diesen Resten kann der Anthropologe selbst noch bei Leichenbränden in vielen Fällen Geschlecht und Alter des Betreffenden bestimmen.

## Leichenschatten

Kalkarme Böden zehren die Knochen häufig soweit auf, daß bestenfalls eine dunklere Bodenverfärbung zurückbleibt, wo einst ein Leichnam lag. Selbst wenn mit bloßem Auge nichts mehr zu erkennen ist, reagiert der Boden noch auf bestimmte chemische Analysen. Man kann z. B. im Reagenzglas aus den Bodenproben Leichenfett ausscheiden oder mit Phosphorreaktionen das ehemalige Grab ziemlich genau ermitteln.

## Luftbildarchäologie

Die Luftbildarchäologie macht sich die Tatsache zunutze, daß man von einem erhöhten Punkt aus größere Zusammenhänge besser erkennen kann als von ebenem Gelände aus. Irwin Scollar führte die Luftbildarchäologie in Deutschland ein. Am frühen Morgen und am späten Nachmittag wirft die Sonne leichte Schlagschatten, die von einem niedrigfliegenden Flugzeug aus gut zu beobachten sind. Neben den »Schattenmerkmalen« verraten Bodenverfärbungen (»Bodenmerkmale«) und unterschiedliches Pflanzenwachstum (»Vegetationsmerkmale«) dem geübten Beobachter, wo Siedlungen, Straßen, Gräben etc. im Boden verborgen sind.

## Munsell-Bodenfarben-Karten

Sie wurden eingeführt, weil das menschliche Farbempfinden sehr subjektiv ist. Das Schema wird bei der Beschreibung von Böden, aber auch in der Keramik-Untersuchung verwendet. Farbe (zehn Farben, die jeweils in 10 Abstufungen unterteilt sind), Helligkeitswert (von 1–10 angesetzt) und Reinheitsgrad (1–10) ermöglichen es, durch Vergleich jede Farbe auf der Karte zu fixieren, so daß der Betrachter, der den eigentlichen Gegenstand nicht vor sich liegen hat, anhand der Munsell-Karten sofort weiß, welche genaue Tönung gemeint ist.

## Paläobotanik

Sie befaßt sich mit den ältesten Pflanzenresten. Am häufigsten sind verkohltes Holz oder Getreidekörner, gelegentlich jedoch ist mehr erhalten, wie zum Beispiel in den Mooren, wo sich – wie am Bohlenweg im Großen Moor am Dümmer – die gesamte Vegetation einer bestimmten Zeit rekonstruieren läßt.

## Paläomedizin

Sie »diagnostiziert« die pathologischen Veränderungen an Skelettfunden, die zum Teil Rückschlüsse zulassen auf die Umwelt, Lebensweise etc. Verletzungen, chronische Krankheiten oder chirurgische Eingriffe (Trepanation etc.) verraten darüber hinaus etwas über Einzelschicksale.

An Mumien können sogar noch Blutgruppenbestimmungen vorgenommen werden (Paläoserologie).

## Pedologie

. . . heißt soviel wie Bodenkunde, Bodenanalyse. Mit dem Kernbohrer entnimmt man Bodenproben, die mit verschiedenen naturwissenschaftlichen Hilfsmitteln bestimmt werden und dem Archäologen wichtige Aufschlüsse geben über den frühen Menschen und seine Umwelt. Die Pedologie hilft u. a. festzustellen, auf welchen Böden die Menschen siedelten, inwieweit sie Eingriffe in die Umwelt vornahmen, woher Böden in Gruben oder Aufschüttungen stammen, die sich von dem in der Gegend üblichen Erdreich unterscheiden.

## Phosphatmethode

Ebenso wie Leichname sind auch menschliche Siedlungen häufig völlig im Boden zergangen. Daß wir sie dennoch aufspüren können, verdanken wir den landwirtschaftlichen Versuchsanstalten. Bei Reihenuntersuchungen stellte man nämlich fest, daß in der Nähe menschlicher Siedlungen der Phosphatgehalt der Erde wesentlich höher ist als gewöhnlich im freien Gelände. Das hängt wohl mit der Zersetzung organischer Stoffe zusammen – den Ausscheidungen von Mensch und Tier, Ablagerungen von Abfall usw. Noch nach Tausenden von Jahren läßt sich ein erhöhter Phosphatgehalt im Gebiet menschlicher Siedlungen feststellen, und zwar durch chemische Untersuchungen.

## Pollenanalyse

Pollen sind Blütenstaubkörner, die der Wind mit sich trägt und im Erdreich ablagert. Die Außenhaut der Pollen ist außerordentlich widerstandsfähig. Diesen Umstand macht sich der Pollenanalytiker zunutze. Er entnimmt Bodenproben, untersucht sie unter dem Mikroskop, zählt sie aus, identifiziert sie und kann anhand dieses Ergebnisses feststellen, welche Umweltbedingungen (Baumbestand, Pflanzenwuchs) zu jener Zeit herrschten, als der Fund, bei dem diese Pollen lagen, in die Erde kam.

Seit der letzten Eiszeit entwickelte sich speziell in Nordwesteuropa die Vegetation praktisch vom Nullpunkt, so daß die Pollenuntersuchungen zu einem regelrechten Kalender zusammengestellt werden konnten, in dem nacheinander folgende Baumarten vorherrschten: Birke, Kiefer, Haselnußsträucher, Eichenmischwald und Buche.

## Radiocarbon, C-14-Methode

Gewöhnlicher, nichtradioaktiver Kohlenstoff hat die Massenzahl 12, Radiokarbon dagegen die Massenzahl 14. C-14 bildet sich in der Atmosphäre, wenn kosmische Strahlen auf Stickstoff prallen. C-12 und C-14 sind in allen Lebewesen enthalten, sie werden durch den Stoffwechsel zugeführt. Sobald ein Organismus stirbt, hört die C-14-Zufuhr auf. Das vorhandene C-14 zerfällt – mit einer Halbwertszeit von 5730 Jahren. Mit Hilfe der Radiocarbonmethode läßt sich also die Zeitspanne messen, die seit dem Absterben eines Organismus vergangen ist. Allerdings ist diese von dem Amerikaner W. F. Libby eingeführte Methode der absoluten Datierung problematisch. Die »Atomuhr« geht manchmal falsch, und obgleich sie inzwischen »geeicht« wurde, sind die Ergebnisse nicht immer sicher. Falsche Daten können durch Verschmutzung der Proben entstehen, Atomexplosionen erhöhen den C-14-Gehalt, fossile Brennstoffe wie Kohle und Benzin verfälschen die Meßergebnisse zugunsten des C-12. Die Datierungsgrenze liegt bei 50000 Jahren, wird jedoch durch verfeinerte Apparaturen ständig hinausgeschoben.

Die C-14-Methode läßt sich an allen organischen Substanzen durchführen, doch davon abgesehen, daß die Methode recht kostspielig ist, werden häufig Testmaterialmengen benötigt, die einen Fund total zerstören würden. Von Holzkohle braucht man für die Bestimmung 30–60 Gramm, bei Pflanzenresten schon 200 Gramm und für die Bestimmung von Zähnen – die kohlenstoffarm sind – an die 1000 Gramm Testmaterial, was eine Einzelbestimmung praktisch unmöglich macht.

## Siedlungsarchäologie

Die Siedlungsarchäologie befaßt sich mit »der weiträumigen Siedlung gleichartiger Menschengruppen in bestimmten Landschaften« (Johannes A. H. Potratz). Es ist eine statistisch-kartographische Methode, sie macht die Verteilung einzelner Kulturgruppen deutlich. Allerdings sind heute für die Siedlungsarchäologie nicht mehr einzelne Fundstücke von Bedeutung, es geht bei den modernen Untersuchungen (Merzbachtal, Marschen- und Wurtenforschung) vielmehr um »Siedlungsprobleme im weitesten Sinne« (H. Jankuhn) und immer mehr um die »Klärung der Besiedelungsgeschichte und die Erforschung der einzelnen Siedlungen selbst«.

## Spektralanalyse

Chemische Grundstoffe senden Licht aus, wenn sie stark erhitzt werden. Man zerlegt es in die Spektralfarben und erhält durch die Lage der Spektrallinien Aufschluß über die Zusammensetzung des untersuchten Materials. Die Intensität der Spektrallinien führt zur Bestimmung der Stärke der Konzentration (keltische Münzen von Marbach). Schon 10 Milligramm Material genügen für die Untersuchung, sie kann also ohne allzu große Beschädigung eines Fundes durchgeführt werden. Mit Hilfe der Spektralanalyse, die Auskunft über die Zusammensetzung eines Materials gibt, läßt sich gelegentlich die Herkunft, die Zugehörigkeit eines Fundes bestimmen.

## Stratigraphie

Die Schichten des Erdbodens, in dem ein archäologischer Fund liegt, sind eines der wichtigsten Hilfsmittel des Archäologen für die Fundinterpretation. Die stratigraphische Methode basiert auf der Tatsache, daß in einem ungestörten Boden von zwei Schichten jeweils die obere auch die jüngere ist.

### Thermolumineszenz-Datierung durch Strahlenschäden

Die TL-Datierung beruht auf der Tatsache, daß in allen Gesteinen geringe Spuren von radioaktivem Uran, Thorium und Kalium enthalten sind (und damit auch in Lehm und Ton). Die Halbwertszeit beträgt Milliarden Jahre, fällt also bei der Keramikbestimmung kaum ins Gewicht. Von den radioaktiven Stoffen geht eine Strahlung aus, die Veränderungen der Kristalle bewirkt. Stärkere Erhitzung (500° C) bringt das Kristallgefüge wieder in den alten Zustand, doch anschließend beginnt die Veränderung aufs neue. Bei der Erhitzung wird Energie frei, die sich durch kurzes, mehrfaches Aufleuchten äußert. Der Leuchteffekt ist von der Stärke der natürlichen Radioaktivität des Materials abhängig, von der Zeitdauer ihrer Einwirkung auf die Kristalle und der Art des Kristallgefüges. Wenn man diese drei Größen kennt, hat man auch eine vierte, nämlich das Alter.

Günther A. Wagner, der mit Unterstützung der Stiftung Volkswagenwerk im archäometrischen Labor des Max-Planck-Instituts für Kernphysik in Heidelberg speziell auf diesem Gebiet forscht, schreibt dazu: »Die Strahlenschädenaltersbestimmungsmethoden sind besonders gut für den Altersbereich unter einer Million Jahre geeignet. Das ist insofern wichtig, weil solch junge Proben mit anderen radiometrischen Methoden – abgesehen von der C-14-Methode für Alter unter 50000 Jahre – kaum datiert werden können. Die TL-Datierung ist vor allem für Keramik von Bedeutung. Sie ist auch eine vielversprechende Technik, um die Erhitzung von Gesteinen durch den prähistorischen Menschen zu datieren.«

### Thermoremanenter Magnetismus

Magnetisches Eisenoxyd verliert, sobald es mit einer bestimmten Temperatur erhitzt wird, seine magnetischen Eigenschaften. Erst beim Abkühlen wird es wieder magnetisch, und zwar

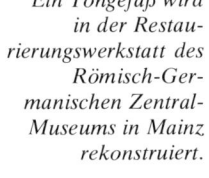

*Ein Tongefäß wird in der Restaurierungswerkstatt des Römisch-Germanischen Zentral-Museums in Mainz rekonstruiert.*

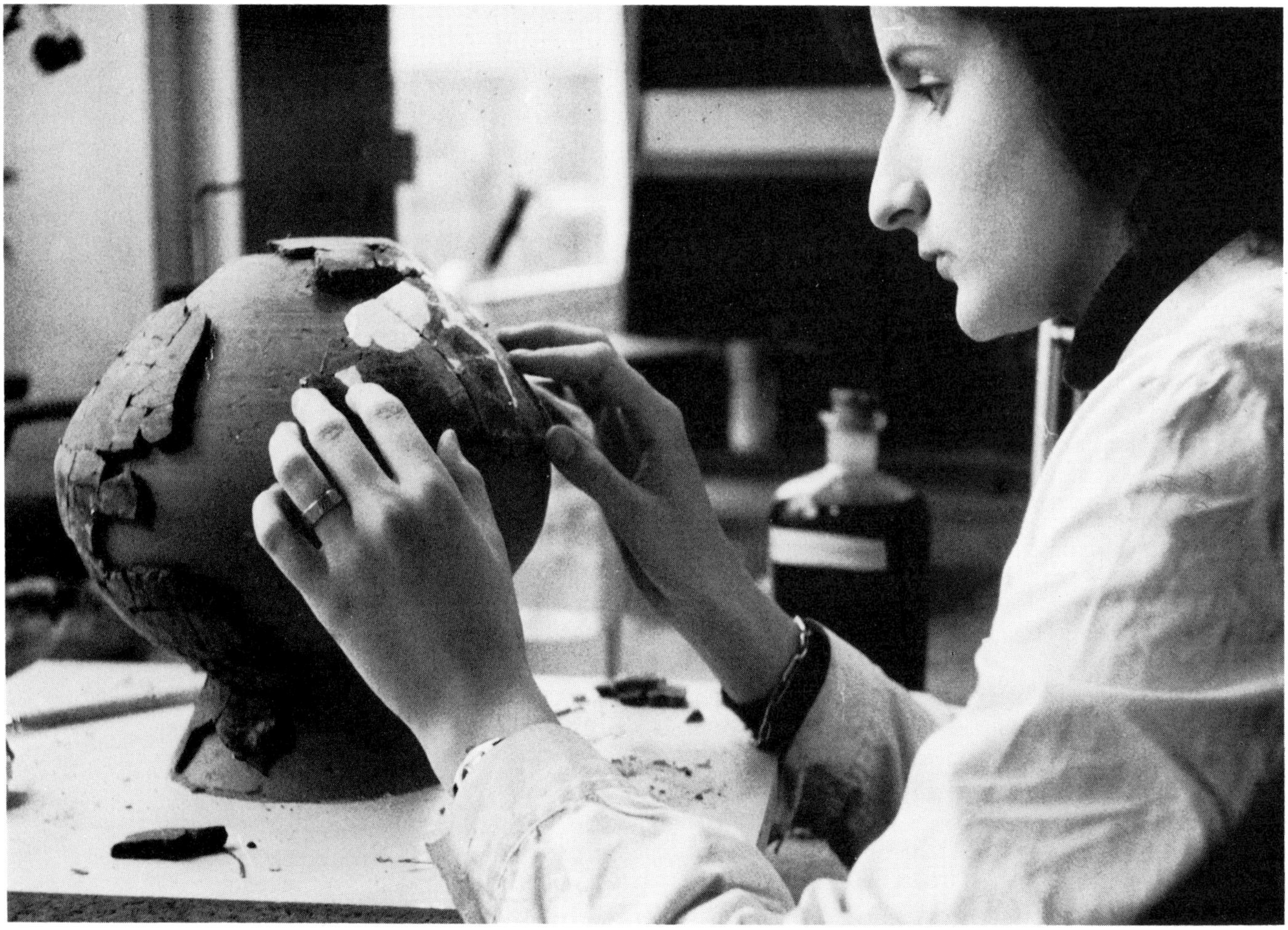

richten sich Stärke und Feldlinien bei diesem Prozeß nach dem Umfeld aus. Diese Orientierung bleibt konstant, solange Lehm oder Ton nicht erneut erhitzt werden, so daß sich der Vorgang von neuem wiederholt. Gebrannte Keramik verrät also, wie das Erdmagnetfeld beschaffen war zu der Zeit, als das Gefäß, der Ofen oder Herd zum letztenmal über den kritischen Punkt hinaus erhitzt wurde. Aus den Abweichungen, die sich inzwischen ergeben haben und die für die letzten zweitausend Jahre in einigen Ländern bekannt sind, kann der Fachmann nun das Alter eines Gegenstandes ermitteln.

## Typologie

Diese Methode, von dem Schweden Oscar Montelius ausgearbeitet, geht davon aus, daß sich die Form von Werkzeugen, Keramik, Schmuck usw. kontinuierlich entwickelt. Mit Hilfe der Typologie lassen sich verwandte Gruppen feststellen, Wanderungen von Menschen und kultureller Austausch. In begrenztem Umfang auch die Zeit, in der ein Gegenstand hergestellt wurde. Einigermaßen verbindliche Datierungen erhält der Archäologe jedoch nur, wenn er noch andere Methoden der Altersbestimmung hinzuzieht.

## Unterwasserarchäologie

Die Unterwasserarchäologie ist ein sehr junger Zweig der Archäologie und befaßt sich zum einen mit der Untersuchung versunkener Schiffe und untergegangener Küstenbereiche (alte Häfen), zum anderen aber »gräbt« man auch in Binnenseen, Flüssen, Opferbrunnen usw. Für die Unterwasserarchäologie mußten völlig neue technische Geräte, neue Untersuchungs- und Bergungsmethoden entwickelt werden.

## Warvendatierung

Warven oder Bändertone entstehen, wenn unter arktischen Bedingungen (Eiszeit) im Frühjahr das Eis schmilzt und mit dem Hochwasser der Flüsse auch grobes Material mitgerissen wird, dann ablagert. Später wird immer weniger, dafür feineres, leichteres Schwemmaterial mitgeführt, bis im Winter kaum noch Ablagerungen vorkommen. Mit der Frühjahrsschmelze kommen dann wieder grobe Schichten – Jahr für Jahr entstehen also Sedimentablagerungen, entsprechend den Niederschlägen, die der Jahreszeit und den Klimaschwankungen entsprechend verschieden dick sind. Baron de Geer stellte für Südschweden einen Warvenkalender auf, der bis 10 000 v. Chr. zurückreicht. Allerdings ist die Anwendung für die Archäologen begrenzt.

# Die Eroberer

In den vorangegangenen Kapiteln war es nicht weiter schwierig, den Ablauf der Geschichte chronologisch zu schildern, so, wie er sich aus den Funden der Archäologie rekonstruieren läßt. Wenn die Entwicklung in unserem Lande auch nicht einheitlich verlief – es kam zu zeitlichen Verschiebungen, einzelne, lokal begrenzte Gruppen bildeten sich heraus –, so war es immerhin möglich, sie nebeneinanderzustellen. Alte Gruppen verschwanden, neue tauchten auf, doch stets lebten die alten Traditionen, wenn auch in gewandelter Form, fort. Einwanderungen fremder Völker fanden in Wellen statt, es blieb Zeit zur Anpassung, bis selbst einschneidende Neuerungen, wie die Einführung von Ackerbau, Viehzucht und Keramik oder veränderte Begräbnissitten, mit dem Althergebrachten verschmolzen waren.

Das alles ändert sich schlagartig mit der Ankunft der Römer in Deutschland. Hier wandert keine zahlenmäßig geringe Nomadenbevölkerung ein, hier werden nicht auf friedlichem Wege praktische oder reizvolle Elemente einer anderen Kultur übernommen.

Die Römer kommen als feindliche Eroberer ins Land. Sie bringen nicht den Pflug oder eine neue Religion, sie tragen Machtansprüche und Territorialforderungen als Banner vor sich her. Was sie anstreben, ist die totale Unterwerfung. Ohne lange zu fackeln, zwingen sie den unterlegenen Stämmen, in deren Gebiete sie eine straffe Militärverwaltung einsetzen, ihren Lebensstil auf, von heute auf morgen.

Damit ist nicht gesagt, daß die Römer wie Wölfe in eine Schafherde einfielen. Auf deutschem Boden gab es ständig Stammesfehden und Kleinkriege, und die einheimische Bevölkerung war alles andere als zimperlich, wenn es darum ging, sich fremdes Gut anzueignen. Doch im Vergleich zur römischen Invasion waren all die Streitigkeiten örtlich begrenzt und waren meist ebenso schnell beendet wie sie begonnen hatten.

Mit den Römerkriegen – oder aus römischer Sicht mit den Germanenkriegen – und der nachfolgenden Besetzung des süd- und westdeutschen Raumes änderte sich das Leben in den okkupierten Gebieten grundsätzlich.

Ganz anders in Norddeutschland, wo die Römer niemals Fuß faßten. Hier nahm das Leben weitgehend ungestört seinen Lauf, Einflüsse aus Süden, Osten und Westen kamen gefiltert an. Grundsätzlich änderte sich wenig in der Zeitspanne zwischen der Urnenfelderkultur und dem großen Aufbruch im 4. Jahrhundert n. Chr., der Völkerwanderung. Selbst die neue Epoche, die Eisenzeit, hielt im Norden erst allmählich ihren Einzug.

Aus diesem Grunde wäre es reine Willkür, mit der Ankunft der Römer auch im Norden eine zeitliche und kulturelle Zäsur zu setzen. Es erscheint vielmehr sinnvoll, zunächst die Vorgänge im römisch besetzten Gebiet zu schildern und anschließend dann die Entwicklung im Norden zu untersuchen, und zwar zusammenhängend vom Beginn der Eisenzeit an, der »vorrömischen«, wie sie auch genannt wird, über den Zeitraum des »freien Germaniens« hinweg bis hin zur Völkerwanderung.

## Kräfteverschleiß an der germanischen Grenze

Im Jahre 385 v. Chr. standen die Kelten vor Rom. Noch vor Ende des 2. Jahrhunderts v. Chr. mußten sich die Römer der Kimbern erwehren, und knapp fünfzig Jahre später marschierte Ariovist mit seinen Suebenstämmen in Gallien ein. Andere Germanenvölker drängten nach und überschritten den Rhein. Urheber all dieser Unruhen waren die Sueben, die im Elbegebiet saßen.

Die Römer sahen sich einerseits in ihrer Vormachtstellung in Mitteleuropa angegriffen, andererseits nutzten sie die günstige Gelegenheit, um ihrerseits Land zu schlucken. Rom wollte »aus dem militärischen Vorfeld Galliens, Raetiens, Noricums und Pannoniens« nach Norden vorstoßen, um die Unruhestifter zur Raison zu bringen.

Julius Caesar hatte Gallien in den Jahren 58 bis 50 v. Chr. unterworfen, der Rhein wurde zur Grenze zwischen dem römischen Imperium und Germanien. In den folgenden Jahren behielt man diese Defensivpolitik zunächst bei und schloß einzelne Bündnisse mit Grenzstämmen, die ihre eigenen Interessen zu verfolgen gedachten. »Das römische Staatsbewußtsein« wurde beträchtlich lädiert, als die germanischen Sugambrer 16 v. Chr. bei Bonn über den Rhein marschierten. Sie waren nicht die ersten, die das taten, doch ihnen gelang es, die Römer empfindlich zu schlagen.

Kaiser Augustus reiste unverzüglich ins Grenzland Gallien, um höchstpersönlich die Neugliederung des Landes zu überwachen. So nebenbei entstand der – insgeheim wohl langgehegte – Plan, »Germanien bis zur Elbe zu unterwerfen, die Nordgrenze Italiens bis zur Donau vorzuschieben«. Ab sofort wurde der Rhein zur Operationsbasis erklärt, die »Germanenkriege« begannen. Zunächst jedoch galt es, sich den Rücken freizumachen und den Nachschub zu sichern: Die Alpenpässe und das Alpenland bis zur Donau mußten fest in römischer Hand sein.

Im Jahre 12. v. Chr. eröffnete Drusus, Oberbefehlshaber der Rheinarmee und Statthalter Galliens in Lyon, den ersten gallischen Provinziallandtag, weihte einen Altar ein und marschierte anschließend gen Germanien. Er kam bis zur Ems und zur Weser, 9 v. Chr. stieß er gar ins Land der Chatten und Cherusker an der Elbe vor. Noch im selben Jahr, auf dem Rückmarsch zum rheinischen Winterquartier, stürzte er vom Pferd und starb. Tiberius übernahm den Posten des Drusus, und er griff so energisch durch, daß 7 v. Chr. »Germanien ... als (beinahe) tributpflichtige Provinz bezeichnet werden kann«. Um auch noch das restliche »Elbevorland« zu erobern, unternahm der eifrige Tiberius

einen Feldzug gegen die böhmischen Markomannen. Doch es kam nicht zum Kampf, denn Tiberius mußte sich zunächst mit aufständischen Pannoniern und Dalmatiern herumschlagen. Als er endlich Herr der Lage war, erhielt er die Nachricht vom Desaster im Teutoburger Wald. Man schrieb das Jahr 9 n. Chr.[108])

### Die Schlacht im Teutoburger Wald fand überall und nirgends statt

Über diese Schlacht im Teutoburger Wald (wobei nicht einmal feststeht, ob sie überhaupt dort stattfand) ist zentnerweise Papier beschrieben worden. Schon die Offizierskameraden des Varus beleuchteten seine letzte Schlacht in allen Einzelheiten. Im Laufe der Jahrhunderte steigerte sich die Verwirrung, denn Augenzeugen gab es nicht mehr, und die zeitgenössischen Berichte sind meist propagandistisch eingefärbt

*Die Römer zeigten sich nachhaltig beeindruckt von der Reitkleidung der Germanen – den Hosen. Sie bildeten die Textilien eines Gefangenen detailgetreu auf dem Relief am Bogen des Septimius Severus, Forum Romanum, Rom, nach.*

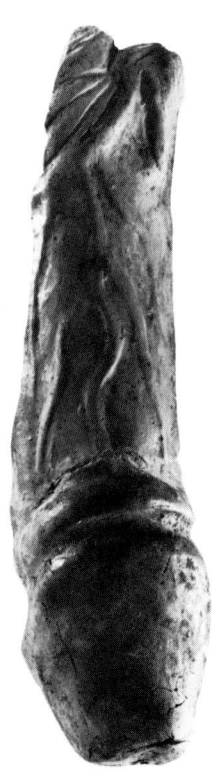

oder – je nach Einstellung und Ambition des Schreibers – als Rechtfertigung oder Verurteilung des Feldherrn und seiner Strategie zu verstehen.

Der geläufigen Geschichtsbuch-Version entsprechend lockte Arminius (auch Hermann oder Armin der Cherusker genannt) den Legaten P. Quintilius Varus auf dem Rückmarsch vom Sommerlager an der Weser zum Winterquartier am Rhein mitsamt seinen Legionen in unwegsames Gebiet, metzelte das römische Heer mit Mann und Maus nieder und befreite Germanien rechts der Elbe – ein Sieg ungebrochenen freiheitsliebenden Germanentums. Daraufhin schlug Kaiser Augustus im fernen Rom den Kopf gegen die Wand, zerriß sich das Gewand und stieß dabei seinen berühmten Klageruf aus: »Varus, Varus, gib mir meine Legionen wieder!« – es handelte sich um die 17., 18. und 19. Legion, drei Alen und sechs Kohorten, insgesamt zwischen 20000 und 25000 Mann.

Im Laufe der Zeit wurde so ziemlich alles an den Berichten über die Varusschlacht infragegestellt – bis auf das Ergebnis, denn das stand unwiderruflich und nachweisbar fest.

Zwar sind uns, wie gesagt aus römischen Quellen, zahlreiche Berichte bekannt, doch sie widersprechen einander, gerade was die Kriegsführung betrifft. Und so kam es, daß auch für diese Epoche die Archäologen, die sich – zumindest was die deutsche Vorgeschichte betrifft – ohne schriftliche Überlieferungen zurechtfinden müssen, wertvolle Hinweise lieferten, Hinweise, die Vermutungen zur Gewißheit werden ließen. Demnach steht folgendes fest:

Wenn die Römer von ihren Quartieren am Niederrhein nach Osten, ins Gebiet von Weser und Elbe, vorstoßen wollten, um auch unter den Elbgermanen »Frieden zu stiften«, dann bot sich, gewissermaßen als Leitlinie, der Lauf der Lippe an. Die Lippe entspringt im Südosten der Münsterländer Bucht und folgt ungefähr dem Nordrand des Haarstrang-Gebirges.

Die Archäologen fanden in den letzten Jahren insgesamt vier römische Lagerplätze entlang der Lippe – also den Beweis dafür, daß die Römer den geographischen Vorteil tatsächlich nutzten.

1964 standen auf dem Gelände des bereits bekannten Lagers Haltern im Landkreis Recklinghausen mehrere Bauvorhaben an. Die Archäologen untersuchten die Grundstücke, bevor sie als Baugelände freigegeben wurden. Sie stießen dabei auf einen ganz und gar unansehnlichen Bleibarren, wie man sie schon häufiger aus römischen Lagern geborgen hatte. Das hellgraue Metallrechteck mit rauher Oberfläche war 11,5 Zentimeter hoch, 10 Zentimeter breit, an der oberen Kante 62,5 Zentimeter und an der unteren Kante 40 Zentimeter lang. Die unregelmäßige Form rührte daher, daß er »in einer Art Kastenform mit abgeschrägten Stirnflächen und halbrund ausgehöhltem Boden« gegossen worden war.[109]

Der Barren trug eine Aufschrift. Auch das war nicht neu. CCIII – das mußte das Gewicht sein und entsprach 203 römischen Pfunden.[110] Diese Angabe differierte zwar um zwei Kilogramm vom tatsächlichen Gewicht des Fundes, doch das kam häufiger vor und mochte an ungenauen Münzgewichten liegen, vielleicht war es auch schlichter Betrug.

Der zweite Teil der Inschrift allerdings war eine Sensation! L XIX – damit konnte nur die 19. Legion gemeint sein! »Der Barren mit seiner Inschrift ist das erste im Eroberungsgebiet zwischen Rhein und Elbe zutage gekommene archäologische Zeugnis, das eine der drei in der Schlacht im Teutoburger Wald vernichteten Legionen nennt«, schrieb Sigmar von Schnurbein, Archäologe am Westfälischen Landesmuseum für Vor- und Frühgeschichte, Münster,[111] der in Haltern gräbt, zu diesem Fund. Doch inzwischen verfügen wir über zusätzliche Informationen.

Ob die 19. Legion tatsächlich vorübergehend in Haltern stationiert war, ist mit diesem Bleibarren nicht bewiesen, auch wenn feststeht, daß das Lager um 9 n. Chr. aufgegeben wurde. Denn bisher konnte nicht geklärt werden, ob die Aufschriften auf den Bleibarren Besitzmarken waren oder ob sie die Herkunft bezeichneten. Wenn letzteres der Fall ist, würde das bedeuten, daß die 19. Legion Bleibergbau betrieben hätte. Diese Annahme ist so abwegig nicht. Die Einheit stand nämlich einige Zeit in Köln und könnte von dort aus ohne weiteres beim Bleibergbau in der Eifel eingesetzt worden sein.

Drei Jahre nach der Auffindung des Bleibarrens von Haltern wurde ein weiteres Römerlager entdeckt, und zwar bei Dangstetten/Kreis Waldshut am Hochrhein. Die Archäologen legten die Reste der Kasernen frei, den Wohnbau

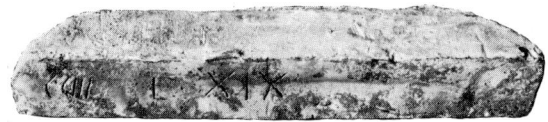

des Kommandanten nebst Stabsgebäude, Speicher, ein Lazarett und die Handwerksbetriebe, die man schon aus anderen Lagern kannte: Töpferei, Werkstätten, in denen Eisen und Bronze verarbeitet wurden, Schnitzereiwerkstätten für Bein- und Horngeräte, leder- und holzverarbeitende Betriebe. Die Funde in den Mannschaftsgebäuden verrieten, daß zum Militär von Dangstetten keltische Reiter und orientalische Bogenschützen, offenbar auch einzelne germanische Söldner gehörten. Zu den wichtigsten Funden aber in diesem Lager zählt eine Inschrift: »Ein kleines Bronzetäfelchen mit der Inschrift L XIX CIII weist die 19. Legion, eine unter Kaiser Augustus neu aufgestellte Einheit des römischen Heeres, als Besatzung des Dangstettener Lagers nach.«[112]

Damit liegen zwei archäologische Beweise dafür vor, daß die 19. Legion, die den Berichten nach an der Schlacht im Teutoburger Wald teilnahm, existierte.[113]

### Germanischer Volkskampf schrumpft zur Söldner-Revolte

Nicht geklärt ist, wo die Schlacht nun tatsächlich stattfand, denn die Version, daß Varus im Herbst seine Truppen vom Sommerlager an der Weser ins Winterquartier am Rhein führte, läßt sich nicht untermauern. Vielmehr deutet alles darauf hin, daß eine Reihe dieser Lager das ganze Jahr – und nicht nur saisonweise – belegt war.

Da wir es mit einer Epoche zu tun haben, aus der es schriftliche Überlieferungen gibt, erscheint es gerechtfertigt, an dieser Stelle einem Historiker das Wort zu erteilen.

Dieter Timpe hat sich nicht lange mit der Suche nach dem Schlachtfeld aufgehalten – denn Hinweise auf Abmarschort und Ziel der Legionen existieren nicht. Timpe konzentriert sich voll und ganz auf die Person des Arminius. Das Ergebnis seiner gründlichen Untersuchungen, auf eine Fülle von einleuchtenden Argumenten aufgebaut, läßt den Cherusker, jahrhundertelang zum Volks- und Freiheitshelden hochstilisiert, in völlig neuem Licht erscheinen: »Nicht freie, unberührte Germanen, nicht die geschichtliche Elementarkraft des Volkstums, sondern erst römisch geschulte und beeinflußte Germanen sind gegen die Römer mit Erfolg angetreten.«[114] Denn Armin besaß die römische Staatsbürgerschaft und war als Offizier mit Tiberius gegen die Pannonier gezogen. Als Präfekt kehrte er in die Heimat zurück, wo er cheruskische Hilfstruppen befehligte. Mit Varus war er eng befreundet.

So schöpfte der römische Feldherr offensichtlich keinen Verdacht, als Arminius ihn überredete, an der Grenze der noch immer unruhigen Sueben im Elbegebiet Truppenübungen abzuhalten. Sollte ein Aufstand geplant sein, dann, so wird Armin argumentiert haben, könnte man sofort eingreifen. Daß niemand von den aufrührerischen Absichten des Cheruskers erfuhr, liegt wohl daran, daß seine Truppen nicht erst zusammengetrommelt werden mußten, sondern in den Kasernen bereitstanden und auf Abruf losmarschieren konnten. Eine plausible Erklärung, denn die traditionelle Lesart, daß Arminius direkt vor der Nase des römischen Feldherrn seine Krieger zusammenrief, ohne daß Varus das geringste gemerkt hätte, ist außerordentlich unwahrscheinlich.

Timpe kommt aufgrund des Gesamtergebnisses seiner Recherchen zu dem Schluß, daß »der Cherusker dann auch die Erhebung gegen Varus als römischer Offizier und nicht als Stammeshäuptling begonnen haben müßte, und daß die Varus-Katastrophe mithin nicht die Folge eines germanischen Stammesaufstandes gegen die römische Okkupationsmacht, sondern die einer Meuterei der germanischen Auxilien (Hilfstruppen) gegen die Legionen des Rheinheeres gewesen wäre. Nicht ein auf breiter Basis geführter Volkskampf gegen die aufgezwungene Fremdherrschaft, sondern eine interne militärische Revolte wäre die Ursache einer der berühmtesten und geschichtlich folgenreichsten Schlachten der Antike gewesen«. Ob an der Schlacht tatsächlich 25 000 römische Soldaten teilnahmen, oder ob es weniger waren, sei dahingestellt. Die Schlacht fand statt, Germanien rechts des Rheins war frei.

Zurück blieb ein Grabstein, unser einziger greifbarer Beweis für jenen folgenreichen Kampf.

»Dem Marcus Caelius, dem Sohn des Titus, aus der Tribus Lemonia, aus Bologna, Hauptmann (ersten Ranges) der 18. Legion, 55½ Jahre alt. Er fiel im Kriege des Varus. Es soll gestattet sein, die Gebeine in dem Grab beizusetzen. Der Bruder Publius Caelius, der Sohn des Titus, aus der Tribus Lemonia, hat (das Grabmal) errichten lassen« – so lautet die Inschrift. Das Grabmal des Marcus Caelius gehört zu den berühmtesten Denkmälern des Rheinlandes. Sein Fundort ist unbekannt, wahrscheinlich stammt der Stein vom Fürstenberg bei Xanten, wo einige Römergräber lagen, und wo ihn Mönche beim Bau ihres Klosters in die Wand einmauerten. Das Grabmal des Marcus Caelius steht heute im Rheinischen Landesmuseum Bonn.

Die Herrschaft Roms über die Germanen rechts des Rheines ist mit der Varusschlacht so gut wie beendet. Es bleibt ihnen lediglich noch ein schmaler Streifen zwischen Main und Donau. Tiberius läßt in Windeseile ein riesiges Truppenkontingent am Rhein aufmarschieren, um wenigstens das linksrheinische »Restgermanien« zu halten, das immer noch von der Nordsee bis zur Schweiz reicht.

Germanicus, der Sohn des seinerzeit verunglückten Drusus, übernimmt 13 n. Chr. das Kommando der Rheinarmee und versucht in den folgenden Jahren, das verlorene Gebiet zurückzuerobern – vergebens. »Das Kriegsziel ›Elbgrenze‹ blieb unerreicht.«

Im letzten Viertel des 1. Jahrhunderts n. Chr. beginnen die Römer ihre »limites« zu bauen. Sie markieren überall dort, wo kein Flußlauf ein natürliches Hindernis bildet, die Grenzen des römischen Herrschaftsbereiches. Reste dieser gewaltigen Grenzanlagen sind noch heute vielerorts im Gelände zu besichtigen.[115]

Doch die Germanen geben keine Ruhe. 455 n. Chr. erobern schließlich die Franken die linksrheinischen Gebiete, 476 n. Chr. setzt der Germanenkönig Odoaker den letzten weströmischen Kaiser Romulus Augustulus ab.

## Römer und »Restgermanen« arrangierten sich

Schon wenige Jahre nach dem ersten Schock über die gewaltsame Besetzung ihres Landes durch die Römer, deutlich spürbar jedoch nach der Befreiung der rechtsrheinischen Germanen 9 n. Chr. fanden sich die Einwohner »Restgermaniens« mit den neuen Verhältnissen, die durchaus auch ihre Vorteile hatten, ab.

Unmittelbar nach ihrem Einmarsch hatten die Römer begonnen, das Land zwischen Rhein, Saar und Mosel zu erschließen, zum einen, um die Macht zu sichern, zum anderen aber mußten die Truppen versorgt werden. Das machte Landwirtschaft im großen Stil notwendig. Überall im Land entstanden einzelne Gutshöfe, die mit allem Komfort römischer Lebensart und den modernsten landwirtschaftlichen Geräten

*Nächste Doppelseite: Das Grabmal des Lucius Poblicius, der aus Neapel zur 5. Legion kam, die von 9 bis 70 n. Chr. am Niederrhein bei Xanten ihr Standquartier hatte. Später ließ er sich als Veteran in Köln nieder.*
*Links: Das Fresko des Dionysos aus der Zeit 20 bis 15 v. Chr. wurde in einer römerzeitlichen Siedlung am Magdalensberg, Kärnten, gefunden (1964).*

ausgestattet waren. Die Mähmaschine jedoch, die das Einbringen der Ernte erheblich vereinfachte, war, wie wir gesehen haben, keine Erfindung der Römer. Eines dieser Geräte, die man eher als »Ährenabreißmaschinen« bezeichnen könnte, ist auf einem Relief abgebildet, das man in Trier fand. »Auf eine zweirädrige Wagenachse ist ein breiter, muldenförmiger Kasten montiert, dessen Rand horizontal ausgreift und eine kammartige Zahnung bildet. Von der Achse oder dem Kasten führt eine doppelte Deichsel ab, die überlang ist und in ein Querholz mündet. Das Zugtier ist so an die Deichsel geschirrt, daß es den Mähkasten vor sich herschiebt. Zusätzlich schreitet zwischen der Deichsel ein Mann hinter dem Tier her, der durch Anheben oder Senken der Deichsel die Höhe des Schneidbretts bestimmen kann und so gleichzeitig das Gerät dirigiert. Im erntereifen Zustand brechen die Ähren unter dem Anstoß der Kammzahnung ab und entleeren ihre Kornfrucht in den Wagenkasten.«[116])

Die Römer betrieben Weinbau in großem Umfang, sie kultivierten den Anbau von Obst und Gemüse, sie gründeten Städte. Aus ehemaligen Militärlagern bildeten sich Dörfer und Kleinstädte heraus, größere Siedlungen wie Xanten, Köln erhielten römisches Stadtrecht, im 4. Jahrhundert wurde Trier zur Kaiserstadt erhoben.

Erste Voraussetzung für jede menschliche Siedlung ist die ausreichende Wasserversorgung. Auf diesem Gebiet brachten es die Römer zu technischen Meisterleistungen. Wasser in großen Mengen war nötig, weil die Soldaten auch fern der Heimat nicht auf den gewohnten Badekomfort verzichten wollten.

Bereits 50 n. Chr. entstand ein erstes Kanalnetz, das frisches Wasser aus dem Vorgebirge der Eifel sammelte und über eine Hauptleitung in die Stadt Köln leitete. Im 2. Jahrhundert n. Chr. wurde das Netz erheblich verlängert, der sogenannte Eifelkanal entstand, der »bestes Quellwasser aus den Kalkmulden der Nordeifel herbeiführte«. Er war, die Zweigleitungen eingerechnet, rund hundert Kilometer lang. »Der Kanal ist durchgehend unterirdisch in frostfreier Tiefe verlegt. Auf eine Packlage ist eine U-förmige Rinne aus Mauerwerk beziehungsweise Gußbeton mit Mörtelputz gesetzt und mit einem halbkreisförmigen Gewölbe abgedeckt. Die lichte Höhe (zwischen ca. 1,05 Meter und ca. 1,30 Meter) geht weit über den einstigen Wasserstand hinaus (0,72 Meter bis 0,75 Me-

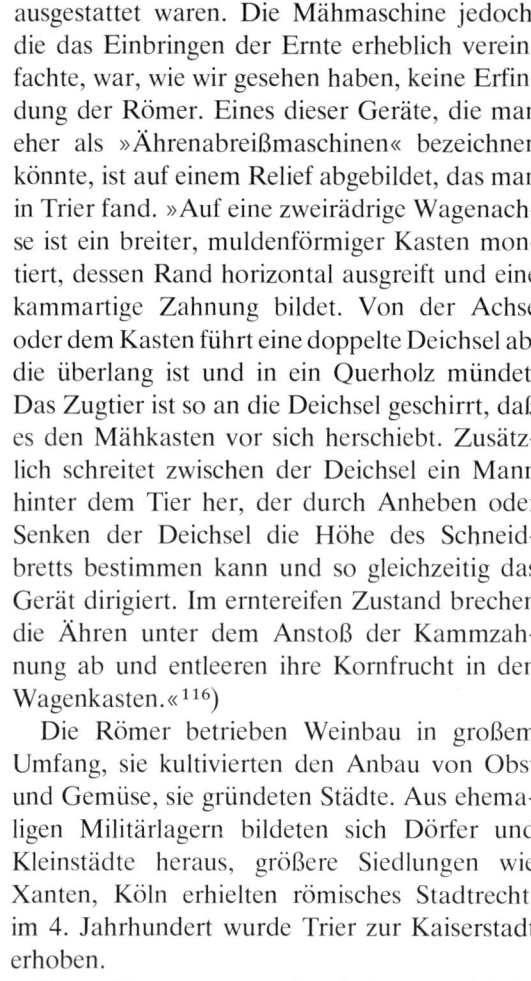

ter) und ermöglichte dem Wartungspersonal einen Zugang. Der Einstieg erfolgte über Revisionsschächte, die in unregelmäßigen Abständen eingebaut waren.« In der Stadt selbst wurde das Wasser in Zweigkanälen den einzelnen Vierteln zugeführt. Reiche Leute hatten Einzelanschlüsse.

Ebenso ausgeklügelt wie die Wasserleitung war das Kölner Abwassersystem, bei dessen Bau die Straßen im Osten der Stadt monatelang gesperrt gewesen sein müssen. »Ein ähnlich geplantes und organisiertes Sammelsystem erhielt die Stadt erst wieder in den achtziger Jahren des 19. Jahrhunderts.«[117])

In allen Städten entstanden prächtige Badehäuser, die Thermen, Häfen wurden angelegt und Brücken gebaut. Die Römerbrücke, die in Trier über die Mosel führt, ist so stabil konstruiert, daß sie noch heute, 1800 Jahre später, dem modernen Straßenverkehr gewachsen ist.

Doch auch Handwerk und Gewerbe blühten. In Nida-Heddernheim (Frankfurt) fanden sich im Keller eines Hauses Schmelzbirnen, in denen Metallgefäße gegossen wurden, und ein Töpferofen; in Waiblingen stießen die Archäologen auf eine regelrechte Keramikfabrik. Allein auf dem bisher untersuchten Gelände von 50 mal 50 Metern lagen fünf Gebäude, 27 Brennöfen, 59 Abfallgruben, sechs Brunnen, zwei Aborte und 20 Tonnen Scherben! Und im Keller eines abgebrannten Hauses lagerte noch das gesamte Inventar eines Töpfers.

In Westerndorf, Pfaffenhofen und Rheinzabern produzierten Werkstätten serienmäßig die berühmte und begehrte Terra-Sigillata, ein rotes Tongeschirr mit glatter glänzender Oberfläche, die zum Teil wunderschöne Muster und Reliefs zeigt.[118])

Das römische Köln, »das große Schaufenster des Reiches«, wurde zum Zentrum der Glasfabrikation. Dieser »erste Kunststoff der Weltgeschichte«[119]) (Mischung aus Kieselsäure, Calcium und Soda), bereits von Ägyptern und Mesopotamiern im 2. Jahrtausend v. Chr. erfunden, war, weil den Germanen weitgehend unbekannt, außerordentlich werbewirksam. So wie die ersten Weltreisenden afrikanischen Eingeborenen Glasperlen zum Tausch und als Gastgeschenk anboten, beglückten die Römer die »Barbaren« Germaniens mit Gläsern, die sich billig und schnell produzieren ließen, nachdem kurz vor der Zeitwende die Glasmacherpfeife erfunden worden war. Doch die Kölner Glasbläser lieferten nicht nur Massenware. Sie be-

herrschten komplizierte Hoch- und Tiefschnitt-Techniken und verstanden es, die Gläser kunstvoll einzufärben. »Der Ruhm der alten Colonia« waren die außergewöhnlichen Schlangenfadengläser, die selbst moderne Glasbläser in Erstaunen versetzen.[119a])

Wirtschaft und Industrie benötigten Rohstoffe, also begannen die Römer schon sehr früh, die Bodenschätze des Landes zu nutzen. Südlich von Düren untersucht das Rheinische Landesmuseum Bonn zur Zeit ein ausgedehntes Gelände, auf dem Eisen abgebaut und verhüttet wurde. Bis jetzt kennt man »96 Schürfgruben, zwei Schmelzöfen, eine Geleisestraße sowie Knüppelwege«. Ganz in der Nähe lagen einige Höfe, die offenbar mit diesem Industriezweig zusammenhingen.

Im Aachener Revier brachen die Römer Steinkohle, bei Zingsheim gewannen sie Kupfer, im Eifelgebiet wurde Blei abgebaut. Arbeitskommandos des Heeres arbeiteten in Steinbrüchen am Drachenfels und im Brohltal.

Die Kalkfabriken von Iversheim, die dem Militär unterstanden, deckten den Bedarf der gesamten Provinz, wie Experimente der Archäologen vom Rheinischen Landesmuseum Bonn bestätigten. Sie bauten einen der Kalköfen, die sie in Iversheim gefunden hatten, nach. Der Ofen funktionierte, und nun wissen wir, daß die Kalkfabrikation in der Eifel tatsächlich Industriecharakter trug, mit einer hohen Produktionskapazität, denn, so der Bonner Archäologe Walter Sölter: »Schon bei insgesamt zehn Betrieben im Iversheimer Kalkzentrum bedeutet das die beachtliche Produktion von 40000 Zentnern Kalk im Monat.«[120])

### Warum wir den Schmied Celsus kennen

Die Römer haben in Süd- und Westdeutschland mehr Spuren hinterlassen als jedes andere Volk. Überall kommen täglich neue Funde ans Licht, doch in der Regel bringen sie nichts eigentlich Neues, sondern runden das recht vollständige Bild lediglich ab.

Zu den Ausgrabungen, die Lücken in unserem Wissen über die Römer schließen könnten, gehören die Arbeiten auf dem Auerberg bei Schongau im Voralpengebiet. Schon der vorläu-

*Dieses Hochrelief eines römischen Pferdewagens wurde in die Außenwand der Kirche Maria-Saal, Österreich, eingefügt.*

135

*Die Herstellung von Glas war eine Spezialität des römischen Handwerks. Köln wurde Mittelpunkt der Glasherstellung im römisch besetzten Germanien, und die Glasbläser schufen wahre Meisterwerke. Sie kannten vermutlich bereits alle Tricks, die später die Glasbläser von Venedig so berühmt machten. Besonders schöne Beispiele für die Kunstfertigkeit der Kölner Glasmanufakturen sind dieses Trinkhorn (oben) und die Traubengläser (rechts).*

fige Grabungsbericht läßt keinen Zweifel daran, daß die von der DFG finanzierten Untersuchungen der Münchner Wissenschaftler wichtige Hinweise geben werden auf das zivile Leben in der frührömischen Kaiserzeit.

Innerhalb eines Ringwalls, der zwei Kuppen auf dem 1055 Meter hohen Auerberg umschließt, sind deutlich Plateaus, Podien und Terrassen zu erkennen, die von Menschenhand angelegt worden sein müssen. Auf der profilierteren der beiden Kuppen, dem Kirchberg, stießen Günter Ulbert und sein Grabungsteam auf einen Weg, den einst schmale, lang-rechteckige Holzbauten säumten. Viele dieser Häuser hatten Gruben. In einer davon lagen zwölf Schlüssel – zehn aus Eisen, zwei aus Bronze. Ganz in der Nähe gab es einen holzverschalten Keller, in dem vor knapp zweitausend Jahren eine Truhe

stand. Das Holz ist inzwischen verfault, die Eisenbeschläge sind erhalten geblieben.

Was es mit den Schiebeschlüsseln in einer der Gruben auf sich hatte, die offenbar nie benutzt worden waren, blieb zunächst unklar. Doch dann kam, abseits der Häuser gelegen, eine Halle zum Vorschein, mit einem großen offenen Schmiedeofen vor der Tür. Daneben standen zwei steinerne Ambosse. Auf dem Boden der Werkstatt lagen Eisenschlacken herum. Die Archäologen schauten sich das Fundmaterial an, prüften noch einmal die Lageskizzen – und das Rätsel der Schlüssel war gelöst. Sie hatten zweifellos die Schlosserei eines Schmiedes entdeckt, der Schlüssel herstellte. Und obendrein kannten sie seinen Namen, der in einen der Schlüssel, gewissermaßen als Markenzeichen, sorgfältig eingepunzt war: CELSI. Vieles spricht dafür,

136

daß der Schmied Celsus Eisen verarbeitete, das auf dem Auerberg selbst geschmolzen wurde.

An anderer Stelle fanden sich vier Töpferöfen, in denen das schlichte Gebrauchsgeschirr gebrannt wurde, das wohl für den Eigenbedarf der Einwohner bestimmt war. Andere Funde deuten an, daß es in der Siedlung eine Bronzegießerei gab, eine Glashütte und eine Gerberei.

Mit einem kleinen Bleitäfelchen, dessen Beschriftung nur schwer zu entziffern war, konnte man auf Anhieb so recht nichts anfangen. Doch dann fiel einem der Archäologen ein, daß er ein ähnliches Stück aus einer anderen römischen Siedlung kennengelernt hatte. Das Bleitäfelchen war ein Preisschild! Auf der Vorderseite stand der Name des Webereibesitzers oder Schneiders, die Rückseite trug die Stückzahl der gelieferten Kleidung und die Preisangabe.

Reine Militärbauten entdeckten die Archäologen auf dem Auerberg zu ihrer Überraschung nicht. Dies war ungewöhnlich. Die Archäologen hatten sich an das Schema gewöhnt, wonach die Römer zunächst Kasernen einrichteten als Standort für die Truppen, die das umliegende Gebiet kontrollierten. Zivilsiedlungen kennen wir im germanischen Bereich erst aus späterer Zeit (Anfang des 2. Jahrhunderts), als die Bevölkerung befriedet war. Zwar gab es Teile von Pferdegeschirren und einige Waffen, doch eisernes Gerät und Werkzeug war wesentlich zahlreicher vertreten. Insgesamt waren jedoch nur wenige Objekte unbeschädigt, so, als hätten die Menschen ihre Häuser gleichzeitig verlassen und all ihr Hab und Gut mitgenommen.

Ungewohnt war auch das Nebeneinander von römischen Funden und vielen Stücken, die eindeutig aus der Gegend stammten.

Aus all den Beobachtungen, Funden und Be-

funden schlossen die Archäologen, daß auf dem Auerberg zwischen 15 und 40 n. Chr. eine größere Zivilsiedlung gelegen haben muß, mit einem Kontingent römischer Soldaten. »Wie man sich freilich das Neben- und Miteinander von römischen Kolonisten, einheimischen Leuten und Angehörigen des römischen Heeres vorzustellen hat, muß die künftige Forschung erst erweisen.«[121]

Vielleicht war die Siedlung auf dem Auerberg jenes Damasia, von dem der römische Geschichtsschreiber Strabo berichtet, und vielleicht zogen die Dorfbewohner – auf staatlichen Befehl – in eine der naheliegenden Städte.

## Zum genormten Reihenhaus gehörte die Kühltruhe

Im krassen Gegensatz zu dem einfachen Fundmaterial vom Auerberg stehen die prächtigen Gebäude, Reliefs und Skulpturen, die im saarländischen Schwarzenacker ausgegraben wurden.

Stadtrechte besaß die kleine römische Landsiedlung wohl nicht. Was den Komfort anging, so übertraf sie manche Stadt. Dieser Kontrast ist etwas ungewöhnlich.

Bisher wurde ein Gelände von eineinhalb Hektar freigelegt. Straßen, Bürgersteige, Wohnhäuser und gewerbliche Anlagen wirken keinesfalls dörflich. Die Anordnung der Straßen, »ihr solider Ausbau, das angegliederte Kanalsystem und vor allem die begleitenden Säulenhallen, gaben der Siedlung ein durchaus städtisches Gepräge. Die vorbeiführenden Abwässerkanäle waren mit Bohlen zugedeckt. Sie besaßen Stichleitungen zu einzelnen Häusern«.[122]

Auf dem freigelegten Areal standen zwei Arten von Häusern. Da waren einmal große Gebäude mit breiter Straßenfront und einer ganzen Anzahl von Räumen. Das große Wohnzimmer besaß eine Warmluftheizung, der Keller war aus großen Quadersteinen zusammengefügt. In der Mitte lag ein Innenhof, der manchmal als überdachter Wirtschaftsraum genutzt wurde.

Daneben gab es schmale genormte Reihenhäuser. Von der Straße her betrat man einen Wirtschaftsraum mit Backofen und Kühltruhe. Diese aus Steinplatten zusammengefügten Kisten mit Holzdeckel standen in jedem Haus parallel zur Straßenfront. Sodann gelangte man in das geheizte Wohnzimmer und von dort aus in einige kleinere Räume. Hinter dem Haus ging es

*Jupiter, dem höchsten römischen Gott, waren zahlreiche, zum Teil sehr große Statuen und Säulen geweiht. Von der Jupitersäule aus Lessenich blieb dieser Kopf erhalten.*

in den Keller, der meist eine flache Decke hatte, manchmal aber auch gewölbt war. Daran anschloß sich der Garten, an dessen hinterem Ende die Latrine stand.

Trinkwasser entnahm man einem Schachtbrunnen oder der Leitung. Badezimmer fehlten. Das läßt darauf schließen, daß es in der Nähe städtische Badehäuser gab, die Thermen.

Aus dem Rahmen des üblichen fällt ein Gebäude mit Säulenkeller. Der darüberliegende Raum erinnert an einen Saal – vielleicht handelt es sich um ein Versammlungshaus. Allerdings wurde es später umgebaut, es kam ein Wirtschaftstrakt dazu. Über den einstigen Verwendungszweck des Hauses verrieten auch die Dinge nichts, die »verkohlt, verkrustet und zerbrochen« im Keller lagen: Werkzeuge, Waagen, Möbel- und Wagenbeschläge, Hufschuhe und Bronzestatuetten.

Neben den Privathäusern fanden die Archäologen Gewerbebetriebe: Im Hause eines Stellmachers lag noch ein vorzüglich erhaltener Hobel und einer jener ungewöhnlich langen Löffelbohrer, mit denen man die hölzernen Wasserleitungen herstellte, von denen zwei unter dem Bürgersteig der Straße verlegt worden waren. Es ist das längste Werkzeug dieser Art, das erhalten blieb.

Hölzerne Wasserbehälter wiesen auf eine Tuchwalkerei hin. Vor der Tür einer Gaststätte lagen Unmengen von Knochenresten und Holzkohle. Es gab ein Quartier der Schmiede – hier stand eine Steinfigur des Gottes Vulcanus. Man fand Küfereiwerkzeuge, und auch der Arzt oder Apotheker Sextus Ajacius Launus praktizierte in Schwarzenacker. Ein Augensalbenstempel verriet seinen Namen. Das Töpfereiviertel lag außerhalb des Ortes, wurde später überbaut und an den Rand der »Neustadt« verlegt.

Tempel oder Kultstätten gab es im bisher ausgegrabenen Stadtviertel nicht. Sie sind im Zentrum des Siedlungsareals zu suchen. Einige Weihestätten wurden außerhalb der kleinen Stadt entdeckt. Dort verehrte man Jupiter, Merkur und die Pferdegöttin Epona. Aus der Siedlung selbst gibt es Steinbilder von Jupiter, Epona und anderen Gottheiten.

Gegen Ende des 3. Jahrhunderts n. Chr. wurde das römische Schwarzenacker dann, wohl bei einem der immer häufigeren Germaneneinfälle, durch eine Brandkatastrophe zerstört. Teile der Stadt, die nie wieder aufgebaut wurde, scheinen allerdings noch längere Zeit bewohnt gewesen zu sein. Die späteste Münze, die zum Vorschein kam, war im Jahre 395 n. Chr. geprägt worden.

Die Funde von Schwarzenacker, darunter auch der Säulenkeller und das »Haus des Augenarztes«, sind heute im Freilichtmuseum »Römerhaus Schwarzenacker« bei Homburg/Saar zu besichtigen.

*Nach ihrem Einmarsch begannen die Römer das Land zwischen Rhein, Saar und Mosel zu erschließen. Das Modell eines römischen Wohnhauses aus der Colonia Ulpia Traiana gibt einen Eindruck vom Lebensstil der höhergestellten Römer im eroberten Germanien.*

Stand bei den Grabungen auf dem Auerberg und jenem Gelände, das laut Katasteramt »Auf des Closters Ungemache« heißt, von Anfang an fest, daß hier wichtige Ergebnisse zu erwarten waren, so verbuchten Kölner Archäologen vier riesige Quadersteine, die Privatleute beim Umbau ihres Hauses aus der Erde geholt hatten, zunächst als einen unter vielen Funden, die täglich gemeldet werden. Die chronische Arbeitsüberlastung der Wissenschaftler ließ keine weiteren Untersuchungen zu.

Die beiden Söhne des Hausbesitzers wollten jedoch wissen, was da unter ihrem Keller lag. Drei Jahre lang arbeiteten sie mit fünf Freunden in jeder freien Minute »unter Tage«, dann setzten sie sich erneut mit dem Museum in Verbindung. Die Amateurarchäologen ernteten für ihre Schwarzarbeit – die vielleicht nicht ganz so uneigennützig war – Lob (sie hatten ihre Ausgrabungen aufgezeichnet, fotografiert und gefilmt), und sie erhielten eine finanzielle Entschädigung, wie sie jedem Besitzer von Rechts wegen zusteht.

Die jungen Leute hatten nämlich den ältesten namentlich bekannten Bürger des römischen Köln entdeckt! Und das größte römische Grabmal nördlich der Alpen. Das vierzehn Meter hohe Grabmal des Lucius Poblicius, der um 40 n. Chr. starb, gehört heute zu den Prunkstücken des Römisch-Germanischen Museums in Köln.[123])

*Normalerweise tragen Ausgrabungen dazu bei, das Bild eines Volkes oder einer Kultur zu vervollständigen. Bei den Römerfunden geschieht manchmal geradezu das Gegenteil: Was als gesichert galt, wird umgestoßen oder erscheint in anderem Lichte.*

- *Arminius, der 9 n. Chr. den römischen Feldherrn Varus besiegte, führte keinen germanischen Volksaufstand an, sondern stand als römischer Offizier an der Spitze einer Militärrevolte;*
- *der Ort, an dem die Revolte stattfand, wird eingekreist. Die Entdeckung des Römerlagers Anreppen hat den möglichen geographischen Bereich erheblich eingeschränkt;*
- *römische Kolonisten und germanische Siedler wohnten bereits in den Jahren 15–40 n. Chr. gemeinsam auf dem Auerberg im Voralpengebiet.*

# Die Leute, die Hosen trugen

»Die Germanen selbst sind meiner Meinung nach wohl Ureinwohner und haben sich keineswegs mit anderen Völkern vermischt, die gewaltsam eindrangen oder gastliche Aufnahme fanden ... Wer hätte ... Lust verspüren sollen, Asien oder Afrika oder Italien zu verlassen und Germanien aufzusuchen, dieses unwirtliche Land mit seinem rauhen Klima, trostlos zu bebauen und zu beschauen, es müßte denn gerade seine Heimat sein?«[124])

Einladend klingt diese Schilderung des römischen Geschichtsschreibers Tacitus nicht gerade. Aber die im Jahre 98 oder 99 n. Chr. erschienene Schrift »Germania« war schließlich nicht als Reiseprospekt gedacht. Tacitus hat das Land, das er schilderte, offenbar nie bereist. Seine Kenntnisse entstammen einmal den zeitgenössischen literarischen Quellen, zum anderen den mündlichen Berichten römischer Kaufleute und Soldaten, möglicherweise auch den Schilderungen germanischer Kriegsgefangener. Daraus ergibt sich dann wohl auch die Tatsache, daß er sich in geographischer und militärischer Hinsicht sehr gut informiert zeigt. Bei der Schilderung von Sitten und Bräuchen indes unterliefen ihm Fehler und Ungenauigkeiten, weil seine Gewährsleute allem Anschein nach die Hintergründe wenig durchschauten und die germanische Lebens- und Denkweise nicht begriffen.

Trotz politischer Nebenabsichten, erhobenen Zeigefingers wegen der »lockeren« Sitten Roms und offenkundiger Mißverständnisse »ist die ›Germania‹ für uns Deutsche als älteste uns erhaltene Gesamtdarstellung des Landes und Lebens unserer Vorfahren ein Buch von unschätzbarem Werte.«[125])

Zwar sind die Germanen nicht unbedingt die Ureinwohner des Landes, denn in den vorangegangenen Kapiteln haben wir gesehen, daß immer wieder von außen Zuwanderungen stattfanden, doch zumindest in den letzten zweitausend Jahren vor Ankunft der Römer verlief das Leben in Norddeutschland und Südskandinavien verhältnismäßig ungestört.

»Schaurig durch seine Wälder und häßlich durch seine Sümpfe« mag ein römischer Soldat das Land schon gefunden haben, dessen »barbarische« Bewohner unberechenbar zu sein schienen, war es doch Feindesland.

Die Germanen indessen scheinen sich dort wohl gefühlt zu haben – bis sie römischen Luxus und römischen Reichtum kennenlernten, bis Mißernten und Naturkatastrophen zum großen Aufbruch führten, zur Völkerwanderung.

Bis zur Völkerwanderung freilich entwickelten sich die von den Römern beherrschten und die »freien« Germanen in zwei völlig verschiedenen Richtungen. Bedeutete der römische Einfall für die besetzten Gebiete eine abrupte Unterbrechung ihrer eigenständigen Entwicklung und Übernahme der Lebensformen der Eroberer, so entfalteten sich die übrigen Stämme ohne größere Störungen von außen.

In Norddeutschland begann die Eisenzeit sehr allmählich zwischen 700 und 500 v. Chr., von einem direkten Einfluß der Hallstattkultur und dem keltischen Latène war oben im Norden während der sogenannten vorrömischen Eisenzeit (sie dauerte bis Christi Geburt; von da ab bis zum Beginn der Völkerwanderung sprechen die Archäologen, auch im Zusammenhang mit den »freien Germanen«, von der römischen Kaiserzeit) wenig zu spüren, wenn man einmal von importierten Waren absieht. Indirekt machte sich der Block der keltischen Kulturen freilich recht empfindlich bemerkbar, denn die alten

Fernverbindungen der Bronzezeit, die bis ans Mittelmeer reichten, waren nun unterbrochen oder doch stark eingeschränkt.[126])

Gleichzeitig mit den relativ schwachen keltischen Einflüssen scheint es aber auch Verbindungen in östlicher Richtung gegeben zu haben. Im späteren »Germanien« wird das Reiten modern – eine wichtige Neuerung, denn wer ein Pferd besteigt, steigert die eigene Geschwindigkeit, wird beweglicher. Das wirkte sich besonders bei Ortswechseln und bei der Kriegsführung aus. Mit dem Reiten übernahmen die späteren Germanen von den Nomaden der östlichen Tiefebene auch die praktische Reitkleidung, die Hosen, von denen die Römer so nachhaltig beeindruckt waren.

## Das Eisen lag unter dem Moor

»Nicht einmal Eisen besitzen die Germanen im Überfluß«, schrieb Tacitus. Von der Bronzeindustrie sprach er gar nicht erst. Nun stimmt es zwar, daß die Kelten, was Verhüttungs- und Bearbeitungstechnik des Eisens betrifft, an erster Stelle unter den »Barbaren« rangierten, doch auch die »Germanen« im Norden verstanden sich sehr wohl darauf, das neue Metall zu gewinnen und zu schmieden.

Eisen kommt in Norddeutschland und in Dänemark nicht so häufig vor wie in West- und Süddeutschland, doch in recht kurzer Zeit lernte man auch im Norden, den geschätzten neuen Rohstoff mit immer besseren Verhüttungstechniken zu gewinnen, und seit dem letzten Jahrhundert vor der Zeitwende »werden Eisenschlacken geradezu zum Kennzeichen von Siedlungsfunden«.

Überall in den Fluß- und Auniederungen Schleswig-Holsteins und Ostfrieslands liegen 30 bis 40 Zentimeter unterhalb der meist moorigen Humusschicht mehr oder weniger ausgedehnte Flächen von Raseneisenerz, die 10 bis 20 cm tief sind. Dieses Erz enthält einen verhältnismäßig hohen Prozentsatz Eisen. Entstanden ist es aus eisenhaltigem Grundwasser unter Mitwirkung von Bakterien.

Der Bohlenweg durchs Wittemoor zum Beispiel, an dem die Götterfiguren gefährliche Wegstrecken markierten, wurde um 300 v. Chr. gebaut, damit man das auf der Geest in mehr als fünfzig Rennfeueröfen (soviel fand man bisher) gewonnene Eisen auf dem schnellsten Wege an einen Nebenfluß der Hunte bringen konnte, von

Kniender Germane in Bronze gegossen. Die Figur entstand im 3. oder 4. Jh. n. Chr.

wo aus das Metall dann über die Weser bis zur Nordsee verschifft wurde. Und erst vor wenigen Wochen entdeckte der Dezernent für Bodendenkmalpflege im Verwaltungspräsidium Oldenburg, Dieter Zoller, in Delmenhorst fünfzig Eisenschmelzen (Christi Geburt bis 4. Jahrhundert n. Chr.). Zoller glaubt, mit diesen Anlagen hätte man mehr Eisen gewonnen, als man brauchte – den Überschuß verhandelte man.

Rennfeueröfen gab es in unterschiedlichen Ausfertigungen, doch im Prinzip funktionierten alle gleich.

Zunächst brauchte man eine Grube im Boden, in die die Schlacken abfließen konnten. Über diese Grube wurde ein zylindrischer Ofenschacht gestülpt, ähnlich einem Schornstein, aus sandigem Lehm. Etwa 10 bis 15 Zentimeter über dem Fuß dieses Lehmzylinders, in dem

sich der eigentliche Rennprozeß abspielte, befanden sich Löcher oder extra angefertigte tönerne Düsen, durch die Luft einströmte. Manchmal benutzte man für eine gesteigerte Luftzufuhr auch Blasebälge. Häufig standen die Öfen an Hängen, damit man den Wind besser nutzen konnte. Den Lehmzylinder, den Archäologen bei Scharmbek/Holstein entdeckten, konnte man leicht transportieren und wiederholt verwenden, was auch geschah, wie eine Bruchstelle, die ausgebessert wurde, beweist. Im Lehm fanden sich noch die Fingerabdrücke des Handwerkers.

»Wenn das im Ofen entfachte Feuer eine Temperatur von etwa 600 bis 800 Grad erreicht hat, werden in Grubenmeilern gewonnene Holzkohle und auf Röstplätzen getrocknetes und in etwa hasel- oder walnußgroße Stücke zerschlagenes Eisenerz schichtweise von oben in den Ofen geschüttet«, schreibt Heinrich Hingst, ein Schleswiger Archäologe, der sich auf Eisenverhüttung spezialisiert hat. Doch mehr als 1050 bis 1150 Grad Hitze erzielte man auf diese Weise nicht. Das genügte allerdings für den Schmelzprozeß, wenn das Erz eine bestimmte Menge an Silikaten und Manganen enthielt. Dann nämlich bildete sich »nach dem physikalischen Prinzip der Schmelzpunkterniedrigung« im unteren Teil des Ofens ein zähflüssiger Schlackenbrei. War dieser Brei erkaltet, hatte man die »Ofensau«, den Schmelzkuchen, mit Eisenstücken. Die Ofensau mußte zerschlagen, die »Nester« durch »Ausheizen« und Aushämmern von den Schlacken gereinigt werden. Erst dann konnte das gewonnene Metall zu Barren geschmiedet werden. Häufig wurde das mit Schlacken durchsetzte Eisen, die Luppe, auch erst vom Schmied »ausgeheizt«, unmittelbar vor Gebrauch.[127]

Wie es auf so einem Verhüttungsplatz aussah, verrieten die Ausgrabungen auf dem Auberg bei Süderschmedeby in Schleswig-Holstein. Der Platz stammt aus der Zeit, als ein Teil Germaniens bereits unter römischer Herrschaft stand. Die Methode der Eisengewinnung, wie wir sie aus Süderschmedeby kennen, veränderte sich bis ins Mittelalter hinein nicht wesentlich.

»Im Zentrum des Verhüttungsplatzes liegt eine große Schmiedefeuergrube und ein mächtiger Steinamboß, dessen Basis sorgfältig mit Steinplatten verkeilt worden ist. Diese Befunde bezeugen, ähnlich wie die 0,50 bis 1 Meter mächtigen Schlackenschichten auf einer Fläche von 30 Meter Durchmesser, daß auf dem

Auberg ein über lange Zeit benutzter Schmiedeplatz der römischen Kaiserzeit gelegen hat. Neben dem Schmiedeplatz sind Spuren von Hausgrundrissen, eine Ackerterrasse und interessanterweise auch einige Urnengräber aus der Zeit der Schmiedeanlagen nachgewiesen.«

Es sieht ganz so aus, als hätte der Schmied, seit der Bronzezeit ein hochqualifizierter und geachteter Handwerker, direkt neben seiner Werkstatt gewohnt.

### Die Römer sorgten für Wohlstand

Städte kannten die Germanen nicht, auch keine geschlossenen Siedlungen, wie Tacitus recht indigniert feststellte: »Nicht einmal behauene Steine oder Ziegel benutzen die Germanen, ohne Rücksicht auf gefälliges und schönes Aussehen verwenden sie zu allem unbehauenes Holz. Doch bestreichen sie ihre Häuser an gewissen Stellen ziemlich sorgfältig mit einer so blendendweißen Erdart, daß es wie Bemalung und Verzierung mit farbigen Ornamenten aussieht.«[128]

Holz gab es genug in Germanien, und da sich die Bauweise in Jahrtausenden bewährt hatte, gab es keinen Grund, damit aufzuhören. Man siedelte in Einzelgehöften oder in weilerartigen

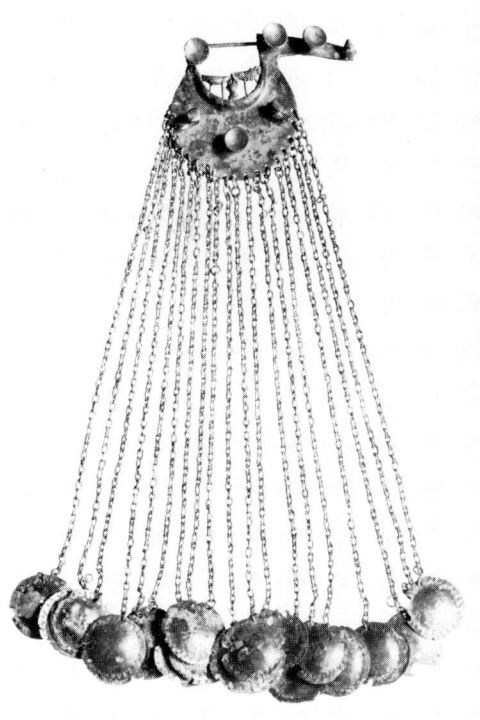

*Links: Diese Bronzeplatte mit vergoldetem Silberblech überzogen barg man, zusammen mit anderen Opfergaben, in dem Moor am Thorsberg bei Süderbrarup. Die Schmuckplatte wurde in der Werkstatt des Römers Saciro, der im Gebiet von Köln lebte, hergestellt und zeigt den germanischen Gott Ziu oder Tyr. Die roh aufgenieteten Tierfiguren dagegen stammen aus einer germanischen Werkstatt und wurden erst später hinzugefügt.*

*Die Gehängefibel aus Bronze, von der an Ketten Klapperbleche herabhängen, stammt aus dem Gräberfeld von Hallstatt, vom Grab 505.*

Siedlungen, bis um die Zeitwende im Küstengebiet der Nordsee auf den Wurten regelrechte Dörfer entstanden.

Die Germanen wohnten in rechteckigen dreischiffigen Hallenhäusern aus Holz – ähnlich wie heute noch die Niedersachsenhäuser –, nur für den Unterbau verwendete man gelegentlich Steine. Zwei Innenpfostenreihen trugen das Dach, unmittelbar außerhalb der lehmverstrichenen Flechtwände stützten Pfähle die Dachtraufe. Manchmal packte man, der besseren Isolierung wegen, Rasenziegel gegen die Flechtwände. Mensch und Tier lebten unter einem Dach.

In der Mitte des Wohnraums stand der Herd, ein ebenerdiges rundes oder ovales Pflaster aus faustgroßen Steinen mit einer Schicht Lehm bedeckt. »Diese Herdplatten garantieren eine gute Isolation des offenen Feuers gegen die Bodenfeuchtigkeit und einen vorzüglichen Wärmestau.« Gelegentlich setzte man eine Steinplatte in den Lehm, die durch das Herdfeuer gleichmäßig erhitzt wurde und sich vorzüglich zum Backen von Mehlfladen oder Fleischstücken eignete. Außerhalb der Häuser fanden sich gelegentlich Backgruben, bis zu eineinhalb Meter tief in den Boden eingelassen. Über diesen Backöfen, die sehr sorgfältig mit verschiedenen Stein- und Lehmschichten ausgekleidet waren, wölbte sich eine Kuppel aus Lehm, unter der sich die Hitze staute.[129]

Öfen brauchte man indes nicht nur zum Kochen, Backen oder zur Verhüttung von Eisen. Mit der neolithischen Revolution kam die Keramik – seither brannte man Tongefäße. Lange Zeit wurde die Keramik auf einer festen Unterlage geformt, aus einem Stück Ton oder aus übereinandergelegten Wülsten. Die Töpferscheibe blieb in Germanien lange unbekannt, ein »negatives Merkmal«, wie einige Wissenschaftler meinen. Doch wurden auch ohne Töpferscheibe wahre Meisterwerke der Keramik geschaffen. Inzwischen ist aber nun die erste germanische Töpferscheibe gefunden worden, das heißt, eigentlich ist es eher eine Art Untersatz, den man zur bequemeren Bearbeitung des Tons drehen konnte. Die Rotation selbst wurde wohl nicht – wie bei der echten Töpferscheibe – zum Formen der Gefäße ausgenutzt. Sie stammt aus einem Langhaus der Eisenzeit bei Wenningstedt auf Sylt. Dort lag neben Herd und Mahlstein samt Mörser in einer Ecke des Wohnraums ein Granitblock. In der Mitte zeigte der Stein eine Vertiefung, die rundherum abgeschliffen war.

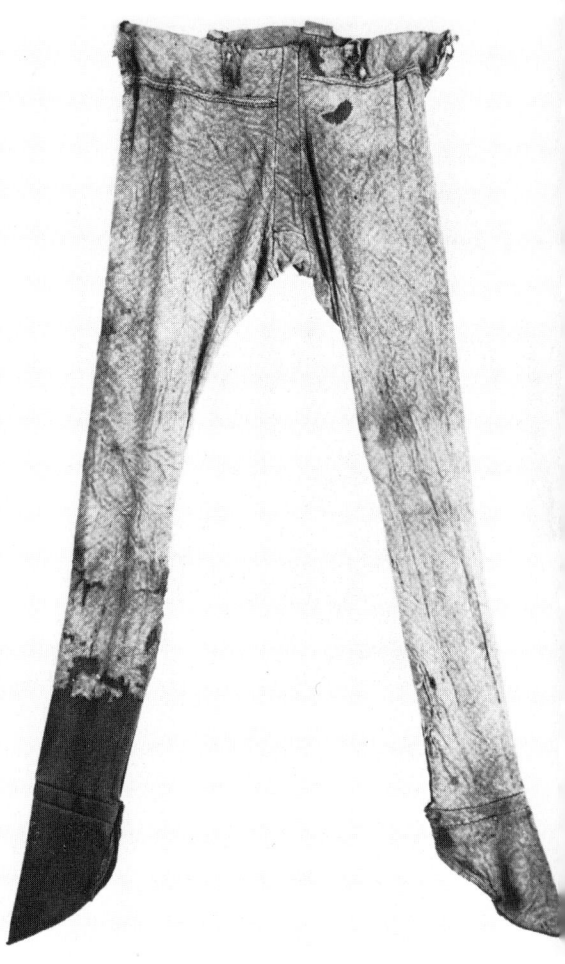

Auf dem Fußboden wurden Lehmspritzer registriert. Heinrich Hingst, Spezialist für Gebrauchsgegenstände und Technik, in erster Linie Eisenverhüttung, sprach mit dänischen Kollegen über den seltsamen Fund. Die hatten ähnliches beobachtet: Der Granitblock war der Sockel einer Töpferscheibe! In der Vertiefung saß einst die Achse einer hölzernen Drehscheibe, die mit der Hand bewegt wurde. Diese »langsam rotierende Töpferscheibe« wird heute noch auf Kreta und in Indien benutzt.

Gebrannt wurde die Keramik zuerst am offenen Feuer, später jedoch konstruierte man Brennöfen.

In den Boden eingetieft war der Feuerungsraum, von dem aus ein oder zwei Heizkanäle die erhitzte Luft in den runden Heizraum leiteten, der gelegentlich unterteilt war. Durch Löcher in der Decke stieg die Hitze empor in das Kuppelgewölbe der eigentlichen Brennkammer mit einem Durchmesser von ein bis eineinhalb Metern. Hier standen die Tongefäße, die bei Temperaturen zwischen 750 und 850 Grad gebrannt wurden.

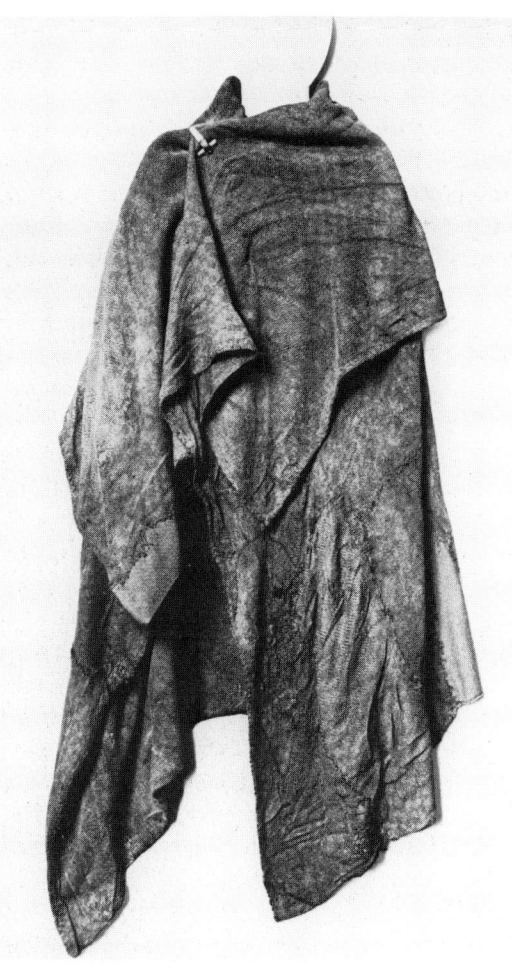

*Nicht nur Schmuck, Waffen und Gebrauchsgegenstände wurden im Moor für die Götter versenkt, sondern auch Kleidungsstücke: Schuhe, Röcke, Hosen, Kittel und Mäntel. Sie waren offenbar als Opfer für die nackten Götterfiguren gedacht, wie sie zum Beispiel bei Braak/Eutin gefunden wurden.*
*Hose und Kittel stammen aus Süderbrarup (Moor am Thorsberg), die Manteldecke aus Damendorf/Kr. Eckernförde.*

Eisenprodukte und Keramik waren weitgehend für den Eigenbedarf bestimmt, man verhandelte diese Erzeugnisse höchstens in benachbarte Gebiete. Die eigentliche wirtschaftliche Grundlage bildeten Ackerbau und Viehzucht, die Tacitus im Vergleich zur römischen Landwirtschaft allerdings recht erbärmlich fand. »Das Getreide gedeiht gut«, schrieb er zwar, doch an anderer Stelle vermerkte er, daß die Einheimischen reichlich faul seien und die Feldbestellung den Frauen und Schwächsten des Hofes überließen. »Vieh gibt es eine Menge, doch ist es zumeist ein unansehnlicher Schlag. Selbst beim Großvieh vermißt man die natürliche Stattlichkeit und den stolzen Stirnschmuck. Nur die Größe der Herden macht den Germanen Freude, und Viehherden sind ihr einziger und liebster Reichtum.« Immerhin war das Vieh auch für die Römer sehr wichtig, die ein riesiges Heer in Germanien zu verpflegen hatten und Fleisch von den »freien Germanen« importieren mußten.[130] Außerdem brauchten die Römer große Mengen an Leder.

Ställe und Knochenfunde zeigen, daß die Rinder wohl in der Tat recht klein waren, doch die Masse brachte es, und die Handelsverbindungen mit den römisch besetzten Gebieten an der Rheinmündung waren so profitabel, daß einzelne »Häuptlinge« zu Wohlstand kamen. Das beweisen Grabungen, die in den letzten zwanzig Jahren an verschiedenen Stellen im Küstengebiet zwischen Elbe und Weser und an der schleswig-holsteinischen Westküste durchgeführt wurden.

## Der Mensch nimmt den Kampf mit der See auf

Entlang der Nordseeküste von Dänemark bis Holland erstreckt sich ein Marschengürtel bis zu 15 Kilometer ins Binnenland. Zwischen Elbe und Weser ist die geographische Dreiteilung des Landes in Marsch, Moor und Geest besonders stark ausgeprägt.

Der Meeresspiegel war und ist immer wieder Schwankungen unterworfen. Sobald das Wasser Festland überflutete, hinterließ es Ablagerungen, die Marschen; in Geestnähe staute sich das

Grundwasser, die Moore entstanden. Die Geestinseln sind trockene eiszeitliche Sandaufschüttungen, sie boten sich schon recht früh als Wohnplatz an. In Schleswig-Holstein bedeckten dichte Wälder das Land, doch hier auf der Marsch, wo sich Gräser und Unkräuter ansiedelten, bot das offene Gelände die besten Weideplätze für das Vieh. Bereits in der Jungsteinzeit und in der Bronzezeit ließen sich hier Menschen nieder. Doch von Zeit zu Zeit vertrieb sie das Meer wieder mit gewaltigen Sturmfluten.

So gruben Archäologen in der Marsch bei Jemgum/Kr. Leer in Ostfriesland einen Wohnplatz aus, der an einer längst verlandeten Schleife der Ems lag. Um 700 v. Chr. standen hier im Uferbereich des Flusses kleine Wohnhäuser mit einer Herdstelle und separaten Speichern. Man baute Getreide an und züchtete Vieh – bis das Meer kam.

Eine andere Siedlung im flachen Land der unbedeichten Marsch, direkt hinter den aufgewölbten Uferwänden eines Priels, lag bei Hatzum-Boomborg, ganz in der Nähe. Rinderspuren im Kleiboden beweisen noch nach mehr als zweitausend Jahren die Bedeutung der Viehhaltung. Ende des 3. Jahrhunderts v. Chr. verließen die Bewohner ihre dreischiffigen Hallenhäuser, denn das Land ging unter.

Um die Zeitwende dann begann die eigentliche Landnahme entlang der Nordseeküste und es kam in der Folge zu einer regelrechten »Bevölkerungsexplosion«.

Aus dieser Zeit kennen wir bereits schriftliche Überlieferungen für das Marschengebiet. »So darf man für die Zeit um Christi Geburt und für die beiden ersten Jahrhunderte nach Christi als Bewohner des heutigen Ostfrieslands den germanischen Stamm der Chauken ansehen, dessen Siedlungsraum von der unteren Ems bis in das Elbgebiet reicht.« Westlich davon siedelten die Friesen, von der Ems bis nach Holland.[131])

Die Römer waren bis ins Gebiet der Chauken marschiert. 12 v. Chr. hatte Drusus einen Feldzug gegen sie unternommen, in den Jahren 14 und 16 n. Chr. drang sein Sohn Germanicus über friesisches Territorium bis ins Emsgebiet vor. Die Chauken waren zunächst römerfreundlich gestimmt, doch nach dem Friesenaufstand (28 n. Chr.) lösten sie das Bündnis. Neue Ausgrabungen bei Bentumersiel, die allerdings noch nicht endgültig ausgewertet sind, deuten darauf hin, daß es hier im 1. Jahrhundert n. Chr. ein römisches Militärlager gab.

Im Jahre 47 n. Chr. zog der römische Feldherr Corbulo gegen die Chauken. An dieser Strafexpedition nahm offenbar auch der römische Historiker Plinius d. Ältere als Praefectus teil. Von ihm stammen die ersten Berichte über »tumuli« oder »tribunalia«, über Wohnhügel in den täglich überfluteten Gebieten, die er im Lande der Bataver (Rheinmündung), der Chauken (Ems) und Canninefaten (niederländische Nordseeküste) gesehen hatte. Es könnte allerdings auch sein, daß Plinius nicht die Wurten, sondern die Halligen meinte.

»Die durch menschliche Tätigkeit nicht veränderte Marsch war von einem dichten Netz steilwandig eingeschnittener Gezeitenrinnen durchzogen, in denen zur Ebbezeit das Wasser meerwärts, zur Flutzeit dagegen landeinwärts strömte.« Auf den Marschen siedelte sich eine »Salzwiesenflora« an, dahinter lagen Schilfgürtel, manchmal Niederungs- und Hochmoore. Der eigentliche Uferstreifen blieb offen, hier wuchsen nicht einmal vereinzelt Bäume oder Sträucher – soweit das Auge reichte, flaches Land und Meer.[132])

Und aus dieser tellerflachen Ebene ragen noch heute Hügel auf – die Werften, Wurten, Terpen, Warf(t)en, Woerden, Wierden, Hillen –, meist künstlich aufgeschüttet. Viele sind noch heute bewohnt.

## Die Arbeiten in Feddersen Wierde sind jetzt abgeschlossen

In der Zeit kurz vor Christi Geburt lagen dort, wo sich heute die Wurten erheben, sogenannte Flachsiedlungen. Sie säumten Marschpriele, »deren Uferregionen die Umgebung schwach wallförmig überragten«. Diese Priele waren Verbindungswege zur Außenwelt, denn bei Flut konnten selbst größere Boote unmittelbar vor den Häusern am Steilufer anlegen. In Ostermoor bei Brunsbüttelkoog, am Westausgang des Nordostseekanals, wurde so eine Flachsiedlung archäologisch untersucht. Auf einer schmalen, nur 50 Meter breiten Uferbank standen die Gebäude zeilenartig aufgereiht, mit der Schmalseite zum Wasserlauf ausgerichtet. Hinter dem Uferwall erstreckten sich Schilfgürtel und Moor. Auch hier wohnten die Menschen in den typischen dreischiffigen Hallenhäusern, Wohnteil und Stall lagen unter einem Dach. Unter den Böden der Häuser, auf der Oberfläche des Uferwalles, fanden die Archäologen

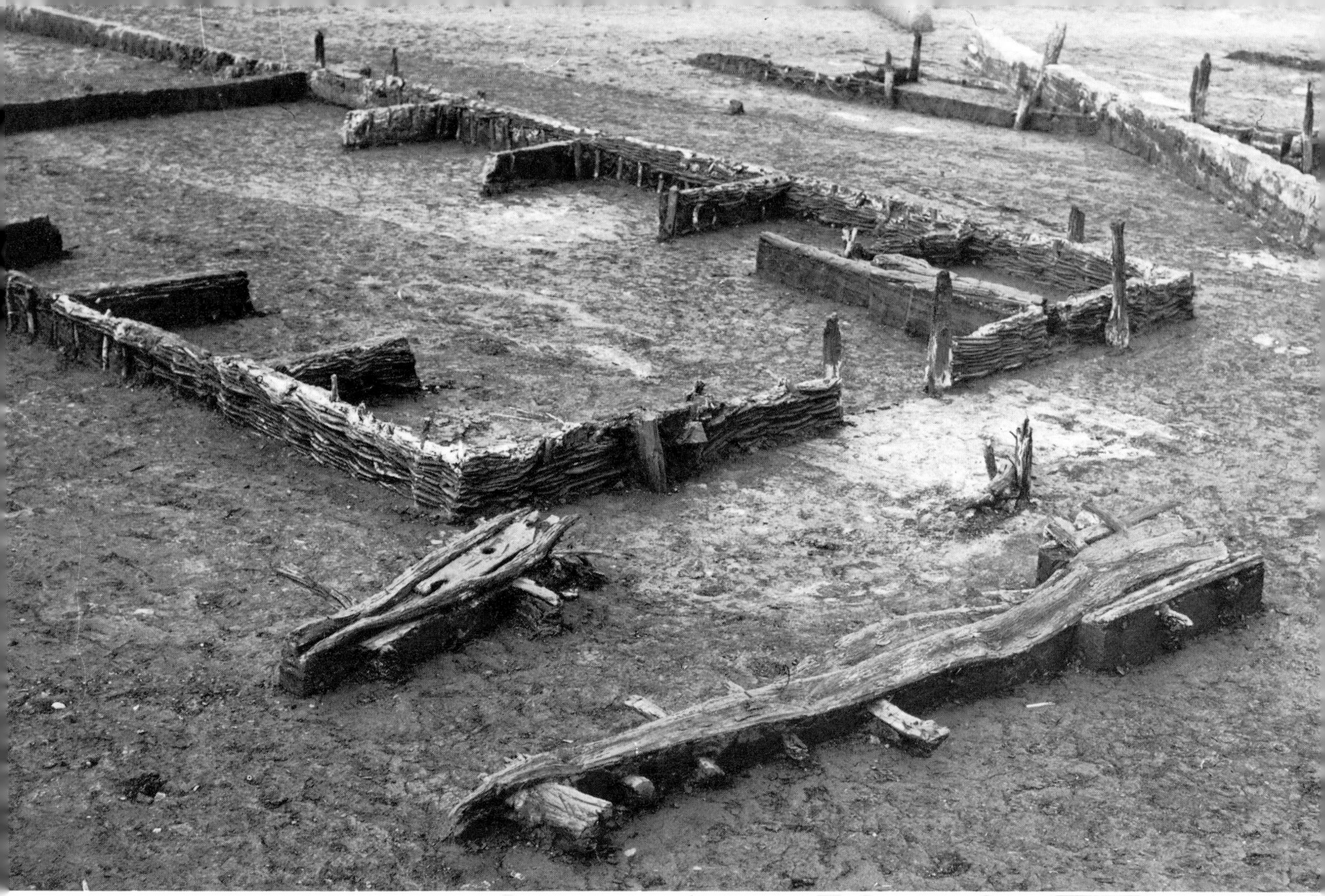

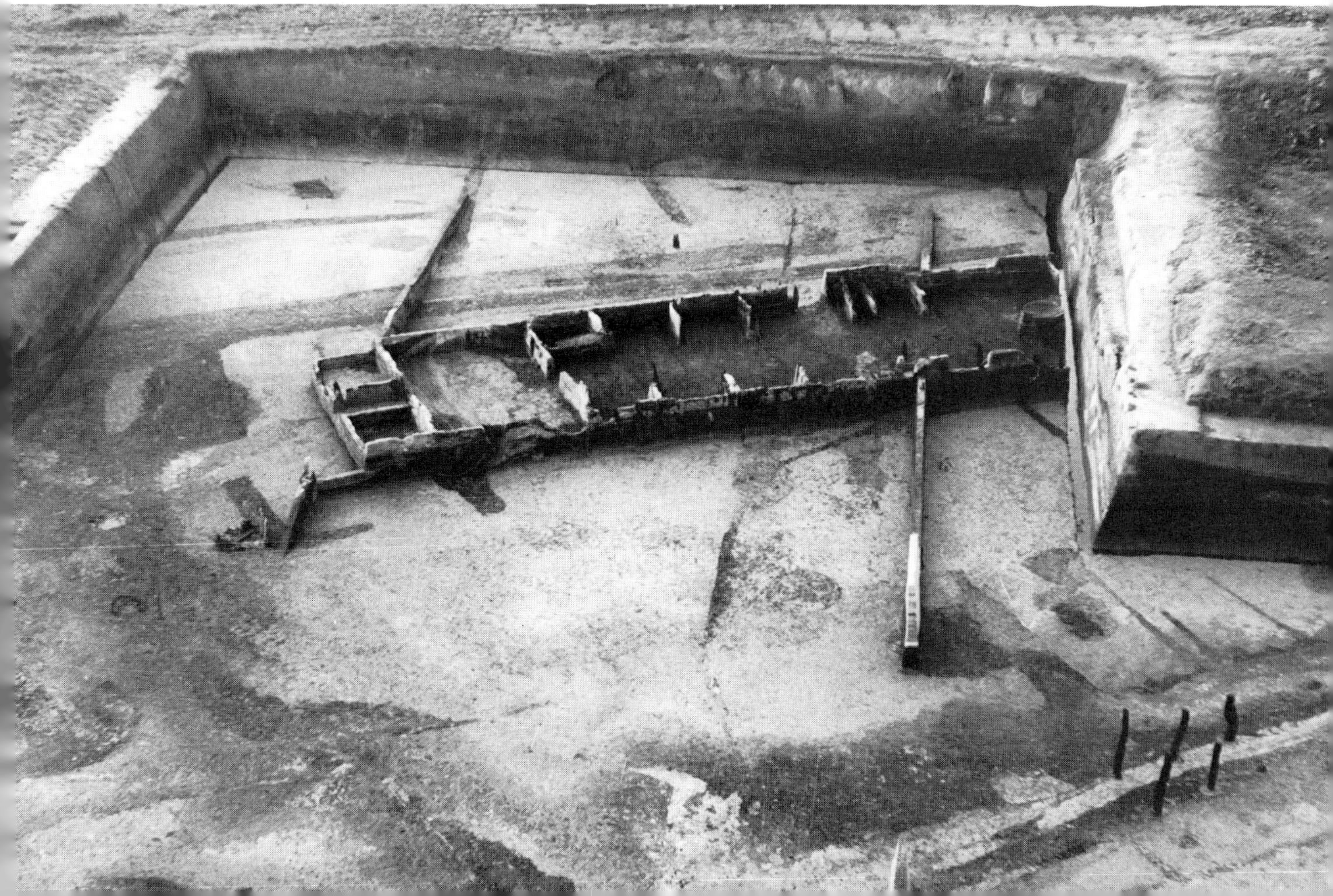

noch Spuren älterer Äcker. Die Art der Feldbestellung und der Pflugspuren verriet, daß damals nicht mehr der primitive Hakenpflug verwendet wurde, der den Boden nur ritzte, sondern daß man bereits den Streichbrettpflug kannte, der die Schollen kippt.

Scherben von Terra-Sigillata-Gefäßen und Mahlsteine aus rheinischer Basaltlava bewiesen, daß diese Marschbauern schon sehr früh Kontakte zum Rheinmündungsgebiet unterhielten.

Im 1. Jahrhundert n. Chr. kam es erneut zu gewaltigen Sturmfluten, und nach und nach wurden die Siedlungsflächen erhöht – durch Ablagerungen bei Überschwemmungen, durch Abfall und durch künstliche Aufschüttung. Die Archäologen fanden bis zu sieben Siedlungsschichten übereinander, manche Wurten sind sechs bis sieben Meter hoch. Diese Lagen aus Erde und Mist schützten organische Stoffe vor Verwitterung: Hausgrundrisse in Holz, Gewebe, Wolle, Häute, Holzgeräte, Knochen, Samen – alles blieb erhalten. »So bieten die Wurten, wie nur wenige prähistorische Siedlungen, die Möglichkeit, durch großangelegte Grabungen nicht nur die Häuser, sondern auch die übereinanderliegenden Dörfer, in denen die Hausgrundrisse bis in die heutige Zeit in ihrer Lage unverändert angetroffen werden, in ihrem Aufbau und ihrer Anlage sicher zu erfassen.«[133])

Das Niedersächsische Institut für Marschen- und Wurtenforschung in Wilhelmshaven ist, wie der Name schon sagt, auf diese besondere Siedlungsform spezialisiert. Die wohl berühmteste, wohl auch wichtigste und vollständigste Wurten-Grabung in Deutschland fand auf der Feddersen Wierde statt, einer Wurt im Lande Wursten bei Bremerhaven. Dieser künstliche Hügel von 200 Meter Durchmesser bedeckt ca. vier Hektar Bodenfläche und ragt vier Meter über den Meeresspiegel. Die Wurt war zwischen dem 1. Jahrhundert v. Chr. und 5. Jahrhundert n. Chr. bewohnt, sie ist heute verlassen. Hier bot sich den Archäologen eine seltene Gelegenheit, Haus-, Siedlungs- und Wirtschaftsform in einer abgeschlossenen »Siedlungskammer« zu erforschen.

Die älteste Siedlung der Feddersen Wierde lag auf einer Insel, von zwei Meeresrinnen umfaßt, die sich im Südosten der Insel trafen und in ein Bachbett übergingen, das von der benachbarten Geest kam. Diese Meeresrinnen verlandeten später und wurden teilweise übersiedelt. Im Südwesten blieb jedoch ein Wasserweg offen, auf dem Schiffe fahren konnten. Er bildete eine Verbindung entlang der Küste zum Niederrhein.

Auf der Feddersen Wierde betrieb man Akkerbau und Viehzucht. Es fanden sich Knochen von Rind, Pferd, Schaf, Ziege, Schwein – Hunde hielten die Herden zusammen und bewachten die Gehöfte. Neben Hafer und Gerste baute man die Ölfrüchte Raps, Flachs und Leindotter an und Bohnen als Gemüse. Man hielt Geflügel, ging auf die Jagd und fing Fische.

In den bäuerlichen Werkstätten wurde Getreide gemahlen und Holz bearbeitet, die Frauen spannen und webten, Schmiede verarbeiteten Eisen und Bronze. Es gab Töpfereibetriebe, Drechsler und Sattler. Auch die Handwerker betrieben nebenher in geringem Umfang Landwirtschaft und Viehzucht für den Eigenbedarf.

Im 3. Jahrhundert n. Chr. hatte sich die einfache Flachsiedlung zu einem Runddorf mit 23 bäuerlichen Wirtschaftsbetrieben unterschiedlicher Größe entwickelt.

Selbst die kleinen Häuser im Nordwestteil der Siedlung besaßen separate Speicher, waren also selbständige Wirtschaftsbetriebe, möglicherweise dem großen Wirtschaftsverband im Südosten der Siedlung als Hintersassen zugeordnet. »Die Wirtschaftsbetriebe des großen Verbandes im Südosten der Siedlung lagen zu beiden Seiten einer Gasse dicht beieinander. Ein breiter Wirtschaftsweg, der anfangs von zwei Gräben, dann von einem Zaun eingefaßt war, führte zu dem Hofgelände hinter dem Herrenhof. Dieser war durch ein Tor im südöstlichen Grenzzaun, welches umgestürzt auf dem Wege gefunden wurde, zugänglich.«

Dieser »Herrenhof« war 20 Meter lang und 6 Meter breit, anstelle des Stallteils gab es hier eine Halle. Eine Palisade aus Eichenbohlen und ein Graben schützten den »Häuptlingssitz«. Im Westen, direkt daran anschließend, lag ein zweiter großer, von Graben und Zaun eingefaßter Platz. Auf ihm befanden sich der Speicher, eine Getreidedarre und Werkstätten für Bronze- und Eisenverarbeitung. Südöstlich des großen Hauses stand eine Versammlungshalle zwischen zwei Wirtschaftswegen. Dicht dabei fanden sich die Eindrücke unzähliger Rinderhufe. Sie waren noch nach 1700 Jahren im Boden erhalten. »Wahrscheinlich handelt es sich um einen Viehauftriebsplatz mit einer Viehtränke. Seine Verbindung mit der Versammlungshalle könnte so gedeutet werden, daß hier Rinder zum Verkauf aufgetrieben und in der Halle die

Verkaufs- oder Tauschwerte ausgehandelt wurden.« Östlich des Zaunes fanden die Archäologen ein menschliches Skelett – vielleicht eine »kultische Beisetzung«. Dieser Gedanke ist so abwegig nicht, denn unter der Schwelle des Versammlungshauses lag ein Hundeskelett als »Schwellopfer«, unter dem Herd ein Schwein, das »Herd-« oder »Hausopfer«.[134]

## Das Vieh degenerierte

Viehhaltung scheint auf der Feddersen Wierde an erster Stelle gestanden zu haben. Die Ställe, durch eine Wand vom Wohnteil der Wirtschaftshäuser getrennt, ließen sich ohne Mühe rekonstruieren. Die Seitenwände des Stalles waren durch Flechtwände in Boxen unterteilt, durch die Mitte führte ein anderthalb Meter breiter Gang aus Sodenpackungen, »der durch im Boden mit Holzdübeln verankerte Rundhölzer oder Bohlen gegen die Jaucherinnen zu beiden Seiten abgesetzt ist«. Das Vieh stand mit dem Kopf zur Wand, in den größeren Ställen hatten bis zu zweiunddreißig Rinder Platz. Ausgrabungen in Flögeln haben ergeben, daß die Germanen noch keine geplante Viehzucht betrieben. Die immer schmaler werdenden Boxen lassen darauf schließen, daß die Rinder im Laufe der Zeit degenerierten.

Fleisch, tierische Fette, Rinderhäute und Tuch (das verraten all die vielen Textilreste, die auf einen hohen Stand der Weberei schließen lassen) wurden exportiert – ins Binnenland und ins Römergebiet. Als Importwaren kamen Terra-Sigillata-Keramik, Perlen, Glas, römische Münzen und Fibeln aus dem Niederrheingebiet zum Herrenhof auf der Feddersen Wierde, vermutlich auf dem Seeweg »von der Rheinmündung längs der Küste und Flüsse wie Ems, Weser aufwärts«, und die Verbindung führte sicherlich »weiter nach Jütland und wohl auch nach Norwegen«.

Man lebte also auch auf den Wurten an der Nordsee nicht isoliert von der Umgebung, und man hatte Sinn für Komfort.

Des weiteren kann man davon ausgehen, »daß Seeverkehr auf der Ostsee und daß Landwege die Lippe aufwärts im Zuge des mittelalterlichen Hellweges, vom Rhein-Main-Mündungsgebiet nach Mitteldeutschland und von der Donau die Marsch aufwärts nach Mähren und Böhmen als für den Import bedeutsame Fernverbindungen anzusehen sind«.[135]

So ergab sich für die Feddersen Wierde, eine in sich geschlossene Siedlungskammer, eine kontinuierliche Entwicklung, ein zunehmender Grad wirtschaftlicher und sozialer Differenzierung. Den Verlauf dieses Prozesses konnten die Archäologen mühelos an den Siedlungsresten ablesen.

Um Christi Geburt siedelten hier freie Bauern mit gleichem Besitz. Im 1. Jahrhundert n. Chr. waren die Reichtümer unter den freien Bauern schon nicht mehr so gleichmäßig verteilt, und im 2. Jahrhundert n. Chr. lebte auf der Feddersen Wierde bereits eine »Häuptlingsfamilie«. Außer den freien Bauern gab es nun Hintersassen und bäuerliche Handwerker. Im 3. Jahrhundert n. Chr. haben wir die gleiche Gliederung, doch kamen jetzt zwei neue Bevölkerungsschichten hinzu: Berufshandwerker und Schiffsbesatzungen, die keine Land- und Viehwirtschaft betrieben. Ihre Stellung innerhalb der Dorfgemeinschaft ist bisher nicht geklärt worden.

Die archäologischen Funde ließen auch Schlüsse über das Gemeinschaftsleben, über Einzelheiten des Alltags zu.

Das Getreide wurde mit der Sichel kurz unterhalb der Ähren geschnitten. Das Stroh verblieb auf dem Felde als Viehfutter. Gesponnen und gewoben wurde in jedem Haushalt, es gab keine speziellen Webereien oder Spinnereien. Auch das Korn wurde in jedem Wirtschaftsbetrieb je nach Bedarf gemahlen.

Gemeinschaftlich nutzte man auf der Feddersen Wierde wohl die Backöfen, vielleicht auch die Holzbearbeitungsstätten. »Bemerkenswert ist«, schreibt Werner Haarnagel, der die Ausgrabungen auf der Wurt leitete, »wie man damals alle zimmermannstechnischen Handfertigkeiten beherrschte, die für die Verzimmerung eines Hauses erforderlich sind. So war die Herstellung von Vierkantzapfen, Rund- und Vierkantlöchern, von Nut und Schwalbenschwanz, von Holznägeln und Zapfenschloß bereits bekannt.«[136]

Im 4./5. Jahrhundert n. Chr. drang das Meer erneut gegen die Küste vor. Das Ackerland verschwand immer häufiger unter den Fluten, die Wiesen wurden salzig, die Bevölkerung verarmte. Diese Entwicklung läßt sich deutlich an den Häusern ablesen. Die größeren Wirtschaftsgebäude verschwanden, an ihre Stelle traten kleinere Häuser, bis man sich schließlich gezwungen sah, die Wurt ganz aufzugeben und neues Acker- und Weideland zu suchen.

## Übervölkerung zwang zur Auswanderung

Verstärkt geforscht wurde in den vergangenen Jahren auch an einem anderen Teil der Nordsee, an der schleswig-holsteinischen Westküste. Hier gruben Kieler Archäologen vom Universitätsinstitut für Vor- und Frühgeschichte, wie die Kollegen in Wilhelmshaven, von der DFG unterstützt. Im Bereich von Südeiderstedt wurde die Warft Tofting freigelegt, deren Hauptbesiedlung in die Zeit zwischen dem 2. und 5. Jahrhundert n. Chr. fiel. Tofting ist die »einzige Warftsiedlung der römischen Kaiserzeit nördlich der Eider«, und Teile des Wirtschaftsbereiches wurden im Schleswig-Holsteinischen Landesmuseum Schloß Gottorf rekonstruiert und ausgestellt.

Im Wattenmeer sind noch heute an manchen Stellen Spuren ehemaligen Ackerlandes zu erkennen, das längst versunken ist. Denn in der Deutschen Bucht veränderte sich die Küstenlinie unablässig seit Beginn der vorrömischen Eisenzeit (5. Jahrhundert v. Chr.). In den folgenden Jahrhunderten fraß sich das Meer immer weiter ins Marschenland vor. »Bei Sturm aus Südwest überspülten die Fluten das flache Marschland, verwandelten den Geestkern in eine Hallig, drangen in den abgeplaggten Rinnen tief in die Hallig ein, umflossen die hochgelegenen Äcker und Wohnplätze und teilten sie in Inseln.« Besonders gefährdet waren bei diesen Sturmfluten die Zisternen und Brunnen, denn nur im Gebiet der Flußmündungen hatte man ausreichende Süßwasservorräte und konnte auf Brunnen verzichten. Die Trinkwasserversorgung der Halligen war selbst bei der großen Sturmflut von 1962 noch eines der größten Probleme.[137])

In den Jahren 1963–1972 gruben Kieler Archäologen auf der Insel Sylt den Wohnhügel Melenknob (Mühlenhügel) aus, 1972 schlossen sich Grabungen auf einem Wallburgring, der »Archsumburg«, an. Auch auf Sylt konnten die Archäologen um die Zeitwende einen deutlichen Anstieg der Siedlungstätigkeit verzeichnen. Zuerst standen auf dem Melenknob nur zwei selbständige Wirtschaftsbetriebe. In der nächsten Schicht, hundert Jahre später, waren sie bereits zu einem Großhaus mit Wohnraum, Diele und Stall für mehr als zwanzig Rinder zusammengewachsen. Daneben gab es einräumige Herdhäuser ohne Stall. Wiederum etwa hundert Jahre später standen auf dem Hügel vier Einheitshäuser, die durch Anbauten auf eine Länge von vierzig Meter angewachsen waren, und eine ganze Reihe kleinerer Häuser ohne Stallungen.

Diese archäologischen Funde lassen erkennen, daß sich die zunächst selbständigen Kleinbetriebe zusammenschlossen, bis schließlich mehrere Kleingruppen unter einem Dach lebten. Dann müssen die wirtschaftlichen Möglichkeiten des Acker- und Weidelandes irgendwann erschöpft gewesen sein, die Übervölkerung führte zu Nahrungsmittelknappheit. Der Melenknob wurde im 4. Jahrhundert n. Chr. verlassen.

Dieses Phänomen der Abwanderung größerer Bevölkerungsteile ist im 4./5. Jahrhundert n. Chr. überall in der Norddeutschen Tiefebene und auf den Nordfriesischen Inseln zu beobachten. Mitte des 5. Jahrhunderts wagten die Angeln (Schleswig) und die Sachsen (Gebiet der Elbmündung) den Vorstoß über die Nordsee und ließen sich auf den Britischen Inseln nieder. Ein anderer Teil der Angeln zog mit den Warnen (einem suebischen Volk im Ostseeraum) nach Thüringen.

Die »Archsumburg«, heute eine nur noch etwa vier Meter hohe flache Geländekuppe, deren Wall weitgehend abgetragen und zerstört ist, entstand um Christi Geburt, in jener Zeit also, als das Land an der Küste und auf den Inseln verstärkt besiedelt wurde. Dieses frühe Entstehungsdatum war eine Überraschung für die Archäologen. Aufgrund anderer Untersuchungen ähnlicher Erdwerke auf Nordfriesischen Inseln (der Lembecksburg bei Borgsum/Föhr und der Tinnumburg bei Westerland/Sylt) datierte man sie bis vor kurzem noch ins frühe Mittelalter und glaubte, sie sei im Zusammenhang mit den Wikingereinfällen zwischen dem 9. und 11. Jahrhundert n. Chr. errichtet worden.

Ganz in der Nähe der Geestkuppe, auf der die »Archsumburg« stand, verlief eine Marschenrinne, ein Priel, der mit der See in Verbindung stand und möglicherweise sogar schiffbar war. Ein acht Meter breiter Sodenwall umschloß den Innenraum der »Burg«, der einen Durchmesser von 60 Meter hatte. Dort standen dichtgereiht einräumige Häuser, mit dem Giebel zum Wall ausgerichtet, die Wände aus Flechtwerk, das Dach offenbar mit Stroh gedeckt. Werkstätten oder Stallungen fanden sich hier nicht, nur Hinweise darauf, daß die Befestigung mehrfach Hals über Kopf geräumt wurde. Mindestens einmal war der hastige Aufbruch durch einen Brand verursacht worden. Alles in allem beweisen die Schichten, daß die Anlage jeweils nur kurze Zeit bewohnt war.

Die Bewohner der »Burg« waren zweifellos von der Versorgung durch die umliegenden Bauernhöfe abhängig. Da aber keine ständige Besiedelung nachzuweisen ist, kann die Befestigung kein »Herrensitz« gewesen sein. Welche Bedeutung die »Burg« damals hatte, der Lösung dieses Rätsels sind die Archäologen vielleicht mit der Auswertung aller Funde nähergekommen:

Der Archsumer Geestkern, von Marsch und Wattenmeer in der Wirtschaftsfläche eng begrenzt, war übervölkert. »Die außergewöhnlich hohe Zahl der Betriebe und der bedeutende Tierbestand standen damals in keiner vernünftigen Relation zu der Enge und Dürftigkeit des Lebensraumes. Aus diesem Mißverhältnis hatten sich vermutlich soziale und wirtschaftliche Zwänge ergeben.« Und diese Zwänge, die noch nicht näher definiert werden konnten, führten dann wohl zur Anlage der Burg, die eine organisierte Gemeinschaftsarbeit voraussetzt und ein enges Gefühl der Zusammengehörigkeit der Gruppe dokumentiert. Vielleicht wollte man sich auf diese Weise vor Überfällen feindlicher Seeräuber schützen, vielleicht sammelte man hier auch eigene Truppen, um selbst Beutezüge zu unternehmen.

## Germanen-Fürsten wurden wie die Pharaonen begraben

»Fürsten« scheinen in Archsum nicht gelebt zu haben. Bei Bornstein in Holstein hingegen stießen Archäologen in den sechziger Jahren gleich auf eine ganze Reihe von Grabanlagen, die so prächtig ausgestattet waren, daß die Toten, die hier begraben liegen, mit Sicherheit einer höhergestellten Schicht angehörten. Drei oder vier Gräber waren bei Baggerarbeiten stark zerstört worden, zwei jedoch konnten vom Landesamt für Vor- und Frühgeschichte Schleswig-Holstein untersucht werden.

Die ungewöhnlich großen, drei Meter tiefen, fast quadratischen Grabgruben enthielten eine drei mal drei Meter große hölzerne Kammer, in einem Grab war noch deutlich der Dielenfußboden zu erkennen. Der Sarg stand nicht in dem eigentlichen »Totenhaus«, sondern in einer Mulde darunter. In der Holzkammer lagen statt dessen kostbare, für den Norden zum Teil recht ungewöhnliche römische Importwaren neben einheimischen Gegenständen. Allein aus den beiden noch unversehrten Gräbern bargen die

*Korbboden aus Auvernier, Schweiz. Ab der Bronzezeit hat sich die Flechtmethode so oder ähnlich bis heute erhalten.*

Archäologen massive Goldhalsringe, römische Bronzeeimer, Glasbecher; Bronze- und Silberfibeln, zum Teil mit Edelsteinen besetzt; Bronzesporen; Prachtgürtel mit Gliedern aus Silberblech, mit Goldplatten und Edelsteinen besetzt; Textilstücke bester Webqualität, unter anderem Goldbrokat; Holzreste und Bronzebeschläge eines Spielbretts nebst 42 Spielsteinen aus schwarzem und weißem Glasfluß und ein Spielbrett mit 26 verschiedenfarbenen knopfförmigen Spielsteinen, die ebenfalls aus Glasfluß gefertigt waren.

Für Luxus und Muße im Jenseits war gesorgt, und auch das leibliche Wohl wurde nicht vergessen: Man hatte den Fürsten im 3./4. Jahrhundert n. Chr. ganze Rinder und Schweine ins Grab gepackt.

Insgesamt gesehen kann man jedoch sagen, daß sich das Totenbrauchtum seit der jüngeren Bronzezeit im norddeutschen Raum wenig verändert hat.

Die Toten wurden weiterhin verbrannt und in Urnen beigesetzt, allerdings immer häufiger auf regelrechten Friedhöfen. Zweitausend Jahre lang, von 1100 v. Chr. bis 1000 n. Chr. hielt sich diese Art der Bestattung, nachdem sie sich seinerzeit nur zögernd durchgesetzt hatte.

*Der Lanzenreiter – ein ständig wiederkehrendes Schmuckmotiv – reitet über ein Geflecht aus Schlangen, die wohl das Totenreich symbolisieren. Der »Reiterstein von Hornhausen« stammt aus dem 7. Jh. und ist im Landesmuseum für Vorgeschichte in Halle/Saale ausgestellt.*

Allein in Schleswig-Holstein gab es schätzungsweise 6500 Urnenfriedhöfe – ein Prozent davon, 73 Stück, wurden ausgegraben.

Etwa vierhundert Jahre benutzte man ein Gräberfeld bei Schwissel (5. Jahrhundert v. Chr. bis 50 v. Chr., dann später noch einmal im 2. Jahrhundert n. Chr.). Auf diesem holsteinischen Friedhof der vorrömischen Eisenzeit, mit 1,25 Hektar einer der größten, lagen rund 3000 Bestattungen. 2500 wurden untersucht, doch die Grabbeigaben verrieten keinerlei gesellschaftliche Unterschiede. In der Zeit um Christi Geburt scheint sich in dieser Hinsicht einiges geändert zu haben.

Auf dem eisenzeitlichen Brandgräberfeld bei Husby/Kr. Flensburg, ganz in der Nähe eines bronzezeitlichen Hügelgräberfeldes, lagen 1350 zum Teil stark beschädigte Urnengräber aus der Zeit zwischen 1. Jahrhundert v. Chr. bis 5. Jahrhundert n. Chr. Dieses Gräberfeld war, wie ein zweites bei Hamfelde/Holstein (Christi Geburt bis 200 n. Chr.), ein reiner Männerfriedhof. Um die Zeitwende gab man den Toten immer häufiger Waffen mit ins Grab – ein Hinweis auf kriegerische Auseinandersetzungen.

Im 2. Jahrhundert n. Chr. waren die Zeiten offenbar wieder ruhiger. Als Grabbeigaben finden sich Toilettengegenstände (Schere, Rasiermesser, Pinzette und Kamm), Spielsteine und Knöchel zum Zeitvertreib im Jenseits und hin und wieder importierte römische Waren. Ein einziges Grab fällt in Husby aus dem Rahmen und deutet auf den sozial gehobenen Rang des Toten hin. In einer Steinkiste fand man den Leichenbrand eines erwachsenen Mannes, und zwar in einem Bronzekessel, der aus dem Südostalpenraum stammen muß. Daneben lagen Teile eines vierrädrigen Wagens und offenbar ein Bärenfell, nach den noch vorhandenen Knöchelchen zu urteilen.

### Juristische Mißverständnisse verwirrten Römer und Germanen

Von Tacitus wissen wir, daß die Fürsten über unbedeutendere Angelegenheiten alleine entschieden, wichtige Beschlüsse jedoch faßte »die Gesamtheit der Freien«, die sich bei Vollmond oder Neumond regelmäßig zum Thing versammelte. Standen dringende Probleme an, berief man Sondersitzungen ein. »Eine Schattenseite ihrer persönlichen Ungebundenheit ist es, daß sich die Thingteilnehmer nicht alle auf einmal und nicht wie auf Befehl einfinden. Infolgedessen verstreicht ein zweiter oder auch ein dritter Tag wegen des unpünktlichen Eintreffens der einzelnen ungenutzt.«[138])

Die Germanen rechneten nach Nächten – die Nacht ging dem Tage voraus. Noch heute sagen wir »acht Tage«, wenn wir eigentlich die Woche mit sieben Tagen meinen, und die Engländer nennen die Periode von zwei Wochen noch immer »fortnight«.

Im übrigen nahmen es die Germanen mit der Zeit nicht so genau, was einen Bürger der »hochzivilisierten römischen Leistungsgesellschaft« sicherlich aufgeregt haben mag. Zum anderen aber konnte man sich aufgrund der schlechten Straßenverhältnisse und langen Anmarschwege und unter anderem auch wegen der Abhängigkeit von Feld und Vieh mit gutem Grund verspäten. Ganz so lässig und faul wie Tacitus die Germanen schildert, waren sie nicht. Tacitus beschrieb die Verhältnisse auch in einem anderen Punkte ungenau.

Neuere Forschungen, die historische Überlieferungen und archäologische Befunde kombinierten, ergaben nämlich, daß die Fürsten doch eine wichtigere Rolle spielten, als Tacitus es wahrhaben wollte. Lange vor Einrichtung des Königtums hatte sich auch in Germanien ein

»Geburtsadel« herausgebildet, der das Thing beherrschte und letztlich bei Entscheidungen und Abstimmungen den Ausschlag gab.

Das Thing war nicht nur eine Versammlung, bei der Entschlüsse gefaßt wurden, es war gleichzeitig auch Gericht. Hier brachte man Anklagen vor, hier wurde geurteilt.

Statt eines geschriebenen Rechts besaßen die Germanen ein »Gewohnheitsrecht«, das sich in kleinen festumrissenen Gemeinschaften sehr viel gerechter anwenden ließ als starre Paragraphen.

Die »Blutfehde« schützte den sozial Schwächeren vor willkürlichen Übergriffen der Mächtigen, denn in diesen Fällen schaltete sich die gesamte Sippe ein. Ein Schuldiger, der geächtet war, galt als vogelfrei. Jedermann durfte ihn töten, ohne Blutrache befürchten zu müssen, denn der »Waldgänger« oder »Wolfsgenoß« war aus seiner Sippe verstoßen worden. In späterer Zeit trat anstelle der Blutrache das »Sühneverfahren«. Derjenige, der getötet hatte, konnte sich durch ein »Blutgeld« freikaufen von seiner Schuld, indem er an die Hinterbliebenen einen bestimmten Gegenwert entrichtete, der dem sozialen Status des Getöteten entsprach. Diese Regelung entspricht einem merkantilen Denken: Der alte Zustand sollte annähernd wiederhergestellt werden, also mußte für denjenigen, der mehr wert war, auch mehr gezahlt werden.

Für die Römer waren Germanen »Erzbetrüger von äußerster Roheit, geborene Lügner«. Daß man sich gegenseitig des Verrats und der Treulosigkeit bezichtigte, lag vor allem daran, daß Germanen und Römer eine zum Teil grundsätzlich verschiedene Rechtsauffassung hatten, und so beschreibt auch Tacitus nur einen Bruchteil des germanischen Rechtsbrauchtums, wenn er berichtet: »Verräter und Überläufer hängt man an Bäumen auf; Leute, die im Krieg versagen oder sich dem Kriegsdienst entziehen oder ihren Leib durch widernatürliche Unzucht schänden, versenkt man in Sumpf und Moor und deckt noch Flechtwerk darüber. Diese verschiedenen Arten der Todesstrafe erklären sich aus der Auffassung, Verbrechen müsse man bei ihrer Sühnung vor Augen stellen, Schandtaten dagegen dem Blick entziehen.«[139])

Vor der Einführung des Christentums war es Sache des Betroffenen selbst beziehungsweise seiner Sippe, eine Straftat zu sühnen. Eine »öffentliche Strafverfolgung« durch den Stamm gab es nicht. Verträge wurden nur zwischen einzelnen Personen geschlossen. Wenn also ihr Häuptling mit dem Kaiser von Rom einen Vertrag abschloß, dann war dieser mit dem Tode oder der Absetzung des Vertragspartners hinfällig und mußte erneuert werden – eine Auffassung, die die Römer sehr verwirrte, denn bei ihnen repräsentierte der Herrscher ja den Staat, seine Rechte und Verträge waren übertragbar auf die Nachfolger.

Diebstähle waren bei den Germanen so gut wie unbekannt, »nur bei schweren Verletzungen der Normen, etwa bei Feigheit in der Schlacht, Verrat, Zauberei, Brandstiftung, schwerem Diebstahl oder bei Handlungen gegen die sexuelle Norm verhängte der Priester die Todesstrafe«. Im Norden soll man Menschen, die sich dieser »Kapitalverbrechen« schuldig machten, im Moor versenkt haben.[139a]

### Verbrecher wurden im Moor ertränkt

Daß die Germanen diese Form der Hinrichtung tatsächlich vollzogen, konnten die Archäologen anhand vermehrten »Studienmaterials« erwarten. In den vergangenen hundertfünfzig Jahren, seitdem die Moore planmäßig kultiviert und trockengelegt werden, stießen Torfstecher und Bauarbeiter immer wieder auf sogenannte »Moorleichen«.

Der Hannoveraner Alfred Dieck, der sich seit über vierzig Jahren mit diesen wohl ungewöhnlichsten aller archäologischen Funde befaßt, kennt an die eintausend Menschenfunde aus europäischen Mooren, davon sind allein zweihundert einzelne Köpfe. »Von den zur Zeit datierten 350 europäischen Menschenfunden im Moor gehören ungefähr einhundert der mittleren und jüngeren Steinzeit sowie der Bronzezeit – also der Zeit von 5000 bis 900 v. Chr. – an. Etwa ebenso viele sind in der Zeit von 400 bis 1500 n. Chr. ins Moor gekommen, und halb so viele fanden nach 1500 den Tod im Moor.«[140] Rund 150 davon wurden in Niedersachsen und Bremen geborgen.

Moorleichen fand man von Norwegen bis Kreta, von Rußland bis Irland – einige dieser Menschen wurden wegen Gesetzesübertretung zum Tode im Moor verurteilt. Es gibt aber noch eine Reihe anderer Gründe dafür, daß Menschen im Moor umkamen.

Von alters her pflegten auch die Germanen ihresgleichen den Göttern zu opfern – diese Sitte lebte noch, als das Eisen bekannt und Chri-

stus geboren war, als die Römer einen Teil Germaniens besetzt hatten.[141]

Die Germanen verehrten ihre Götter in heiligen Hainen, in denen diese angeblich »schneeweiße Rosse« hielten, die weissagten. Ihre Heiligtümer lagen an Quellen, Seen und in Mooren. Was also lag näher, als hier die Menschen zu opfern, die den Göttern zum Geschenk auserwählt waren?

Ein solches Seeheiligtum gruben Archäologen in Oberdorla aus, bei Mühlhausen in Thüringen. Vom letzten Jahrhundert vor der Zeitwende bis ins 5. Jahrhundert n. Chr. wurden dort immer wieder kostbare Gaben versenkt: Schwerter, weibliche Idole, Gefäße, ein krummes Wurfholz (»Bumerang«) und Tiere – und manchmal eben auch ein Mensch. Das beweisen Schädel und Knochen eines etwa dreißigjährigen Mannes und das Skelett eines fünfzehnjährigen Mädchens. Dazwischen lag ein Boot, »das mit der stumpfen Seite eines Instrumentes zerstört war«.

Bei Manhagen/Kr. Ostholstein steckte in einer kleinen Moorsenke ein armdicker Pfahl, um ihn herum lagen zwölf Hundeschädel, ein Pferdeskelett und ein Menschenschädel.

Bei Berg in Dithmarschen, in der Niederung der Wolburgsau, fand man achtzehn menschliche Schädel neben Rinderhörnern. Auf einem Opferplatz bei Barsbek/Kr. Plön, aus der Zeit um Christi Geburt, hatte man Hunde geopfert – die eingeschlagenen Schädel zeigen es –, daneben Pferde, Rinder und Schafe. Menschliche Knochen fanden die Archäologen hier nicht, dafür machten sie einen für unsere Gegend recht exotischen Fund: die Knochen eines Kormorans.

### Vor seiner Hinrichtung aß der Delinquent Wildbraten

Allem Anschein nach unterschieden die Germanen zwischen »Bannungsmooren«, in denen Verbrecher hingerichtet wurden, und »Opfermooren«, in denen man den Göttern Geschenke darbrachte. Im Einzelfall läßt sich jedoch kaum feststellen, ob Moorleichen rituell geopfert oder auf dem »Rechtswege« hingerichtet wurden. Denn gerade Verstümmelungen und Wunden können durchaus sowohl im Rahmen eines religiösen Zeremoniells zugefügt worden sein als auch bei Morden.

Torfarbeiter fanden 1959 auf einer Hochmoorfläche bei Dätgen zwischen Neumünster und Rendsburg eine Leiche, die von armdicken, über dem Körper gekreuzten Birkenknüppeln im Boden gehalten wurde.

Mit bloßen Händen schabten die Archäologen die Pflanzenreste vom Körper des Toten, um ihn nicht zu beschädigen. An Ort und Stelle wurden Bodenproben für die Pollenanalyse zur Altersbestimmung entnommen, dann zimmerte man eine Kiste um den Torfblock, in dem der Tote ruhte, schob eine Platte darunter und transportierte den kostbaren Fund ins Museum.

Die Leiche war kopflos. Man fand den Kopf kurz darauf drei Meter weiter im Moor, ebenfalls mit schrägen Knüppeln im Boden verankert. Die Schädelknochen hatten sich zum Teil aufgelöst, doch das Haupthaar war erhalten, ebenfalls Teile des leicht gekräuselten, etwa vier Zentimeter langen, ehemals wohl blonden Bartes. Die Archäologen dachten sofort an den Bericht des Tacitus, als sie die Haartracht des Mannes von Dätgen sahen: »Ein besonderes Merkmal des Stammes ist es, das Haar nach der Seite zurückzukämmen und in einen Knoten hochzubinden. Dadurch unterscheiden sich die

Sueben von den übrigen Germanen und bei ihnen selbst wieder die Freien von den Sklaven.«[142] Diese Haartracht war allerdings auch bei anderen Völkern üblich.

Den ersten Mann mit »Suebenknoten« hatte man zehn Jahre früher bei Eckernförde aus dem Moor geborgen. Daß der Mann von Dätgen den gehobenen Schichten angehörte, bestätigte allerdings die gerichtsmedizinische Untersuchung; die »Moorleiche von Dätgen« wurde so gründlich wie kaum ein anderer Moorfund untersucht, die Archäologen von Schloß Gottorf zogen sogar einen Anatomen, zwei Anthropologen und einen Kriminalisten hinzu.

»Finger- und Zehennägel sind sorgfältig gerundet und haben glatte Ränder. Das läßt vermuten, daß er keine schwere Arbeit verrichten mußte. Das paßt zu der Haartracht, die ihn als Angehörigen einer gehobenen sozialen Schicht ausweist. Haut und Skelett weisen zahlreiche, von Stöcken und Stichen und Schlägen herrührende Verletzungen auf. Ein Einstich in das Herz muß tödliche Wirkung gehabt haben.« Der Mann war in der Tat grausam zugerichtet und schließlich entmannt worden – offenbar je-

*Im Domlandsmoor bei Windeby/Kr. Eckernförde fand man die Leiche eines etwa fünfzehnjährigen Mädchens. Die kunstvoll gewebte Augenbinde, die über der Leiche gebrochenen Stäbe deuten an, daß das Mädchen – vielleicht eine Ehebrecherin – hingerichtet und im Moor versenkt wurde.*

doch nach seinem Tode. Es muß nicht unbedingt Sadismus gewesen sein – diese Verstümmelungen wurzelten womöglich in dem Aberglauben, »daß der Sterbende eine gefährliche und zunehmend magische Kraft besäße, deren schädlichen Einfluß man einzudämmen versuchte«. Viele Anzeichen sprechen dafür, daß der etwa 30jährige Mann hingerichtet wurde.[143]

Otto Martin vom Bundeskriminalamt untersuchte den Magen- und Darminhalt, und so wissen wir sogar, welche Henkersmahlzeit der Mann von Dätgen zu sich nahm, bevor er um 170 v. Chr. zur Urteilsvollstreckung ins Moor geführt wurde. Der Delinquent aß Hirse und Weizen, dazu Reh- oder Hirschbraten. Zwischen den Nahrungsresten fanden sich auch Unkräuter, die ins Getreide gelangt waren, und Quarzsandkörnchen – das waren wohl Spuren vom Mahlstein.

*Die germanischen Frauen liebten Schmuck nicht weniger als ihre römischen oder keltischen Geschlechtsgenossinnen. Für heutige Begriffe dürften die oft recht massiven Halsringe, Gürtelschließen und Schmuckscheiben allerdings reichlich unbequem gewesen sein.*

## Man tötete einen Krüppel

Der neunjährige Junge, aus dem Kayhauser Moor in Oldenburg, wurde mit mehreren Messerstichen getötet. Beine und Arme waren mit Fetzen seiner zerrissenen Kleider zusammengebunden, man hatte ihn wie ein Paket ins Moor geschleppt und mit einer Stange ins Torfmoospolster gedrückt. Auf diese Weise blieb der Körper recht gut erhalten. Muskelmasse und Fett sind abgebaut und aufgelöst, den Knochen wurde im Boden der Kalk entzogen, so daß ein Oberschenkelbein nur noch 15 Gramm wiegt. Auch das Herz hat sich aufgelöst, der Herzbeutel jedoch blieb, ebenso wie die Haut, sehr gut erhalten. Die Einstichwunden am Hals sind deutlich zu erkennen. Das Röntgenbild über dem Schaukasten des Staatlichen Museums für Naturkunde und Vorgeschichte in Oldenburg zeigt das Skelett mit den noch erhaltenen Knochen.

Deutlich zu erkennen ist links »die normale Abwinklung des Oberschenkelhalses mit der Knorpelschicht, aus der sich das Lebensalter bestimmen läßt«, der rechte Oberschenkelhals dagegen ist nicht voll ausgebildet. Die Abwinklung fehlt, und »wolkige Verfärbungen deuten auf eitrige Entzündungsvorgänge hin – der Junge litt an einer eitrigen Hüftgelenkentzündung, die jedoch zum Zeitpunkt der Tötung abgeheilt war«.[144] Der Junge hinkte, war also ein Krüppel. Warum er umgebracht wurde, läßt sich nicht sagen. Zwar pflegten manche Germanen schwache und kranke Kinder als Neugeborene zu töten – doch der Junge war bereits neun Jahre alt geworden, die Krankheit abgeklungen. Die Tatsache, daß er zuletzt Äpfel aß, wie die Obduktion ergab, inspirierte einen Schulbuchautoren zu der schauerlichen Geschichte vom Knaben, der übers Moor ging, um die Großmutter zu besuchen. Um seines Frühstücks willen mußte er sterben. Der Knabe aus dem Kayhauser Moor lebte im 1. oder 2. Jahrhundert n. Chr.

Die beiden jungen Männer, die um 400 v. Chr. bei Husbäke im Moor versanken, waren vom Wege abgekommen. Die Haltung der Toten läßt das grausige Geschehen noch nach mehr als zweitausend Jahren lebendig werden. Den Kopf nach oben gebogen, mit den Händen nach Halt greifend, sanken die jungen Männer ein, sechs Meter voneinander entfernt. Es sieht so aus, als hätte der eine dem anderen zu Hilfe kommen wollen.[145]

Viele Moorleichen stammen sicherlich von Wanderern, die vom Wege abkamen. Wie gefährlich ein Gang durchs Moor war, zeigt der Bericht des Göttinger Professors Griesebach, der im Jahre 1845 das Burtanger Moor in Ostfriesland schilderte, das damals immerhin schon teilweise entwässert war.

»Wenn man über das Bourtanger Urmoor südwärts von Rütenbrock schreitet, so gewähren bei einigermaßen feuchtem Wetter nur die Bulten einen sicheren, wiewohl auf der Schlammfläche schwebenden Stützpunkt zum Auftreten. Aber hier standen sie ungewöhnlich weit voneinander, nicht selten 6 bis 8 Fuß, so daß es Mühe kostet, von einem zum anderen hinüberzuspringen. Verfehlt man dieses Ziel, wo die Wölbung des Rasens etwa 2–3 Quadratfuß Grundfläche bietet, so sinkt man unfehlbar, je nach dem Feuchtigkeitszustande, über die Knöchel oder auch knietief in den schwarzen Schlamm ein, der sich zwischen den Bulten ausbreitet. Die Cohaesion der Torflager hängt nur von dem Grade ihrer Feuchtigkeit ab und ändert sich daher nach den Jahreszeiten. Im hohen Sommer und solange der Frost dauert, kann man überall das Hochmoor überschreiten. Im Frühling und Herbst ist die Verbindung zwischen den Dörfern sehr erschwert, oft muß man mit langen Springstöcken von Bulten zu Bulten springen.«[146]

## Konservierung auf Zeit

Um die »meist vortrefflich in ihren Formen« erhaltenen Körper zu konservieren, wird in Meyers Konversationslexikon von 1888 folgende Methode empfohlen: »Man muß sie ... vor Austrocknung schützen und zur weiteren Konservierung in Alaunlösung kochen oder mit einem Gemenge von gleichen Teilen Petroleum und Leinölfirnis tränken.«

Die Funde, die im Oldenburger Museum ausgestellt sind, wurden dagegen teilweise getrocknet, teilweise in eine konservierende Flüssigkeit gelegt. Damals kannte man keine besseren Methoden, doch heute bemüht man sich darum, die Funde möglichst unverändert zu belassen. Die Moorleichen von Schloß Gottorf sind gegerbt und »aufgeblasen«.

In Oldenburg möchte man neue menschliche Moorfunde zukünftig in einer Lösung konservieren, die die Moorleiche wie einen glasklaren Block umgibt. Dieses »Gelee« erhält die Leiche, läßt sich jedoch wieder entfernen, sobald Untersuchungen mit moderneren wissenschaftlichen Methoden möglich sind. Der Fund verändert sich nicht, solange er im Gelee liegt.

## Übermenschlich groß wachten Götter über ihr Heiligtum

»Im übrigen verträgt es sich nicht mit der Vorstellung der Germanen von der Erhabenheit der Himmlischen, Götter in Wände einzuschließen und irgendwie menschenähnlich darzustellen.« Tacitus hatte nur mit dem ersten Teil seiner Behauptung recht. In Wände schlossen die Germanen ihre Götter nicht ein, Tempel gab es nicht. Aber dargestellt wurden sie, und zwar in menschlicher Gestalt.[147]

Die berühmtesten – und schönsten – aller germanischen Götter kamen 1948 beim Torfstechen in einem kleinen Moor bei Braak/Eutin ans Licht. Inzwischen kennen wir aus dem »ehemaligen germanischen Altsiedelgebiet« zwischen dem deutschen Mittelgebirge und Skandinavien mehr als zwei Dutzend Holzgötter. Die einfachsten sind kaum mehr als Pfähle, Gesicht und Körper flüchtig angedeutet, andere – wie das Götterpaar aus dem Wittemoor – beschränkten sich auf die symbolhafte schematisierte Darstellung des männlichen oder weiblichen Wesens. Das Götterpaar aus dem Ankamper Moor bei Eutin jedoch hält jeden Vergleich mit modernen Holzplastiken stand. »Aus entrindeten, gabelförmig gewachsenen knorrigen Eichen sind Gesichter mit tief eingekerbten Augen, Nase und Mund herausgeschnitten.« Einstecklöcher in der Schultergegend trugen wohl Arme, die allerdings nicht gefunden wurden.[148]

Die weibliche Figur, deren Brüste eingedübelt sind, trägt einen »Dutt« auf dem Kopf, einen Haarknoten. Ihre »gute Konservierung beruht auf der Unterbindung des natürlichen Abbaus organischer Substanzen durch Mikroorganismen (Pilze, Bakterien). Die Enzyme verhindern oder verlangsamen diesen Abbau, während darüber hinaus die Sauerstoffarmut im Moor die Existenzmöglichkeit zahlreicher Bakterien einengt«.[149]

Übermenschlich groß (2,80 m und 2,30 m) wachten die Götter über ihr Heiligtum im Niederungsmoor, auf dessen Altar aus Rollsteinpflaster ihnen Opfer dargebracht wurden. Ascheschichten und Gefäßscherben auf dem »hörgr«, dem Steinhaufen, und die betonten Geschlechtsmerkmale des Götterpaares deuten an, daß es sich um Fruchtbarkeitsgötter handelte. Unter Umständen könnten die beiden Freya, die Göttin der Fruchtbarkeit, und ihren Bruder Freyr darstellen, dem als Symbole der Fruchtbarkeit der Eber und der heilige Schimmelhengst geweiht waren.

Teile der Opferbräuche haben sich bis in unsere Zeit erhalten. Die Scherben am Polterabend sollen dem jungen Paar Glück, das heißt Fruchtbarkeit bringen.

Keramik und C-14-Daten für die Holzfiguren ergaben ein Alter von zweieinhalbtausend Jahren. Das Götterpaar von Braak stammt also aus der Übergangsphase von der Bronze- zur Eisenzeit (500–400 v. Chr.). Doch diese hölzernen Götter, die in altnordischen Überlieferungen auch trégud (Baumgott) und hulgud (Holzgott) heißen, haben sicherlich eine uralte Tradition.

Das Götterpaar von Braak steht heute in der

Nydam-Halle des Schleswiger Museums Schloß Gottorf, gleich im ersten Raum. Die dunkelglänzenden Eichengestalten lassen selbst in der nüchternen Ausstellungshalle noch ahnen, wie eindrucksvoll sie einst im Moor über ihr Heiligtum gewacht haben müssen. Die Konservierung der Figuren ist beispielhaft. Dessenungeachtet standen die Schleswiger Archäologen und Restaurateure seinerzeit vor einem schwierigen Problem. Heute tränkt man »Moorhölzer« mit Polyglycol oder Arigal C, damals war dieses Spezialverfahren noch nicht entwickelt. So setzte man an verschiedenen Stellen der durchweichten Eichenhölzer Saugpumpen an, nachdem man die Götter mit einer Paraffinschicht umgeben hatte, damit sie nicht übermäßig schnell austrockneten und rissig wurden. Als der größte Teil der Feuchtigkeit den Hölzern entzogen war, »injizierte man mit riesigen Injektionsspritzen (ähnlich wie bei einem kranken Menschen) in das Holz das Tränkungsmittel, das einen langsam wirkenden Härter enthielt«. Die »Operation« gelang.[150]

In der Nydam-Halle von Schloß Gottorf befinden sich neben dem Götterpaar und der Moorleichenkammer zwei der berühmtesten Moorfunde. Sie wurden bereits im vergangenen Jahrhundert im Thorsberger Moor und in Nydam gehoben, haben jedoch bis auf den heutigen Tag ihre Anziehungskraft und ihre Bedeutung nicht eingebüßt.[151]

Der Thorsberg (Thor oder Donar war der Gott der Bauern, der Blitzeschleuderer, der Feind der Riesen) ist ein Hügel am Nordrande des Ortes Süderbrarup in der schleswig-holsteinischen Landschaft Angeln. Zwischen 400 v. Chr. und 300 n. Chr. muß hier ein Mittelpunktheiligtum für das umliegende Siedlungsgebiet gelegen haben; in der Neuzeit tagte hier das Thing, und noch heute ist der Markt von Süderbrarup der größte in Schleswig-Holstein. Ab 100 n. Chr. versenkte man Waffen, Teile der Reiterausrüstung, hundert Jahre später auch massiven Goldschmuck im Thorsmoor. Hier fanden Archäologen von germanischen Schmieden umgearbeitete römische Helme und Bronzeplatten (mit vergoldetem Silberblech belegt), auf die Germanen Tierfiguren, die ihrem Geschmack entsprachen, »roh aufgenietet« hatten. Wagenteile, Pfeil und Bogen, Tierknochen und ein Rinderhorn wurden geborgen, der berühmte »Thorsberger Prachtmantel« und ein Schwert mit Runeninschrift, das seinen Besitzer als einen Anhänger des Gottes Ullr ausweist.[152]

*Unter den Grabbei-*
*gaben der Germanen*
*fanden sich mitunter*
*auch römische*
*Götterstatuetten.*
*Man nahm es mit der*
*Zuständigkeit der*
*Himmlischen nicht*
*so genau. Diese*
*Statuette Apollos*
*stammt allerdings aus*
*der Nähe von Bonn,*
*aus dem römischen*
*Germanien.*

**Die Opfergaben wurden immer kostbarer**

In der Nähe von Nydam, am Westufer des Al-
sensundes, lag möglicherweise ein Schiffsheilig-
tum. Der kostbarste Fund war ein Boot aus der
Zeit um 400 n. Chr. Es ist knapp 23 Meter lang
und bot auf jeder Seite 18 Ruderern Platz. »Das
klinkergebaute Eichenboot ist das älteste seege-
hende germanische Fahrzeug, das wir besitzen.«
Es steht heute in der Nydam-Halle.[153)]

Daß sich die Germanen in diesen Booten
schon Jahrhunderte früher aufs Meer wagten,
beweist der Bericht des Tacitus über die Suionen (Schweden): »Außer einer Kriegsmacht zu
Lande haben sie starke Flotten. Ihre Schiffe sind
insofern anders gebaut, als sie vorn und hinten
einen Bug haben und so jederzeit landen können. Auch verwenden die Suionen keine Segel
und machen die Ruder nicht reihenweise an den
Schiffswänden fest; sie handhaben sie vielmehr
völlig lose, wie man das manchmal auf Flüssen
beobachten kann, und setzen sie, je nach Bedarf, bald auf der einen, bald auf der anderen
Seite ein.« Das Nydam-Boot war vollbeladen
mit Opfergaben für die Götter.[154)]

Die ganze Eisenzeit hindurch brachte man
den Göttern Gaben, versenkte sie in Mooren
oder Teichen. Zuerst schenkte man den
»Himmlischen« – die in den germanischen Sagen allerdings einen recht irdischen Lebenswan-
del führen – Schmuck, Textilien und Lederschuhe, die sogenannten »Bundschuhe«, die aus
einem Stück Leder geschnitten, an der Ferse
genäht und mit einer Kordel oder einem Riemen

zusammengehalten wurden. Der Frauenschmuck wurde wohl der »Göttin mit den Halsringen« geopfert – ihren Namen kennen wir nicht.

Die Schichten der Opferplätze verraten, daß die Bauern ihren Göttern lange Zeit Nahrung in Keramikgefäßen brachten, hin und wieder versenkte man auch Teile der Waffenausrüstung oder Wagenstücke, wie Räder, Naben, Speichen oder Drehschemel.

Ab 100 n. Chr. wurden die Opfergaben immer kostbarer, römische Importwaren, Waffen und Schmuck häufen sich.

Der schwedische Schriftsteller F. G. Bengtsson schildert in seinem Buch »Röde Orm« (Die Rote Schlange) recht amüsant, daß die Wikinger ein ziemlich kollegiales Verhältnis zu ihren Göttern hatten und Experimenten nicht abgeneigt waren. Lernten sie auf ihren Kriegszügen neue Götter kennen, so beteten sie auch zu ihnen, es war ja immerhin möglich, daß die nordischen Götter für diese Landstriche nicht zuständig waren. Schon die Vorfahren der bärtigen Nordmänner scheinen es mit der Zuständigkeit nicht immer so genau genommen zu haben. »So fand sich in einem kleinen Waldmoor bei Hostrup in der Gegend von Apenrade eine kleine Jupiterbüste – also die Darstellung des höchsten römischen Gottes.«[155])

Tacitus berichtet von einer Göttin namens Nerthus, einer Erdmutter, der zu Ehren festliche Zeremonien abgehalten wurden: »In einem heiligen Haine auf einer Insel in der Ostsee steht ein geweihter Wagen, der mit einem Tuche zugedeckt ist und den allein der Priester berühren darf.« Sobald der Priester merkt, daß die Göttin anwesend ist, wird sie mit großem Pomp auf dem prächtigen, von Kühen gezogenen Wagen durchs Land geleitet. In dieser Zeit ruhen alle Streitigkeiten und Kriege. Wenn die Göttin des Verweilens unter den Sterblichen müde ist, führt man sie in ihr Heiligtum zurück. »Darauf werden Wagen und Tuch – wenn man es glauben will – die Göttin selbst in einem einsamen See abgewaschen. Die Sklaven, die dabei helfen, verschlingt alsbald der gleiche See.«[156])

Es könnte sein, daß der Name Nerthus mit einer alten Gottheit namens Njord identisch ist, der in späteren Zeiten als Vater des Götterpaares Freyr und Freya galt.

Die alten Götter haben sich lange gehalten, sie stecken noch in unseren Wochentagen: Dienstag ist der Tag des Ziu, dem das Thing heilig war. Mittwoch war dem Wodan geweiht (engl. Wednesday), den die Römer mit Merkur gleichsetzten (frz. mercredi). Der Donnerstag erinnert an Donar oder Thor (röm. Jupitertag, frz. jeudi). Der Freitag trägt den Namen der germanischen Fruchtbarkeitsgöttin Freya.

## Die Schriftzeichen der Germanen sind älter als vermutet

Trotz all der Sagen und uralten Bräuche, trotz schriftlicher Überlieferungen antiker Autoren und früher christlicher Missionare wissen wir wenig Einzelheiten über die Religion, über Kult und Glauben der alten Germanen. Die Anbetung hölzerner Pfahlgötter beruhte wohl auf der Vorstellung, alle Dinge der Natur seien beseelt. Die isländischen Götter- und Heldensagen berichten, die ersten Menschen Askr (Esche) und Embla (Ulme) seien aus Bäumen gewachsen. Bäume waren lebendige Wesen, als Heilige Bäume spielten sie bis ins Mittelalter hinein eine wichtige Rolle. Wer sie beschädigte, mußte mit der Todesstrafe rechnen.

Aus Bäumen wurden Götter geschnitzt. Der Hamburger Archäologe Alfred Rust fand im Ahrensburg-Meiendorfer Tunneltal »eine hölzerne Götzenfigur«, die 5000 v. Chr. aus einem 3,5 Meter langen, fünf Zentimeter dicken Weidenschößling gefertigt worden war.

Aus Bäumen wurden »Vorzeichen und Lesorakel« hergestellt, die im Leben der Germanen eine wichtige Rolle spielten. So berichtet Tacitus: »Das herkömmliche Verfahren beim Losen ist einfach. Sie zerschneiden den dünnen Zweig eines fruchttragenden Baumes in kleine Stücke, machen diese durch gewisse Zeichen kenntlich und streuen sie dann über ein weißes Laken hin, ganz aufs Geratewohl und wie es der Zufall fügt.« Der Priester oder das Familienoberhaupt griff nacheinander drei Zweigstücke und deutete sie, den eingeritzten Zeichen entsprechend. Diese Losstäbe fanden sich unter anderem auch auf dem Kultplatz der Göttin vor der gefährlichen Furt am Bohlenweg durchs Wittemoor in Ostfriesland.[157])

Die Buchen- oder Eichenstäbe wurden auf»gelesen« (das englische Wort »read« kommt von »raten«), und die Buchstaben sind nichts anderes als »Buchen-Stäbe«.

Schon die Kelten hatten, wohl von den Etruskern, mit denen sie Handel betrieben, eine Art Alphabet übernommen. Auf der beilartig geformten Götterfigur am Bohlenweg durchs Wittemoor fand sich als Hinweis auf den »heiligen« Charakter des Holzes das Zeichen für »Leben«.

Ganz sicher steht noch nicht fest, zu welchem Zeitpunkt die Runenschrift bei den Germanen erstmals verwendet wurde. Nicht geklärt ist auch, ob germanische Söldner in römischen Diensten das Alphabet aus dem Alpengebiet mitbrachten, oder ob es von verschiedenen Stämmen – den Kimbern, Markomannen, Goten und anderen – an die nordgermanischen Verwandten gewissermaßen weitergereicht wurde. Das Runenzeichen auf dem heiligen Warnschild im Wittemoor und ähnliche Funde aus Dänemark und Schleswig-Holstein beweisen, daß diese Zeichen – oder zumindest einige – bereits um 300 v. Chr. bekannt waren und nicht erst im 2. oder 3. Jahrhundert n. Chr., wie immer wieder behauptet wird.

Die Runen galten in früher germanischer Zeit als heilige Zeichen, von denen eine magische Zauberkraft ausging.

*Die Germanen, teils über Gebühr verherrlicht, teils lächerlich gemacht, mußten sich zahlreiche Korrekturen an ihrem Bild gefallen lassen:*
- *auch bei den Germanen gab es einen »Geburtsadel«, Gräberfelder geben Hinweise auf soziale Differenzierung. Sie waren demnach keine Gemeinschaft von gleichberechtigten Bauern;*
- *Tacitus irrte: Die Germanen machten sich Götter;*
- *zwar galt Germanien rechts des Rheins, bis auf Gebiete zwischen Main und Donau, als frei, doch im 1. Jahrhundert n. Chr. muß im Emsgebiet bei Bentumersiel ein römisches Militärlager gestanden haben;*
- *seit der Zeit um Christi Geburt beginnt eine verstärkte Inbesitznahme des Nordseeküstengebiets. Ausgrabungen auf Wurten beweisen, daß die Germanen einen ausgedehnten Handel mit dem römisch besetzten Rheinmündungsgebiet unterhielten;*
- *auf Sylt fanden Archäologen die erste germanische Töpferscheibe.*
- *Grabungen bei Archsum/Sylt bewiesen, daß das Land in den ersten Jahrhunderten nach der Zeitwende überbesiedelt war, daß man die wirtschaftlichen Möglichkeiten bis zum Letzten ausgeschöpft hatte;*
- *Moorleichen lassen erkennen, daß die Tötung von Menschen gesellschaftlich sanktioniert war – entweder als Opfer für die Götter oder zur Vergeltung von Verbrechen;*
- *nahmen viele Wissenschaftler bisher an, die*

*Runenschrift sei erst in den Jahrhunderten nach Christi Geburt in Germanien in Gebrauch gewesen, so beweisen Funde in Schleswig-Holstein und Ostfriesland, daß Runenzeichen bereits im 3. Jahrhundert v. Chr. Geburt verwendet wurden.*

Vor 350 000 Jahren rasteten Eiszeitjäger bei Bilzingsleben, sie hinterließen uns roh bearbeitete Steine, Knochen und Werkzeuge.

Vor 34 000 Jahren kamen Menschen, die uns bereits sehr ähnlich waren, in den Höhlen des Lonetals am Feuer zusammen, sie schnitzten Plastiken aus Elfenbein.

Um 10 000 v. Chr. schufen die Gönnersdorfer Wildpferdjäger ihre Bildergalerie. Noch einmal zweitausend Jahre, und die Eiszeit ging zu Ende. Die neolithische Revolution machte den Menschen seßhaft.

Durch die Art ihrer Totenbestattung und die Formen ihrer Keramik treten einzelne Gemeinschaften jetzt deutlicher als andere aus dem Nebel der Vorgeschichte. Die Entwicklung vollzieht sich von nun an in einem Tempo, das immer atemberaubender wird, je mehr wir uns der Jetztzeit nähern.

Der Mensch lernt, Metalle zu bearbeiten, er baut feste Häuser und erfindet den Wagen, er lebt in einer sich immer stärker aufgliedernden Gesellschaft, er betreibt internationalen Handel, befährt die Meere.

Die Kelten, »Krieger und Salzherren«, lösen sich als erstes Volk im barbarischen Norden Europas aus der namenlosen Masse der Stämme und setzen die Hochkulturen im Mittelmeerraum unter Druck. Der Einmarsch der römischen Legionen beendet eine Entwicklung, im Verlauf derer die Kelten möglicherweise den Hochkulturen Rom und Griechenland ihren Rang streitig gemacht hätten. Ein Teil »Germaniens« lebt unter römischer Besatzung, übernimmt bis zu einem gewissen Grade eine aufgepfropfte Lebens- und Denkweise nebst zivilisatorischen Errungenschaften. Das freie Land im Norden entwickelt sich kontinuierlich weiter.

Gegen Ende des 4. Jahrhunderts n. Chr. drängen die Hunnen ostgermanische Stämme zum Westen hin, ganze Völker begeben sich auf die zweihundertjährige Wanderschaft, die sicherlich auch noch andere Ursachen hatte – Übervölkerung, Mißernten, Naturkatastrophen an den Küsten ...

Zwischen 400 und 450 n. Chr. bricht das Römische Reich zusammen, das spätere Deutschland zerfällt wieder in einzelne Gebiete, in denen sich verschiedene Stämme niederlassen. »An der Nordseeküste vorwiegend die Friesen, dann die Sachsen (mit den Westfalen, Engern, Nordelbingern und Ostfalen), im Westen bis an die Rhön die Franken, Hessen und Thüringer, im Südwesten die Alemannen und von Nürnberg bis in den Alpenraum die Baiern. Während in Dänemark die Dänen siedelten, war das Gebiet östlich von Elbe und Saale von den Wenden besiedelt.«[158]) Die dunklen, wenig erforschten Jahrhunderte der Völkerwanderung zwischen dem Zusammenbruch des Römerreichs und dem Beginn des frühen Mittelalters brechen an.

Mit Lupe, Gips und Phantasie, mit Baggern, Spachteln und NASA-Computer versuchen die Archäologen, die geschichtlichen Zusammenhänge unserer Vergangenheit herzustellen. Jede Grabung, jeder Fund fügen dem farbigen Mosaik unserer Herkunft neue Steinchen hinzu. Das Abenteuer Archäologie, seit einhundertfünfzig Jahren etablierte Wissenschaft, ist heute spannender denn je.

Noch sind die Archäologen vollauf damit beschäftigt, die Zeugnisse der Vergangenheit aus dem Boden zu holen, sie bergen Dörfer, Friedhöfe, Wege, Schmuck und Gebrauchsgegenstände all jener oftmals sehr verschiedenen Stämme und Gruppen, die die Erde besiedelten. Die Menschen, die Kulturen verschmolzen miteinander und schufen die Basis, letzten Endes auch die Gesellschaft, in der wir leben.

Aber es gibt schon Zeitgenossen, besonders in Amerika, die, besorgt, ihr Andenken könnte zu Staub zerfallen, Hunderte von seltsamen Kapseln in der Erde versenken: Jojos und Jeans, Motorenöl und Autoersatzteile; Reden von Richtern des Obersten Gerichtshofes und eine Grußbotschaft ausgerechnet des Gouverneurs George Wallace aus Alabama sollen den Nachkommen einen Eindruck vom »american way of life« vermitteln.

Wenn dermaleinst Archäologen im Land der unbegrenzten Möglichkeiten graben – welche Schlüsse werden sie wohl aus den Einkaufszetteln, Kreditkarten und Kartoffelschälmaschinen ziehen? Und aus dem Zettel eines zehnjährigen Schülers aus Arizona, auf dem steht: »Ich hoffe, daß unser Land einen Weg finden wird, der Umweltverschmutzung ein Ende zu setzen, und daß Frieden zwischen allen Völkern dieser Welt herrschen wird, und daß in Amerika, das anderen so viel zu geben vermag, niemand mehr hungern muß.«?

*Funde aus germanischen Adelsgräbern von Leuna/Kr. Merseburg (um 300 n. Chr.)*

# Archäologische Reise

Archäologische Zeugnisse liegen oft unmittelbar vor Ihrer Haustür, Sie müssen nur wissen – wo. Wir haben deshalb versucht, einige wenige Beispiele aus der Fülle der Möglichkeiten herauszugreifen und damit Anregungen für archäologische Exkursionen zu geben. Es kann nicht Sinn dieses Buches sein, das selbst Ausgrabungen in unserem Lande, in der Schweiz, in Österreich und der DDR nur ausschnittsweise vorstellen konnte, archäologische Reisen bis ins Detail auszuarbeiten. Dennoch:

Beginnen wir im Norden. Auf Sylt kann man nicht nur baden und sonnen. Man kann auch dort, wie überall in Deutschland, Zeugen der Vergangenheit besuchen. Auf den Geestkernen der Insel liegen nicht weniger als 47 Megalithgräber aus dem mittleren und späten Neolithikum, direkt am Bahnhof von Kampen ist ein Großsteingrab mit Polygonalkammer, bei Wenningstedt der uralte Thinghügel, der Denghoog, anzuschauen. Am Südrand des Naturschutzgebietes Morsum-Nösse ist noch heute bei flach einfallendem Licht ein Feld von frühgeschichtlichen Terrassenäckern zu erkennen. Und dann sollten Sie natürlich die Tinnumburg besuchen, die besterhaltene der drei Sylter Befestigungsanlagen.

Wenn Sie mit dem Wagen unterwegs sind, könnten Sie auf der Rückfahrt noch eine kleine archäologische Exkursion in Schleswig-Holstein unternehmen. In Schleswig sollten Sie auf jeden Fall Schloß Gottorf besuchen mit seinem Museum, sich das älteste erhaltene seegängige Schiff, das Nydam-Boot, anschauen, die Moorfunde von Thorsberg und Nydam – und dann natürlich die Moorleichenkammer. Sie werden dabei einiges über Haithabu erfahren, das ganz in der Nähe Schleswigs liegt. Zweihundert Jahre

lang (ca. 783 bis 1020 n. Chr.) war Haithabu ein zentraler Handels- und Umschlagplatz, dessen wirtschaftliche Beziehungen bis nach Byzanz und Spanien reichten. Nach Haithabus Niedergang trat das alte Schleswig die Nachfolge an.

Gleich hinter Schleswig führt Sie ein Schild zum Danewerk, einem mächtigen Wall- und Grabensystem (800–1000 n. Chr.), das teilweise sehr gut erhalten ist.

Wenn Sie es nicht ganz so eilig haben, nach Hamburg zu kommen, besuchen Sie vorher die Idstedter Räuberhöhle, 12 km nördlich von Schleswig, und das Thorsmoor bei Süderbrarup.

In der Hamburger Innenstadt wurde bei St. Petri, zwischen Speersort und Kreuslerstraße, direkt neben der alten Hammaburg, das kreisrunde Fundament des Bischofsturmes aus dem 11. Jahrhundert ausgegraben – man kann in den Keller hinuntersteigen und diesen ältesten erhaltenen Steinbau der Hansestadt in einem Schauraum besichtigen.

Bei schönem Wetter lohnt sich ein Ausflug in die Fischbeker Heide. Dort hat das Harburger Helms-Museum einen archäologischen Wanderpfad eingerichtet. Bei einem Rundgang erfahren Sie, wie hier unsere Vorfahren zweitausend Jahre lang ihre Toten bestatteten. Und im allgemeinen können Sie dort sogar den Archäologen bei der Arbeit zuschauen!

Wenn Sie auf dem Weg in den Harz durch die alte Salzstadt Lüneburg hindurchgefahren sind, machen Sie, wenn es Ihre Zeit zuläßt, einen kleinen Umweg über Soderstorf. Ganz in der Nähe des Ortes wurde eine Nekropole restauriert, die Gräber aus zwei Jahrtausenden enthält. Von dort aus ist es nicht mehr weit bis Amelinghausen, zur »Totenstadt« Oldendorf an der Luhe aus der Jungsteinzeit. Fahren Sie über Hannover weiter, so kommen Sie an den »Sieben Steinhäusern« von Fallingbostel vorbei (2000 v. Chr.); fahren Sie über Uelzen weiter, sollten Sie kurz bei den »Königsgräbern« von Haaßel (drei Dolmengräber aus der Jungsteinzeit) und bei dem Hügelgräberfeld der älteren und mittleren Bronzezeit von Ripdorf-Uelzen rasten. Bei Uelzen-Molzen wurde eine Grabanlage aus der Bronzezeit restauriert.

Im Harz gibt es so viel zu sehen, daß man eine ganze Weile bleiben muß, um nur das Wichtigste »mitzunehmen«. Falls Sie in die Gegend von Osterode kommen, fahren Sie unbedingt zur Steinkirche bei Scharzfeld. Die Höhle ist eines der ältesten niedersächsischen Kulturdenkmäler – dort rasteten bereits zwischen 15000 und 8000 v. Chr. Rentierjäger!

In der Bergwerks- und Hüttenschau Lautenthal können Sie unter anderem einen versteinerten Farnzweig bewundern, der 320 Millionen Jahre alt ist.

Auf dem Kamm des Rotenberges liegt die Pfalz Pöhlde, die noch heute im Volksmund »König Heinrichs Vogelherd« heißt, und die Pipinsburg ist eine eisenzeitliche Befestigung, deren drei Wallanlagen zu erkennen sind.

Im Leinetalbecken bei Göttingen findet sich dann gleich eine größere Anzahl dieser vor- und frühgeschichtlichen Befestigungen. Mehr darüber erfahren Sie in der Universitätsstadt Göttingen, und zwar in der Ausstellung des Städtischen Museums, die die Entwicklung des oberen Leinetales vom Pleistozän bis zur Frühgeschichte zeigt.

Für ein »archäologisches Wochenende« eignet sich eine Rundreise durch das Elbe-Weser-Dreieck, die Sie bis zur Ems hin erweitern können. Wenn Sie gut planen, kann diese Kurzreise ein aufregender Ausflug in die Vor- und Frühgeschichte werden. Was Sie auf jeden Fall besuchen sollten:

- das Gräberfeld Süderheide, Gemeinde Wanna, Land Hadeln (1000 v. Chr. bis 200 n. Chr.);
- Bederkesa mit der »Burg« (1159 zum erstenmal urkundlich erwähnt);
- Neuenwalde mit dem alten Kloster, das heute ein Damenstift ist. Die Kirche stammt aus dem Jahre 1334 und hat einen freistehenden Glockenturm;
- von da aus gelangen Sie leicht zum »Heidenwall« und der »Heidenschanze«, das sind sächsische Fluchtburgen aus dem 4. bis 7. Jahrhundert, und zur Pipinsburg an der E 71 bei Sieversen, einer Dynastenburg aus dem 10. Jahrhundert. Ganz in der Nähe liegt übrigens das große Steinkistengrab »Bülzenbett« aus der Jungsteinzeit;
- Vorgeschichtspfad Flögeln im Herzen des Elbe-Weser-Dreiecks. Dort können Sie in einer Stunde 30 Bodendenkmäler besichtigen. Falls Sie in das Steinkistengrab steigen möchten, rufen Sie vorher den Kreisarchäologen Dr. Aust an, 04745/588, Bederkesa, Im Mattenburger Feld 5;
- ganz in der Nähe Oldenburgs den Visbeker Bräutigam und die Visbeker Braut (Wildeshausen) sowie die Großen Steine bei Kleinenkneten;
- das Pestruper Gräberfeld mit ca. 400 Hügelgräbern;
- in Aurich den »Garten der Ostfriesischen Landschaft« mit dem »Sonnenstein« aus Horsten, Kr. Wittmund;
- in Cloppenburg das Museumsdorf;

*Die beiden »Kleinenknetener Steine« (Land Oldenburg), Großsteingräber aus der jüngeren Steinzeit, sind eindrucksvolle Megalithdenkmäler. Für das Grab 1 mußten 85 Findlinge mit einem Gesamtgewicht von 340 Tonnen herbeigeschafft werden, ein Deckstein allein wiegt 500 Zentner. Für den Erdwall, der sich über der Grabkammer wölbte, wurden 1200 cbm Boden bewegt.*

- in Bremerhaven das Deutsche Schiffahrtsmuseum mit dem Prunkstück, der mittelalterlichen Hansekogge, die aus zweitausend Einzelteilen restauriert wurde;
- in Oldenburg das Staatliche Museum für Naturkunde und Vorgeschichte. Dort erfahren Sie alles über Moorarchäologie und die ältesten Räder und Wagen.

Ich habe im Norden angefangen – absichtlich. Denn viele meinen, wenn man in Deutschland überhaupt Reste der Vergangenheit betrachten wolle, müsse man ins Rheinland fahren. Das stimmt nicht, denn auch jenseits der Mittelgebirge hat fast jeder Ort – wenn man nur Bescheid weiß – »seine Sehenswürdigkeit«. Sobald man allerdings in den Bereich des seinerzeit römisch besetzten Germaniens kommt, wird die Fülle der Zeugnisse so beeindruckend, daß man über jede größere Stadt ein eigenes Buch schreiben könnte. Hier einige Kostproben:

Wenn Sie zwischen Kassel und Frankfurt unterwegs sind, sollten Sie die Gelegenheit nutzen und den Naturpark Habichtswald besuchen, bei Niedenstein, zwanzig Kilometer westlich von Kassel. Ein vorgeschichtlicher Wanderpfad führt Sie auf gut zwei Kilometer Länge zur Altenburg, achthundert Meter weiter liegt die Ruine Falkenstein. Die Altenburg war offenbar schon im dritten Jahrtausend v. Chr. besiedelt, doch die meisten Funde stammen aus der Zeit zwischen dem 2. Jahrhundert v. Chr. und der Zeitwende. Vielleicht lag hier der Hauptort der Chatten, das alte Mattium, das Germanicus 15 n. Chr. bei einem Rachefeldzug in Brand setzte. In einer Tongrube fanden die Archäologen hölzerne Türflügel, Holzschaufeln, eine Doppelkeule zum Durchkneten des Tons, hölzerne Gefäße für die Tonherstellung und vieles mehr. Ein Teil der Funde ist im Landesmuseum Kassel ausgestellt (wo sich übrigens auch die Bildsteine aus dem Grab von Züschen, der Menhir von Melsungen und ein Frauengrab der Bronzezeit aus dem Grabhügel von Molzbach, Kr. Fulda, befinden). Weitere Stücke sind im Museum im Rathaus von Niedenstein zu besichtigen.

Wer ein bißchen mehr Zeit hat und gern wandert, muß sich in der Rhön gleich zwischen vier Wanderpfaden entscheiden:
- da ist der prähistorische Wanderpfad Milseburg, die seit der Latènezeit besiedelt war. Hier erfährt der Besucher eine Fülle von Einzelheiten über Lebensweise, Hausformen und Befestigungssysteme der Kelten;
- am Schwarzen Hauch und an der Auerburg wurden Waldlehr- und Naturpfade eingerichtet;
- auf der Wasserkuppe unterrichtet ein geologischer Lehrpfad über die erdgeschichtliche Vergangenheit des Landes.

Für Frankfurt müßte man sich einige Tage Zeit nehmen, wollte man alles anschauen. Am Schaumainkai 29 liegt das Museum für Völkerkunde, das allemal einen Nachmittag wert ist. Im Museum für Vor- und Frühgeschichte stehen neben herrlichen Gläsern römische Steine aus Heddernheim, dem antiken Nida, das 80 n. Chr. aus einem römischen Reiterlager entstand und 259/60 unter dem Ansturm der Alemannen, zusammen mit dem rechtsrheinischen Limesland, aufgegeben wurde.

Viel, viel älter sind die Dinge im Senckenberg-Museum (Senckenberganlage 25). Da gibt es zwei Zwergelefanten aus der Steinzeit, so groß wie Schäferhunde, und Riesenratten von etwa der gleichen Größe, Saurier in allen Varianten und natürlich die berühmten winzigen vier Mondsteinkörnchen aus dem »Meer der Ruhe«.

Versteinerte Wanzen, Pflanzenreste, Raubfische, Fledermäuse, das »besterhaltene Ur-

*Das Saalburgmuseum bei Bad Homburg v. d. H. wurde auf dem Platz eines Limes-Kastells errichtet. Einige der Römerbauten konnten rekonstruiert werden.*

pferd« aus dem Mittel-Eozän (1 m lang, 60 cm Schulterhöhe, ca. 40 kg Gewicht) kamen aus der Grube Messel bei Darmstadt zutage. Messel wurde bekannt, weil an der Stelle dieses einmaligen urgeschichtlichen Fundortes eine Mülldeponie eingerichtet werden sollte. Jetzt wird dort ein Freilichtmuseum geplant.

Weitere Sehenswürdigkeiten in Hessen:

- bei Orlen, Butzenbach und Pohlheim: Limeswachttürme;
- in Christenberg bei Münchhausen, Kr. Marburg-Biedenkopf: das Südtor einer karolingischen Befestigung;
- Rückingen, Main-Kinzig-Kreis: Grundmauern des römischen Kastellbades;
- Würzberg, Gem. Michelstadt, Odenwaldkreis: Grundriß eines römischen Wachtturmes am Limes (hier plant man einen Limeslehrpfad zum Kastell und Kastellbad Würzberg am Odenwaldlimes);
- Biblis-Nordheim, Kr. Bergstraße: spätrömischer Burgus, die Grundmauern, mit mittelalterlicher Überbauung, Zullestein und Burg Stein;
- Dietenhausen, Kr. Limburg-Weilburg: vorgeschichtliche Grabhügelfelder;
- Lengefeld, Kr. Waldeck-Frankenberg: Ringwall der Befestigung Hünenkeller.

Das Wetterau-Museum in Friedberg informiert über heimische Vor- und Frühgeschichte, römische Stadtsiedlung, die Völkerwanderung und bäuerliche Kultur.

Ganz in der Nähe Frankfurts, bei Bad Homburg, liegt das Saalburgmuseum, das zwischen 1949 und 1974 vom Taunus bis hinunter nach Passau an der Donau zahlreiche Grabungen am obergermanisch-raetischen Limes durchgeführt hat. Zum Saalburg-Museum, das mit Unterstützung Kaiser Wilhelms II. wiederaufgebaut wurde, gehören rekonstruierte Römerbauten, hier sind die herrlichen Wandmalereien aus dem Limeskastell Echzell/Wetterau ausgestellt und vieles andere mehr.

Im Limesmuseum Aalen zeigt – neben vielen anderen Ausstellungsstücken – ein Zinnfiguren-Diorama die römisch-germanische Situation um 212 n. Chr., als alemannische Reiterscharen am raetischen Limes auftauchten. Kaiser Caracalla reiste 213 persönlich nach Raetien und führte das römische Heer am 11. August ins Freie Germanien. Reste des Limes sehen Sie bei Schwabsberg, an der B 290 (rekonstruierter römischer Wachtturm), Dalkingen (Limestor) und Buch (Kastell und Kastellbad).

Im Parkmuseum der Stadt Aalen stehen Kunststeinnachbildungen von römischen Steindenkmälern aus dem 2. und 3. Jahrhundert n. Chr., die man in Württemberg fand.

An dieser Stelle sei noch hingewiesen auf den Naturpark Pfälzerwald bei Neustadt/Weinstraße. Dort erwarten Sie Rittersteine, Menhire, Heidenbrunnen und Legenden . . .

Es ist ein hoffnungsloses Unterfangen, auch nur einen Bruchteil all dessen zu erwähnen, was im seinerzeit römisch besetzten Germanien heute noch zu sehen ist.

- Die alte Römerbrücke in Trier ist noch nach fast zweitausend Jahren den Anforderungen des modernen Verkehrs gewachsen; das Bischöfliche Museum zeigt die Konstantinischen Deckenmalereien aus dem Prunksaal unter der frühchristlichen Kultanlage im Trierer Dom. Vergessen Sie bitte nicht, die beiden Thermen zu besuchen.
- Im Römischen Weinkeller Oberriexingen, Kr. Vaihingen (einem Zweigmuseum des Württembergischen Landesmuseums Stuttgart) können Sie sich in das Leben und Treiben auf einem römischen Gutshof hineinversetzen.
- Das Museum des Oberbergischen Landes auf Schloß Homburg ist eines der meistbesuchten Museen des Rheinlandes. In der alten Höhenburg aus dem 13. Jahrhundert werden vor allem Funde der näheren Umgebung präsentiert: aus der Jungsteinzeit, dem frühen Mittelalter (Kirchenarchäologie), höfische und bäuerliche Wohnkultur.
- Nördlich von Iversheim, zwischen Euskirchen und Bad Münstereifel, an der B 51, liegt eine römische Kalkbrennerei. Öffnungszeiten: 1. Mai – 31. Okt. samstags und sonntags 10–17 Uhr, oder aber nach Anmeldung, siehe Anschlag.
- Im Erholungsgebiet von Nettersheim/Euskirchen werden seit Herbst 1975 römische Denkmäler restauriert und rekonstruiert:
- bei Zingsheim das Matronenheiligtum der M. Fachinehae;
- an der Görresburg das Heiligtum der M. Aufaniae. Ganz in der Nähe gibt es Römerstraßen und die römische Wasserleitung »Am grünen Pütz«.
- Das Heimatmuseum von Remagen, auf dessen Grund und Boden bei Bauarbeiten römische Gebäude ans Licht kamen, zeigt in seiner Ausstellung unter anderem »Vierhundert Jahre Römer«.

- Das römische Praetorium unter dem »Spanischen Bau«, der Römerturm Ecke Zeughausstraße/St.-Aspern-Straße, Stadtmauer mit Gereonsmühlenturm am Hansaring, Eigelsteintorburg, St. Severin, seitlicher Durchgang des einstigen römischen Nordtores auf der Domplatte . . . das bietet Ihnen Köln und noch eine Menge mehr. Im Römisch-Germanischen Museum werden Bürger des römischen Köln gezeigt, das Museum besitzt die reichste Glassammlung ihrer Art auf der Welt.
- Das Rheinische Landesmuseum Bonn bietet nicht nur den Neandertaler. Wenn Sie im Frühjahr oder Sommer dort sind, erkundigen Sie sich nach den archäologischen Rundflügen (Tel.: 0 22 21/63 21 58).
- Das Römisch-Germanische Zentral-Museum Mainz besitzt so viele kostbare und schöne Dinge, daß Sie sich Zeit für einen Rundgang lassen sollten.
- In Xanten ist man dabei, einen archäologischen Park einzurichten, in dem restaurierte Römerbauten (u. a. ein Amphitheater) auf einem 40 ha großen Gelände zu besichtigen sein werden. Ein Teil der von Kaiser Marcus Ulpius Traianus gegründeten Stadtanlage (um 100 n. Chr.) die einen Arm des Altrheins als Hafen nutzte, ist bereits freigelegt und restauriert.

Vielleicht haben Sie jetzt Lust bekommen, auf eigene Faust Reisen in die Vergangenheit zu unternehmen. Führer zu Bodendenkmälern, archäologischen Wanderpfaden und Sehenswürdigkeiten erhalten Sie in jedem Museum, häufig auch in den Fremdenverkehrsbüros.

Versuchen Sie es einmal – Sie werden überrascht sein, was Ihnen »Deutschland archäologisch« zu bieten hat.

*Links oben: Amphitheater von Avenches/Schweiz, teilweise rekonstruiert. Der Turm über den Fundamenten des Haupteinganges stammt aus dem Mittelalter. Dort ist heute das römische Museum untergebracht.*
*Unten: Kaiserthermen von Trier. Die Ruinen des Bäderpalastes bedecken eine Grundfläche von 332 × 260 m und ragen noch heute bis zu 16 m hoch. Die Kaiserthermen gehörten zu den größten Badeanlagen des römischen Imperiums. Der unterirdische Teil ist noch fast vollständig erhalten.*

*Aquädukt von Vussen im Kreis Euskirchen – einzige bekannte Stelle der römischen Wasserleitung Eifel–Köln, wo durch ein oberirdisches Bauwerk ein Tal überspannt wurde (1960/61 wiederaufgebaut).*

## Vor- und Frühgeschichte in Museen

Wenn Sie Urlaub machen oder ein paar Stunden Zeit haben auf der Durchreise – ein Besuch im Museum gibt Ihnen viele Hinweise auf den Ort, in dem Sie sich gerade befinden. Damit Sie wissen, welche Museen in welchen Städten und Gemeinden vor- und frühgeschichtliche Funde zeigen, haben wir Ihnen eine alphabetisch geordnete Liste zusammengestellt. Das Sternchen vor der Adresse bedeutet, daß das Museum entweder vormittags oder nachmittags geöffnet ist oder Führungen nach Vereinbarung veranstaltet. Es empfiehlt sich, daß Sie sich vor dem geplanten Besuch nach den Öffnungszeiten erkundigen.

### Bundesrepublik Deutschland

| | |
|---|---|
| Aalen | * Limesmuseum, St.-Johann-Str. 5 |
| | *Dokumentiert die Besetzung Süddeutschlands durch die Römer – Antike Kunst, Frühgeschichte, Römische Wohnkultur, Münzen und Medaillen, Waffen und Rüstungen* |
| Ahrweiler | Ahrgau-Museum, Altenbaustraße |
| Aichach | Heimatmuseum, Schulstraße |
| Alfeld | Heimatmuseum, Kirchhof 4/5 |
| Alsfeld | Heimatmuseum, Hochzeitshaus am Marktplatz |
| Altena/Westf. | Museum der Grafschaft Mark, Burg Altena |
| Altötting | Städt. Heimatmuseum, Kapellplatz 2a |
| Alzey | Museum Alzey, Schloß |
| Amberg/Oberpfalz | * Heimatmuseum, Eichenforstgasse 12 |
| Andernach | Stadtmuseum, Hochstraße 97 |
| Ansbach | Kreis- und Stadtmuseum, Schaitberger Str. 10 |
| Arnsberg | Sauerland-Museum, Alter Markt 26 |
| Aschaffenburg | Museum der Stadt Aschaffenburg, Stiftsplatz |
| Assenheim | * Schloßmuseum, Hauptstraße 40 |
| Augsburg | Städt. Kunstsammlungen, Römisches Museum, Dominikanergasse 15 |
| Baden-Baden | Stadtgeschichtliche Sammlungen, Neues Schloß |
| Bad Aibling | * Heimatmuseum, Wilhelm-Leibl-Platz 2 |
| Bad Buchau | Federseemuseum |
| | *Siedlungsfunde von ca. 12000 v. Chr. bis 500 n. Chr.* |
| Bad Ems | Ortsgeschichtliche Sammlung, Rathaus |
| Bad Hersfeld | Städt. Museum, Im Stift 6a |
| Bad Kreuznach | Karl-Geib-Museum, Kreuzstr. 69 |
| Bad Mergentheim | * Deutschordens- und Heimatmuseum, Schloß |
| Bad Münstereifel | * Heimatmuseum, Rathaus |
| Bad Nauheim | * Salzmuseum, Ludwigstr. 20–22 |
| | *Vorgeschichtl. Salzgewinnung, insbes. aus der Latènezeit* |
| Bad Oldesloe | * Heimatmuseum, Mühlenstr. 22 |
| Bad Reichenhall | * Städt. Museum, Getreidegasse 4 |
| Bad Rothenfelde | * Heimatmuseum, Ferdinandstraße |
| Bad Salzuflen | * Heimatmuseum des Bades und der Stadt, Kurverwaltung |
| Bad Vilbel | * Brunnen- und Heimat-Museum, Wasserburg |
| Bad Windsheim | Heimatmuseum, Schumbergstr. 4 |
| Bad Zwischenahn | * Ammerländer Heimatmuseum |
| Balingen | * Heimatmuseum, Zollernschloß Waagenmuseum, Zollernschloß |
| | *Waagen aus aller Welt seit 2980 v. Chr.; Aufzeichnungen zur Entwicklung der Waage von ihren Anfängen bis zur Gegenwart* |
| Balve | Prähistorisches Heimatmuseum u. Höhlenmuseum, Volksschule |
| | *Neben Vor- und Frühgeschichte Höhlenfunde aus der ältesten Steinzeit* |
| Bamberg | Historisches Museum, Domplatz 7 |
| | *»Bamberger Götzen« – wahrscheinl. vorchristl. Idole* |
| Barmstedt | * Museum der Grafschaft Rantzau, Am Markt 13 |
| Bayreuth | * Vor- und Frühgeschichtl. Sammlung, Neues Schloß, Ludwigstr. 21 |
| Bensheim | * Bergsträßer Heimatmuseum, Klosterhof |
| Bentheim | Heimatmuseum, Schloß Bentheim |
| Bergen/Celle | Heimatmuseum »Römstedthaus«, Am Friedensplatz 7 |
| Berlin | Museum für Vor- und Frühgeschichte, Schloß Charlottenburg |
| | *Ständige Ausstellung: Berlin im Altertum* |
| | Heimatmuseum Spandau, Zitadelle, Haus 2 |
| Bersenbrück | * Kreismuseum, Stiftshof 4 |
| Bexbach | * Gruben- und Heimatmuseum |
| Biberach | Städt. Sammlungen, Museumstr. 2 |
| Birkenfeld/Nahe | * Heimatmuseum |
| Blankenheim | * Kreis-Heimatmuseum, Johannesstr. 6 |
| Blaubeuren | Heimatmuseum, Klosterhof |
| | *Altsteinzeitliche Höhlenfunde* |
| | Urgeschichtl. Museum, Karlstr. 21 |
| Bochum | Heimatkundliche Sammlungen in Haus Kemnade, An der Kemnade 10 |
| Bonn-Bad Godesberg | Rheinisches Landesmuseum, Colmantstr. 14–16 |
| Boppard | * Städt. Heimatmuseum, Burgstraße |
| Borken/Westf. | Heimatmuseum i. d. Heilig-Geist-Kirche, Heilig-Geist-Str. |
| Bottrop | * Heimatmuseum, Im Stadtgarten 20 |
| Braunfels | Fürstl. Schloßmuseum, Schloß |
| | *Idol von Dietenhausen* |
| Braunschweig | * Braunschw. Landesmuseum f. Geschichte u. Volkstum, An der Aegidienkirche |
| Bremen | Focke-Museum, Schwachhauser Heerstr. 240 |
| | Heimatmuseum Vegesack, Weserstr. 7 |
| Bremerhaven | Morgenstern-Museum, Kaistr. 5–6 |
| Bremervörde | * Kreisheimatmuseum, Vorwerkstr. 19 und Wesermünder Str. 20 |
| Bruchsal | Städt. Sammlungen, Rathaus |
| Buchen | * Heimatmuseum »Steinernes Haus«, Kellereistr. 29 |
| Bückeburg | * Schaumburg-Lippisches Heimatmuseum, Lange Straße 22 |
| Büdingen | * Heuson-Museum, Rathaus |
| Burg/Fehmarn | * Fehmarnsches Heimatmuseum |
| Burg/Wupper | Bergisches Museum, Schloß |
| Burgau | * Heimatmuseum, Schloß |
| Burgdorf | * Heimatmuseum, Marktstr. 13 |
| Burghausen/Obb. | Historisches Stadtmuseum, Burg 48 |
| | *Insbesondere Hallstattzeit* |
| Butzbach | Heimatmuseum, Griedelerstr. 20–22 |
| Buxtehude | * Heimatmuseum, St.-Petri-Platz |
| Coburg | Naturwissenschaftl. Museum, Park 6 |
| Cuxhaven | * Karl-Waller-Museum, Seedeich 23 |
| | *Vor- und Frühgeschichte des nördlichen Elbe-Meer-Dreiecks* |
| Dachau | * Heimatmuseum |
| Darmstadt | Hess. Landesmuseum, Friedensplatz 1 |
| Datteln | * Hermann-Grochtmann-Museum, Lohstraße 20a |
| Deggendorf | * Heimatmuseum, Schlachterhausgasse 1 |
| Detmold | Lippisches Landesmuseum, Ameide 4 |
| Dieburg | * Kreis- und Stadtmuseum, Schloß Fechenbach |

| | |
|---|---|
| | *Funde aus der römischen Landstadt Vetus Ulpius, Dieburger Mithräum* |
| Diez | * Nassauisches Heimatmuseum, Am Guckenberg 8 |
| Dillenburg | Nassau-Oranisches Museum, Wilhelmsturm |
| Dillingen/Donau | * Museum des Historischen Vereins Dillingen, Lammstraße |
| Dinkelsbühl | Historisches Museum, Dr.-Martin-Luther-Str. 6 |
| Donaueschingen | Fürstlich Fürstenbergische Sammlungen, Karlplatz 7 |
| Dorsten | * Heimatmuseum, Gertrudistr. 1 |
| Dortmund | * Museum für Kunst u. Kulturgeschichte Ritterhausstr. 34 *Provinzialarchäologie, Dortmunder Goldschatz, Veltheimer Bronzeeimer* |
| Dreieichenhain | Dreieich-Museum, Fahrgasse 52 |
| Duderstadt | Heimatmuseum des Eichsfeldes, Oberkirche 3 |
| Düren | Heimatmuseum, Hoeschplatz 1 |
| Düsseldorf | Stadtgeschichtl. Museum, Bäckerstr. 7–9 |
| Duisburg | Niederrheinisches Museum, Friedrich-Wilhelm-Str. 64 *Römische Funde aus Asberg-Asciburgium* |
| Ehingen | * Heimatmuseum, Kasernengasse 2 |
| Eichenzell | * Schloßmuseum Fasanerie, Adolphseck |
| Eichstätt | Museum in der Willibaldsburg |
| Elmshorn | * Konrad-Struve-Museum, Städt. Museum, Drückhammers Gang |
| Erding | * Heimatmuseum, Rathaus |
| Erfelden | * Heimatmuseum, Wilhelm-Leuschner-Str. 28 |
| Erlangen | Stadtmuseum, Martin-Luther-Platz 9 Ur- und Frühgeschichtl. Sammlung der Universität Erlangen-Nürnberg, Kochstraße 4 *Lehr- und Studiensammlung vom Paläolithikum ins frühe Mittelalter, insbes. Alt- und Mittelsteinzeit* |
| Eschwege | * Heimatmuseum, Vor dem Berge 14a |
| Essen | Ruhrland- und Heimat-Museum, Bismarckstr. 62 |
| Flensburg | Städt. Museum, Lutherplatz 1 |
| Forchheim | * Pfalzmuseum, Kapellenstr. 16 |
| Frankenthal | * Erkenbert-Museum, Alte Stadtsparkasse |
| Frankfurt | Museum für Vor- und Frühgeschichte, Justinianstr. 5 |
| Freiburg i. Br. | Museum für Ur- und Frühgeschichte, Gerberau 32 |
| Freising | * Museum des Historischen Vereins Freising, Marienplatz |
| Friedberg i. Hessen | Wetterau-Museum, Haagstr. 16 |
| Friedberg i. Schwaben | * Heimatmuseum, Schloß |
| Fritzlar | Museum Fritzlar, Hochzeitshaus |
| Fulda | Vonderau-Museum, Stadtschloß u. Universitätsplatz |
| Furth i. Wald | * Museum im Stadtturm, Schloßplatz |
| Geilenkirchen | * Heimatmuseum, Vogteistr. 2 |
| Gerolstein | * Museum in der Villa Sarabodis, Sarresdorfer Straße |
| Giessen | * Oberhessisches Museum, Asterweg 9 *Ur- und Frühgeschichte Hessens vom Paläolithikum bis Frankenzeit* |
| Gladbeck | Museum der Stadt Gladbeck, Burgstraße 64 |
| Gladenbach | Heimatmuseum »Amt Blankenstein« Am Bornrain 7 |
| Goch | Steintormuseum |
| Göppingen | * Städt. Museum, Wühlestr. 36 |
| Göttingen | Städt. Museum, Ritterplan 7 |
| Günzburg | * Heimatmuseum, Rathausgasse 2 *Röm. Kastell Guntia* |
| Gütersloh | * Heimatmuseum |

| | |
|---|---|
| Gunzenhausen | * Heimatmuseum, Marktplatz 49 |
| Hachenburg | * Landschaftsmuseum Westerwald, im Burggarten |
| Hagen | * Heimatmuseum, Hochstr. 73 |
| Hallstadt | * Stadtmuseum, Marktplatz 2 |
| Haltern | * Römisch-Germanisches Museum, Goldstr. 1 *Fundstücke aus römischen Militärstationen* |
| Hamburg | Altonaer Museum in Hamburg, Museumstr. 23 Hamburgisches Museum für Völkerkunde und Vorgeschichte, Binderstr. 14 Museum für Kunst und Gewerbe, 1, Steintorplatz *Kunsthandwerk Europas von vorgeschichtlicher Zeit bis zur Gegenwart, insbes. Sammlungen Keramik, Textilien, Möbel und Goldschmiedearbeiten* Helms-Museum, 90, Knoopstr. 12–14 *Vor- und Frühgeschichte der nördl. Lüneburger Heide* |
| Hamm | Städt. Gustav-Lübcke-Museum, Museumstr. 2 |
| Hanau | * Historisches Museum, Schloß Philippsruhe |
| Hannover | * Niedersächsisches Landesmuseum, Abt. Urgeschichte, Am Maschpark 5 |
| Haselünne | * Heimatmuseum, Lingener Straße |
| Haslach | Hansjakob- und Heimatmuseum *Römer-Relief* |
| Hechingen | * Hohenzollerische Landes-Sammlung, Städt. Heimatmuseum, Altes Rathaus |
| Heide | * Museum für Dithmarscher Vorgeschichte, Brahmsstr. 8 |
| Heidelberg | Kurpfälzisches Museum, Hauptstr. 97 |
| Heidenheim | * Heimatmuseum, Schloß Hellenstein |
| Heilbronn | Historisches Museum, Kramstr. 1 |
| Heiligenhafen | * Heimatmuseum, Lauritz-Maßmann-Straße |
| Heinsberg/Rheinl. | * Heimatmuseum, Hochstr. 21 |
| Helmstedt | * Kreisheimatmuseum, Bötticherstr. 2 |
| Herne | Emschertal-Museum, Schloß-Strünkede-Str. 77a |
| Hildesheim | Roemer-Pelizaeus-Museum, Am Steine 1 |
| Hitzacker | * Heimatmuseum |
| Höchstadt/Aisch | Heimatmuseum |
| Höxter | * Museum Höxter-Corvey, Schloß |
| Hofgeismar | * Heimatmuseum, Markt 1 |
| Hohenburg | * Kulturgeschichtliches Museum Spörer |
| Hohenlimburg | * Heimatmuseum, Schloß |
| Hohenwestedt | * Heimatmuseum (Burmesterhaus), Friedrichstraße 11 |
| Hoisdorf | * Stormarnsches Dorfmuseum, Alte Schule |
| Holzmaden/Teck | Museum Hauff |
| Homburg | Heimatmuseum, Kaiserstraße 41 |
| Hüllhorst | * Heimatmuseum, Schulstraße 162 |
| Husum | * Nissenhaus, Herzog-Adolf-Straße 25 |
| Ingolstadt | * Städt. Museum, Esplanade 1 *Insbesondere Keltenstadt Manching* |
| Itzehoe | * Heimatmuseum Prinzesshof, Viktoriastr. 20 *Germanengrab: Die Anlage entstand im Anschluß an die Ausgrabungen am »Galgenberg«, einem großen Grabhügel der älteren Bronzezeit.* |
| Jever | Schloß- und Heimatmuseum, Schloß |
| Jülich | * Römisch-Germanisches Museum, Altes Rathaus, Markt 1 |
| Karlsruhe | * Badisches Landesmuseum, Schloß |
| Kassel | Staatl. Kunstsammlungen, Schloß Wilhelmshöhe |
| Kaufbeuren | Heimatmuseum, Kaisergäßchen 12–14 |
| Kehl | * Hanauer Museum, Friedhofstraße 2 |

| | |
|---|---|
| Keitum/Sylt | * Sylter Heimatmuseum |
| Kelheim | * Stadtmuseum, Deutscher Hof |
| Kellinghusen | * Heimatmuseum, Rathaus |
| Kempten | * Römische Sammlung Cambodunum und Naturwissenschaftliche Sammlung, Residenzplatz 31 |
| Kevelaer | * Museum für Niederrheinische Volkskunde, Hauptstraße 18 |
| Kirchheim/Teck | * Heimatmuseum im Kornhaus, Max-Eyth-Str. 19<br>*Alemannische Funde* |
| Kirchheimbolanden | * Heimatmuseum für Stadt- und Landkreis, Amtsstraße 14 |
| Kitzingen | * Städt. Museum, Stadtverwaltung Städt. Archiv, Landwehrstr. 23 |
| Koblenz | Mittelrhein Museum, Florinmarkt 15<br>Staatssammlung für Vorgeschichte und Volkskunde, Festung Ehrenbreitstein |
| Köln | Römisch-Germanisches Museum, Roncalliplatz 2<br>*Kölner Ausgrabungen, antike Gläser* |
| Konstanz | Rosgartenmuseum, Rosgartenstr. 3–5 |
| Korbach | * Städt. Heimatmuseum |
| Krefeld | Landschaftsmuseum des Niederrheins, Burg Linn |
| Krumbach | * Heimatmuseum, Heinrich-Sinz-Str. 5 |
| Kulmbach | Landschaftsmuseum Obermain, Bauergasse 2 |
| Ladenburg | * Lobdengau-Museum im Bischofshof<br>*Funde aus der Römerstadt Lopodunum* |
| Lage/Lippe | * Orts-, Heimat- und Zieglermuseum, Werrestraße 11 |
| Lahr/Schwarzwald | * Museum für Ur- und Frühgeschichte Unterer Breisgau, Dinglinger Hauptstr. 54 |
| Landau/Pfalz | * Städt. Heimatmuseum, Südring 20 |
| Landsberg/Lech | * Stadtmuseum |
| Landshut | Stadt- und Kreismuseum, Altstadt 79 |
| Langenau | * Heimatmuseum |
| Lauingen/Donau | * Heimathaus, Herzog-Georg-Str. 57 |
| Leer | * Heimatmuseum, Neue Straße 14 |
| Lembruch | Dümmer-Museum |
| Letmathe | * Heimatmuseum, Am langen Kummer |
| Liesborn | Abtei Liesborn, Abteiring 8 |
| Lindau | Städt. Kunstsammlungen, Marktplatz 6 |
| Lippstadt | Kreisheimatmuseum, Rathausstr. 13 |
| Lörrach | * Heimatmuseum, Burghof 5 |
| Lorsch | * Heimatmuseum, Rathaus |
| Lüchow | Heimatmuseum, Dr.-Lindemann-Str. 27 |
| Ludwigshafen/Rhein | Stadtmuseum, Rottstraße 17<br>K.-O.-Braun-Heimatmuseum, L.-Oppau, Rathaus |
| Lübeck | Museum im Holstentor, Im Holstentor Studiensammlung des Amts für Vor- und Frühgeschichte der Hansestadt Lübeck, Meesenring 8<br>*Frühgeschichtliche und mittelalterliche Archäologie* |
| Lügde | * Heimatmuseum, Am Markt 1 |
| Lüneburg | Museum für das Fürstentum Lüneburg, Wandrahmstr. 10 |
| Mainburg | * Holledauer Heimatmuseum, Marktplatz 1, Rathaus |
| Mainhardt | * Heimatmuseum, Hauptstraße<br>*Römische Funde aus dem örtlichen Bereich, Kastell Lagerdorf* |
| Mainz | Mittelrheinisches Landesmuseum, Große Bleiche 49/51<br>*Kunst und Kulturgeschichte des mittelrheinischen Raumes vom Paläolithikum zum Latène; Zeugnisse der Römer und Franken* |

| | |
|---|---|
| | Römisch-Germanisches Zentralmuseum, Ernst-Ludwig-Platz 2<br>*Vorgeschichtliche Abteilung – Stein-, Bronze- und Eisenzeit Europas; Römische Abteilung – provinzialrömische Kultur; Frühgeschichtliche Abteilung*<br>Münzkabinett, Rheinallee 3B, Stadtbibliothek<br>*Sammlung von ca. 6000 römischen Münzen*<br>* Kupferberg-Sammlung, Kupferberg-Terrasse 19<br>*Standortgeschichte (alte Keller und römische Funde)* |
| Mannheim | * Städt. Reiss-Museum, 1, C 5 (Zeughaus) |
| Marl | Heimatmuseum, Am Mühlenwall, Museumsgasse 14 |
| Marne | * Skatklubmuseum, Museumsstr. 2 |
| Memmingen | * Städt. Museum, Zangmeisterstr. 8 |
| Menden/Sauerl. | Städt. Heimatmuseum, Marktplatz 3 |
| Miltenberg | * Heimatmuseum, ehem. Amtskellerei |
| Mindelheim | Heimatmuseum der Stadt, Hauberstraße 2 |
| Minden | Mindener Museum für Geschichte, Landes- und Volkskunde, Ritterstr. 23/27 |
| Mölln | * Heimatmuseum, Am Markt 2 |
| Mönchengladbach | Städt. Museum, Bismarckstr. 97 |
| Montabaur | * Kreisheimatmuseum, Kehreinstraße |
| Moosburg/Obb. | * Heimatmuseum, Stadtplatz 13 |
| Mosbach/Baden | * Heimatmuseum, Rathaus |
| Mühldorf | Kreisheimatmuseum, Fragnergasse 7 |
| München | Staatl. Münzsammlung, 2, Residenzstr. 1<br>*Münzen, Medaillen, Geldzeichen, geschnittene Steine aller Länder und Zeiten*<br>* Prähistorische Staatssammlung, 22, Prinzregentenstr. 3 |
| Münnerstadt | * Heimatmuseum, Rathaus |
| Münster | Landesmuseum für Vor- und Frühgeschichte Rothenburg 30 |
| Nebel | * Amrumer Museum, Windmühle |
| Nennig | Römische Villa Nennig<br>*Mosaik, römische Kleinfunde* |
| Neuburg/Donau | Heimatmuseum, Amalienstr. 4/9 |
| Neuenstein | »Hohenlohe Museum«, Schloß Neuenstein |
| Neumarkt/Oberpf. | * Heimatmuseum |
| Neumünster | Textilmuseum, Parkstr. 17<br>*Kleidung der Bronze- und Eisenzeit* |
| Neunburg v. Wald | * Kreisheimatmuseum |
| Neuss | Clemens-Sels-Museum, Im Obertor |
| Neustadt/Holstein | * Kreismuseum, Kremper Tor |
| Neustadt/Rübenberge | * Kreisheimatmuseum |
| Neu-Ulm | * Städt. Heimatmuseum, Augsburger Str. 15 |
| Neuwied | Kreismuseum, Raiffeisenplatz |
| Niebüll | * Friesisches Museum Niebüll, Osterweg 76 |
| Niedermarsberg | * Heimatmuseum, Lillerstraße |
| Nienburg | * Museum für die Grafschaften Hoya, Diepholz, Wölpe, Leinestraße 4 |
| Nördlingen | Stadtmuseum, Vordere Gerbergasse 1 |
| Nümbrecht | * Museum des Oberbergischen Landes, Schloß Homburg |
| Nürnberg | Germanisches Nationalmuseum, Kornmarkt 1<br>Naturhistorische Gesellschaft e. V. Gewerbemuseumsplatz 4 |
| Oberlahnstein | * Städt. Bodewig-Museum |
| Obernburg/Unterf. | Römerhaus, Mainstraße 1<br>*Römische Funde aus dem Kastell Obernburg* |
| Ober-Ramstadt | * Heimatmuseum, Altes Rathaus, Grafengasse |
| Oberstdorf | * Heimatmuseum, Oststraße 13 |
| Oerlinghausen | * Heimatmuseum, Barkhauser Berg<br>*Gebrauchsgegenstände der mittleren und jüngeren Steinzeit sowie Rekonstruktion eines* |

| | |
|---|---|
| | *germanisch-cheruskischen Bauernhofes des 1. Jh. n. Chr.* |
| Oettingen | * Heimatmuseum, Schloßstr. 36, Rathaus |
| Offenburg | * Ritterhausmuseum, Ritterstr. 10 |
| Oldenburg (Oldb) | Staatl. Museum für Naturkunde und Vorgeschichte, Damm 40 |
| | *Funde aus dem Moor* |
| Osnabrück | Städt. Museum, Heger-Tor-Wall 27 |
| Osterholz-Scharmbeck | Heimatmuseum, Bördestr. 43 |
| Paderborn | * Museum der Altertumsvereine, Aula Bischof Meinwerks am Ikenberg |
| | *Bestand des Museums ab Mitte 1977 wieder ausgestellt* |
| Passau | Historisches Stadtmuseum, Schloß Oberhaus |
| Pfaffenhofen | * Heimatmuseum, Hauptplatz, Rathaus |
| Pforzheim | Heimatmuseum, Jahnstraße 42 |
| Pirmasens | * Heimatmuseum, Hauptstr. 26 |
| Plön | * Museum des Kreises Plön, Schloßberg 3 |
| Pottenstein | * Heimatmuseum, Forchheimer Str. 57 |
| Raesfeld | * Heimatmuseum, Weseler Straße |
| Ratzeburg | Kreismuseum, Domhof 13 |
| Recklinghausen | * Vestisches Museum, Große-Perdekamp-Straße |
| | *Teile der Sammlung werden sporadisch in der Städtischen Kunsthalle gezeigt* |
| Regensburg | Museum der Stadt Regensburg, Dachauplatz 2–4 |
| Remagen | * Römisch-fränkisches Museum, Abtei Knechtstetten |
| | *Römische und fränkische Funde; terra nigra, terra sigillata, Terrakotten, römische Inschriftsteine, Gegenstände aus Bronze und Eisen, Gläser, Münzen* |
| Remscheid | Deutsches Werkzeugmuseum, Hasten, Cleffstr. 2–6 |
| Rendsburg | Heimatmuseum, Altes Rathaus |
| Reutlingen | * Heimatmuseum, Oberamteistr. 22 |
| Rheinhausen | * Städt. Sammlungen, Krefelder Str. 46 |
| Riedlingen/Württ. | Heimatmuseum, Am Wochenmarkt |
| Rinteln | * Schaumburgisches Heimatmuseum, Eulenburg |
| Rockenhausen | * Nordpfälzer Heimatmuseum |
| Rosenheim | Heimatmuseum, Ludwigsplatz |
| Rotenburg/Wümme | Heimatmuseum, Burgstraße |
| Rotenburg o. d. Tauber | * Reichsstadtmuseum, ehem. Dominikanerinnen-Kloster |
| Rottenburg/Neckar | * Sülchgau-Museum, Bahnhofstraße |
| | *Adelsgräber aus Dettingen* |
| Rottweil | Stadtmuseum Rottweil, Hauptstr. 21 |
| | *Römische Abteilung, Alemannische Abteilung* |
| Rüdesheim | Rheingau- und Wein-Museum, Brömserburg, Rheinstr. 2 |
| Rüsselsheim | Museum, Darmstädter Str. 27 |
| Saalburg-Kastell | Saalburg-Museum, Saalburg |
| | *Ausgrabungsfunde aus der römischen Kaiserzeit vom Limes, insbesondere Funde von den Limeskastellen Saalburg, Zugmantel, Feldbergkastell. Die Saalburg ist ein in den Jahren 1898–1907 teilweise wieder aufgebautes Limeskastell, in dem ein Museum mit Ausgrabungsfunden eingerichtet ist.* |
| Saarbrücken | Landesmuseum für Vor- und Frühgeschichte, Am Ludwigsplatz 15 |
| Saarlouis | Heimatmuseum |
| Säckingen | * Hochrheinmuseum, Schloß |
| St. Goar | Heimatkundliche Sammlung, Burg Rheinfels |
| St. Peter-Ording | Eiderstedter Heimatmuseum, Olsdorfer Str. 6 |
| Schifferstadt | * Heimatmuseum, Bleichstr. 8 |
| Schleswig | Schleswig-Holsteinisches Landesmuseum für Vor- und Frühgeschichte, Schloß Gottorf |
| | *Vor- und Frühgeschichte, Nydamhalle mit Mooropferfunden der Eiszeit, Moorleichen, Opferfunden von Nydam und Thorsberg (u. a. Nydamruderschiff aus dem Jahre 400)* |
| Schöningen | * Heimatmuseum, Markt 33 |
| Schongau | * Stadtmuseum, Blumenstr. 2 |
| Schorndorf | * Heimatmuseum, Kirchplatz 9 |
| Schotten | * Vogelsberger Heimatmuseum, Hauptstr. 23 |
| Schrobenhausen | * Heimatmuseum, Lenbachstr. 22 |
| Schwabmünchen | * Heimatmuseum, Museumsstr. 18 |
| Schwäbisch Hall | * Keckenburg-Museum, Untere Herrengasse 8–10 |
| Schwarzenacker | * Römisches Freilichtmuseum |
| Schweinfurt | * Städtisches Museum, Martin-Luther-Platz 12 |
| Schwenningen | * Städt. Heimatmuseum |
| Schwerte | * Städt. Ruhrtalsmuseum, Rathaus |
| | *Postgeschichte von der Römerzeit bis zur Gegenwart* |
| Siegburg | * Städt. Heimatmuseum, Grimmelgasse |
| | * Steuergeschichtliche Sammlung der Bundesfinanzakademie, Michaelsberg |
| | *Steuergeschichte von der Frühzeit bis heute* |
| Siegen | Museum des Siegerlandes, Oberes Schloß |
| Sigmaringen | Fürstlich Hohenzollernsches Museum, Schloß |
| Simmern/Hunsr. | Hunsrückmuseum, Schloßplatz |
| Sindelfingen | * Stadtmuseum, Altes Rathaus, Lange Str. 13 |
| Singen | * Hegau-Museum, Gräfliches Schloß |
| Sinzig | * Heimatmuseum, Schloß |
| | *Funde und Ausgrabungen aus der Römerzeit. Sinziger terra sigillata, vor- und frühgeschichtliche Funde (Hallstattzeit)* |
| Sögel | Emsland-Museum, Schloß Clemenswerth |
| Solingen | Deutsches Klingenmuseum, Wuppertaler Str. 160 |
| | *Blanke Waffen aus der Bronzezeit, Besteck und sonstiges Schneidgerät von der Steinzeit bis heute* |
| Soltau | * Museum im Heimathaus, Poststr. 11 |
| Sonthofen | * Heimatmuseum, Sonnenstr. 1 |
| Spaichingen | * Geologisch-Vorgeschichtl. Museum, Bahnhofstraße |
| Speyer | Historisches Museum der Pfalz, Große Pfaffengasse 7 |
| Stade | Urgeschichtsmuseum, Eisenbahnstr. 21 |
| Staffelstein | Heimatmuseum, Marktplatz 1 |
| Starnberg | Städt. Würmgau-Museum, Possenhofener Str. 9 |
| Steinheim/Murr | Urmensch-Museum, Hans-Trautwein-Haus |
| | *Der Homo steinheimensis und seine Tierwelt* |
| Steinheim/Main | * Museum der Stadt, Schloß |
| Straubing | Gäuboden und Stadtmuseum, Fraunhoferstr. 9 |
| Stuttgart | Württembergisches Landesmuseum, Schillerplatz 6 |
| Syke | * Kreismuseum, Herrlichkeit 65 |
| Tauberbischofsheim | Kurmainzisches altes Schloß |
| Traben-Trarbach | * Mittelmosel-Museum, Moselstraße |
| Traunstein | Heimatmuseum, Stadtplatz |
| Trier | Rheinisches Landesmuseum, Ostallee 44 |
| Tuttlingen | * Heimatmuseum, Donaustr. 50 |
| Überlingen | Heimatmuseum, Meldegg'sches Patrizierhaus |
| Uelzen | * Heimatmuseum, Hoefftstr. 3 |
| Uffenheim | Heimatmuseum, Albrecht-Dürer-Str. 10 |
| Ulm | Deutsches Brotmuseum, Fürsteneckerstr. 17 |
| | *Geschichte der Brotherstellung* |

| | |
|---|---|
| Unna | Hellweg-Museum, Burgstraße 8 |
| Unteruhldingen | Freilichtmuseum Deutscher Vorzeit, Strandpromenade 6 |
| Usingen | * Heimat- und Wilhelms-Museum, Schloßplatz 4 |
| Verden | * Heimatmuseum, Große Fischerstraße 10 |
| Veringenstadt | * Heimatmuseum, Hauptstraße |
| Villingen | Museum der Stadt Villingen, Münsterplatz |
| Vilsbiburg | * Heimatmuseum, Stadtplatz 40 |
| Waiblingen | * Heimatmuseum, Rathaus, Schmidener Str. 51 |
| Waldshut | * Heimatmuseum, Kaiserstraße |
| Walsrode | Heimatmuseum, Hermann-Löns-Str. 2 |
| Wanne-Eickel | * Heimatmuseum, Unser-Fritz-Str. 108 |
| Weiden/Oberpf. | * Stadtmuseum, Unterer Markt 23 |
| Weilburg | Städt. Museum und Bergbaumuseum, Schloßplatz 1 |
| Weiler/Allg. | * Westallgäuer Heimatmuseum, Haus Nr. 11 |
| Weilheim/Obb. | * Stadtmuseum |
| Weinheim/Bergstr. | * Heimatmuseum, Amtsgasse 2 |
| Weißenburg | Heimatmuseum, Martin-Luther-Platz 3 |
| Wemding | * Heimatmuseum, Marktplatz 3 |
| Wertingen | * Heimatmuseum, Marktplatz 1 |
| Westrhauderfehn | Fehn- und Schiffahrts-Museum für Ostfriesland und Saterland, Rajen 120 |
| Wettelsheim | * Ortssammlung, Im Amtshof |
| Wetzlar | Städt. Museum, Lottestr. 8–10 |
| Wewelsburg | Kreisheimatmuseum, Burg |
| Wilhelmshaven | Küsten- und Schiffahrtsmuseum, Rheinstr. 95 *Siedlungsarchäologie und Besiedlungsgeschichte des Nordseeküstengebietes* |
| Wolfach | * Städt. Heimatmuseum |
| Wolfenbüttel | Braunschw. Landesmuseum für Geschichte und Volkstum, Kanzleistr. 3 |
| Wolfhagen | * Heimatmuseum |
| Worms | Museum der Stadt Worms Weckerlingplatz 7 |
| Worpswede | * Ludwig-Roselius-Museum für Frühgeschichte |
| Würzburg | Mainfränkisches Museum, Festung Marienberg |
| Wunsiedel | Fichtelgebirgs-Museum, Spitalhof 1–2 |
| Wyk | Museumsverein Insel Föhr, Rebbelstieg |
| Xanten | Dom-Museum |
| Ziegenhain | Museum der Schwalm im Steinernen Haus, Kleiner Paradeplatz |
| Zülpich | * Städt. Heimatmuseum |

## DDR

| | |
|---|---|
| Aken | * Heimatmuseum, Köthener Str. 15 |
| Allstedt | Heimatmuseum, Rathaus |
| Altenburg | Schloßmuseum und Spielkarten-Museum, Schloß Altenburg |
| Angermünde | * Heimatmuseum, Berliner Straße 72 |
| Anklam | Heimatmuseum, Rudolf-Breitscheid-Platz 4 |
| Arendsee/Altm. | Heimatmuseum und Klosterruine, Am See 3 |
| Arneburg | Heimatmuseum, Karl-Marx-Str. 14 |
| Arnstadt | Heimatmuseum, Schloßplatz 1, Schloß |
| Bad Doberan | Kreisheimatmuseum auf dem Kamp, Großer Tempel |
| Bad Düben | Landschaftsmuseum der Dübener Heide, Burg Düben |
| Bad Frankenhausen | Kreis-Heimatmuseum, Schloß |
| Bad Freienwalde | Oderland-Museum, Uchtenhagenstr. 2 |
| Bad Langensalza | Heimatmuseum, Thälmannplatz 7 |
| Bad Liebenwerda | * Museum des Kreises Liebenwerda, Dresdener Str. 15 |

| | |
|---|---|
| Ballenstedt | Heimatmuseum, Goetheplatz 1 |
| Bautzen | * Stadtmuseum, Platz der Roten Armee 1 a |
| Beeskow | Biologisches Heimatmuseum, Frankfurter Str. 23 a |
| Belgern | * Heimatmuseum, Oschatzer Str. 11 |
| Belzig | * Heimatmuseum, Burg Eisenhardt |
| Berlin | Märkisches Museum, Am Köllnischen Park 5 Museum für Ur- und Frühgeschichte, Bodestr. 1–3 (Museumsinsel) |
| Bitterfeld | Kreismuseum, Kirchplatz 3 |
| Blankenburg/Harz | Heimatmuseum, Schnappelberg 6 |
| Blankensee (1711) | * Dorfmuseum, Dorfstraße 4 |
| Borna | * Heimatmuseum, Karl-Marx-Platz 3 |
| Brandenburg | Kreis-Heimatmuseum, Hauptstr. 96 |
| Burg b. Magdeburg | Kreis-Heimatmuseum, Platz des Friedens 26 |
| Buttstädt | * Heimatmuseum, Altes Vogtshaus, Freiheitsstraße |
| Camburg | * Heimatmuseum, Amtshof 1–2 |
| Colditz | Heimatmuseum, Kurt-Böhme-Str. 1 |
| Dahme | Heimatmuseum, Am Kloster 2 |
| Delitzsch | * Kreis-Heimatmuseum, Schloß |
| Demmin | Kreis-Heimatmuseum, Ernst-Thälmann-Str. 23 |
| Dermbach | Kreis-Heimatmuseum, Bahnhofstraße 16 |
| Dessau | Museum für Naturkunde und Vorgeschichte, August-Bebel-Str. 32 |
| Dohna | Heimatmuseum, Pfarrstraße 6 |
| Dresden | * Landesmuseum für Vorgeschichte, Karl-Marx-Platz, Japanisches Palais – Forschungsstelle |
| Ebersbach/Sachs. | * Heimatmuseum, Humboldt-Baude, Schlechteberg |
| Eberswalde | Kreis-Heimatmuseum, Kirchstraße 8 |
| Egeln | * Städtisches Museum, Moritz-Wiener-Str. 3 |
| Eilenburg | * Kreis- und Stadtmuseum, Schloßberg 7 |
| Eisenach | Thüringer Museum, Markt 24 (Schloß) |
| Eisenberg | Kreis-Heimatmuseum, Schloß Friedrichstanneck |
| Eisfeld | Otto-Ludwig-Heimatmuseum, Schloß Eisfeld |
| Eisleben | Kreis-Heimatmuseum, Andreaskirchplatz 7 *Aunjetitzer Kultur* |
| Erfurt | Museum, Juri-Gagarin-Ring 140a |
| Finsterwalde | * Heimatkundliche Bildungsstätte, Schloß |
| Frankfurt/Oder | Bezirksmuseum, Emanuel-Bach-Str. 11 |
| Freital | Haus der Heimat, Burgker Str. 61 |
| Freyburg/Unstrut | Museum Schloß Neuenburg, Schloß Neuenburg |
| Fürstenwalde/Spree | * Stadt- und Heimatmuseum, Holzstraße 1 |
| Genthin | Kreis-Heimatmuseum, Mützelstr. 22 |
| Gera | Museum für Kulturgeschichte, Straße der Republik 2 |
| Gerstungen | * Heimatmuseum, Sophienstr. 2 (Schloß) |
| Glauchau | Städt. Museum und Kunstsammlung, Schloß Hinterglauchau |
| Görlitz | Museum Haus Neißstraße, Neißstraße 30 |
| Goldberg | * Kreisheimatmuseum, Müllerweg 2 |
| Gotha | Museum für Regionalgeschichte und Volkskunde, Schloß Friedenstein, Westturm |
| Grabow/Mecklenb. | * Heimatmuseum, Kirchenstraße 14 |
| Greifswald | Museum der Stadt Greifswald, Theodor-Pyl-Str. 1–2 |
| Grimma | Heimatmuseum des Kreises, Paul-Gerhard-Str. 43 * Mühlen-Museum, Großmühle 2 *Mühlengeschichte seit der Urzeit, Getreideverarbeitung und Gerät* |
| Großengottern | * Heimatstube, Langensalzaer Straße |
| Großenhain | Kreismuseum, Kirchplatz 4 |

| Güstrow | Kreisheimatmuseum, Franz-Parr-Platz 7 |
| Halberstadt | Städt. Museum (Kreismuseum), Domplatz 36 |
| Halle | Landesmuseum für Vorgeschichte, Richard-Wagner-Str. 9–10 |
| Havelberg | Prignitz-Museum, Am Dom |
| Heiligenstadt | * Eichsfelder Heimatmuseum, Collegienstr. 10 |
| Hinzdorf | * Heimatstube |
| Hohenleuben | Museum Hohenleuben-Reichenfels |
| Hoyerswerda | * Kreis-Heimatmuseum, Platz des Friedens 1 |
| Ilsenburg | Heimatmuseum, Ernst-Thälmann-Str. 9 |
| Jüterbog | * Kreis-Heimatmuseum, Planeberg 9 |
| Kahla | Heimatmuseum Leuchtenburg |
| Kamenz | * Museum der Westlausitz, Pulsnitzer Straße 16 |
| Kapellendorf | Burgmuseum, Wasserburg |
| Kölleda | * Heimatmuseum, Thälmannstraße 10 |
| Köthen | Heimatmuseum, Museumsstraße 4–5 |
| Landsberg | * Heimatmuseum »Bernhard Brühl«, Bahnhofstraße |
| Leipzig | Naturwissenschaftl. Museum, Lortzingstr. 3 |
| | Archäologisches Museum des Archäologischen Instituts der Karl-Marx-Universität Leipzig, Universitätsstraße 3–5 |
| | *Tongefäße von vorgeschichtlicher bis zur römischen Zeit, Terrakottafiguren, Lampen, Kleinbronzen* |
| Leisnig | Kreismuseum Burg Mildenstein, Burglehn 6 |
| Lenzen | * Heimatmuseum, Burghof |
| Löbau | Stadtmuseum |
| Lommatzsch | * Heimatmuseum, Markt 1 (Rathaus) |
| Luckau | Heimatmuseum, Langestraße 71 |
| Luckenwalde | * Kreis-Heimatmuseum, Platz der Jugend 11 |
| Lübbenau | Spreewaldmuseum mit Volkspark |
| Magdeburg | Kulturhistorisches Museum, Otto-von-Guericke-Str. 68/73 |
| Malchin | * Heimatmuseum, Platz der Freundschaft (Rathaus) |
| Markranstädt | * Heimatmuseum, Platz des Friedens 5 |
| Meerane | * Heimatmuseum, Platz der Roten Armee 3 (Rathaus) |
| Meissen | * Stadt- und Kreismuseum, Rathausplatz 3 |
| Merseburg | Kreismuseum, Schloß (Ostflügel) |
| Mühlberg | * Heimatmuseum, Museumstraße 9 |
| Müllrose | * Heimatmuseum, Platz der Freiheit (Rathaus) |
| Nerchau | * Heimatstube, Karl-Marx-Platz 3 |
| Neubrandenburg | Kulturhistorisches Museum, Treptower Str. 38 (Treptower Turm) |
| Neukirch/L. | * Heimatmuseum, Hauptstraße 24 (Lessingschule) |
| Neuruppin | Kreis-Heimatmuseum, August-Bebel-Straße 14–15 |
| Nieder-Neundorf | * Heimatstube, Dorfstraße 45 |
| Nordhausen | Meyenburg-Museum, Alexander-Puschkin-Str. 31 |
| Nossen | Heimatmuseum, Schloß (Westflügel) |
| Oderberg | Heimatmuseum, Ernst-Thälmann-Str. 31 |
| Oranienburg | Kreis-Heimatmuseum, Breitestraße 1 |
| Oschatz | * Heimatmuseum, Frongasse 1 |
| Osterburg | Kreis-Heimatmuseum, Straße des Friedens 21 |
| Osterwieck/Harz | * Heimatmuseum, Markt 11 (Altes Rathaus) |
| Parchim | * Heimatmuseum, Thälmann-Platz 3 |
| Pegau | * Heimatmuseum, Ernst-Thälmann-Str. 16 |
| Perleberg | Kreis-Heimatmuseum, Mönchort 7–9 |
| Pirna | Kreismuseum, Klosterhof |
| Plauen | Vogtländisches Kreismuseum, Nobelstr. 9–13 |
| Potsdam-Babelsberg | Museum für Ur- und Frühgeschichte, Schloß Babelsberg |
| Prenzlau | * Kreisheimatmuseum, Uckerwiek 813a |
| Prieros | * Heimatmuseum, Am Dorfanger 1 |
| Quedlinburg | Schloßmuseum, Schloßberg 1 |
| Querfurt | Kreismuseum, Burg |
| Radeberg | Heimatmuseum, Schloßstraße 6 |
| Radeburg | * Heimatmuseum, Heinrich-Zille-Str. 9 |
| Ranis | Kreis-Heimatmuseum, Burg Ranis |
| | *Urgeschichte mit Funden der älteren und jüngeren Steinzeit (Ilsenhöhle, Döbritzer Höhlen), Bronze- und Latènezeit* |
| Rerik | * Heimatmuseum, Leuchtturmstr. 11 |
| Ribnitz-Damgarten | Heimatmuseum, Klosterstr. 12 |
| Riesa | * Heimatmuseum, Poppitzer Platz 12 |
| Rochlitz | Heimatmuseum, Schloß |
| Römhild | Steinsburg-Museum |
| Roßla | * Heimatmuseum, Kulturhaus |
| Rostock | Kulturhistorisches Museum, Im Steintor |
| Rudolstadt | Staatl. Museen Heidecksburg, Schloßbezirk 1–3 |
| | *Ur- und frühgeschichtliche Funde insbes. der Hermunduren-Siedlung* |
| Salzwedel | Johann-Friedrich-Danneil-Museum, Kreis-Heimatmuseum, An der Marienkirche 3 |
| Sangerhausen | Spengler-Museum, Kreismuseum, Straße der Opfer des Faschismus 33 |
| Schkeuditz | * Heimatmuseum, Mühlstr. 60 |
| Schmölln/OL | Heimatmuseum, Schmölln Nr. 1, Schloß |
| Schönberg/Meckl. | Heimatmuseum, An der Kirche 8–9 |
| Schönebeck | Kreismuseum, Pfännerstr. 41 (Altes Rathaus Salzelmen) |
| | *Ur- und frühgeschichtliche Funde des Gräberfeldes Schönbeck* |
| Schwedt | * Stadt- und Kreismuseum, Am Markt 4 |
| Schwerin | Museum für Ur- und Frühgeschichte, Alter Garten |
| Senftenberg | Kreis-Heimatmuseum, Schloß |
| Sondershausen | Staatl. Heimat- und Schloßmuseum, Schloß |
| Stadtilm | * Heimatmuseum, Straße der Einheit 1 (Rathaus) |
| Stendal | Altmärkisches Museum, Weberstraße 18 |
| | Winckelmann-Memorialmuseum, Winckelmannstr. 36 |
| | *Leben und Werk des Archäologen Johann Joachim Winckelmann (1717–1768) in dessen Geburtshaus* |
| Stralsund | Kulturhistorisches Museum, Mönchstr. 25–27 |
| Suhl | Heimat- und Waffenmuseum, Malzhaus am Herrenteich |
| Tangermünde | Heimatmuseum, Am Markt |
| Taucha | * Heimatmuseum, Schloßstraße 13 |
| Thale | Walpurgishalle, Auf dem Hexenplatz über der Bode |
| Themar | * Heimatmuseum, Markt 1 |
| Torgau | Kreismuseum, Schloß Hartenfels |
| Ummendorf | Volkskundemuseum Ummendorf, Kreis-Heimatmuseum des Kreises Wanzleben, In der Burg |
| Waren a. d. Müritz | Müritz-Museum, Friedensstr. 5 |
| Weimar | Museum für Ur- u. Frühgeschichte Thüringens, Humboldtstr. 11 |
| Weißenfels | Städt. Museum, Langendorfer Str. 33 |
| Werdau | Heimatmuseum, Uferstr. 1 |
| Wernigerode | Harzmuseum-Kreismuseum, Klint 10 |
| Wilsdruff | * Heimatsammlung, Gezinge |
| Wismar | Heimatmuseum Schabbelthaus, Schweinsbrücke 8 |
| Wittenberge | * Heimatmuseum, Steintor |
| Wittstock/Dosse | * Kreis-Heimatmuseum, Amtshof 5 |
| Woldeck | * Heimatstube |
| Wolgast | Heimatmuseum, Karl-Liebknecht-Platz 6 |
| Wolmirstedt | Kreis-Heimatmuseum, Glindenbergstr. 9 |
| | *Grabungsfunde Hildagsburg* |

| | | |
|---|---|---|
| Worbis | * Heimatmuseum (Kreismuseum), Amtsstr. 1 | |
| Wurzen | Kreis-Heimatmuseum, Domgasse 2 | |
| Wusterhausen | * Heimatmuseum des Kreises Kyritz, Roter Platz 20 | |
| Zeitz | Städt. Museum, Schloß Moritzburg | |
| Zerbst | Heimatmuseum, Weinberg 1 | |
| Zittau | Dr.-Curt-Heinke-Museum, Thälmannring | |
| Zörbig | Heimatmuseum, Am Schloß 10 | |

## Österreich

Arnfels
: * Uhren-, Musikalien- und Volkskundemuseum, Maltschach 3
  *Römische und keltische Grabungsfunde*

Asparn
: Museum für Urgeschichte des Landes Niederösterreich mit urgeschichtl. Freilichtmuseum, Weinlandmuseum, Minoritenkloster

Bad Deutsch Altenburg
: Museum Carnuntinum, Badgasse 42
  *Römische Provinzialkultur (1.–4. Jh.) mit Funden aus der Römerstadt Carnuntum; Mithräen, Mosaike, Gold- und Silberschmuck, Bronzen, Gläser und Gebrauchsgerät sowie eine umfangreiche Münzsammlung. Im Lapidarium des Museums befinden sich Architekturteile aus den Kasernen des Carnuntiner Lagers*

Baden
: * Rollet-Museum, Weikersdorfer Platz 1
  *Funde aus der Römerzeit*

Badgastein
: * Heimatmuseum

Bad Ischl
: Heimatmuseum, Franz-Léhar-Kai 8

Bad Wimsbach-Neydharting
: Heimat-Museum-Dr.-Eduard-Beninger-Gedächtnis-Museum, Paracelsus-Haus Drudenfuß-Sammlung, Kurhaus, Internationales Moormuseum, Paracelsus-Haus

Bernstein
: Burg Bernstein, Schloß

Braunau
: Bezirksmuseum, Johann-Fischer-Gasse 18 u. 20

Bregenz
: Vorarlberger Landesmuseum, Kornmarkt 1
  *Archäologische Bodenfunde, römische Grabungsfunde, Grabausstattungen des 1.–4. Jahrh.*

Bruck a. d. Leitha
: * Heimatmuseum, Johnstr. 1

Dölsach
: Museum und Freilichtanlage Aguntinum
  *Stadtmauer mit Toranlage (2. Jh. n. Chr.), Atriumhaus (2.–3. Jh. n. Chr.), Handwerksviertel (2.–4. Jh. n. Chr.) sowie öffentliche Therme (1. Jh. v. Chr. bis Anf. 5. Jh. n. Chr.)*

Eferding
: * Stadtmuseum, Heimatmuseum, Schloß Starhemberg, Kirchplatz 1
  *Römische Funde*

Eggenburg
: Krahuletz-Museum, Krahuletzplatz 1
  *Eiszeitliche Funde; ur- und frühgeschichtl. Sammlungen mit Knochenwerkzeugen der Steinzeit, Linearkeramik (4000 v. Chr.), Urnenfelderkultur, römische Provinzialkunst*

Eisenstadt
: * Burgenländisches Landesmuseum, Museumsgasse 1–5

Enns
: * Museum der Stadt, Hauptplatz 19

Fischamend
: * Heimatmuseum, Hauptplatz 5, Im Marktturm
  *Ur- und frühgeschichtliche Funde, vor allem aus dem römischen Aequinoctium*

Friesach
: * Heimatmuseum, Fürstenhofgasse 115

Gleisdorf
: *Heimatmuseum, Florianplatz (Rathaus)

Graz
: * Museum für Vor- und Frühgeschichte, Schloß Eggenberg

Habach
: Smaragdbergwerksmuseum, Gasthaus Alpenrose
  *Geschichte des Smaragdbergbaus seit der Römerzeit*

Hadersdorf
: * Heimatmuseum, Rathaus

Hainburg
: * Museum der Stadt, Wiener Tor

Hallein
: Stadtmuseum, Griestor und Pflegerplatz
  *Latènezeitl. Sammlung mit Funden zum prähistor. Salzbergbau*

Hallstatt
: Museum Hallstatt, Markt
  *Funde vom Gräberfeld aus der Hallstatt- und Latènezeit, vorgeschichtl. Salzbergbau in Hallstatt, römische Provinzialkunst*

Herzogenburg
: Kunstausstellung Stift Herzogenburg, Stift

Hohenau
: * Heimatmuseum, Hauptstr. 34–36

Hollabrunn
: * Städt. Museum, Hölzlgasse 13

Horn
: Höbarth-Museum, Wiener Straße 4

Imst
: * Heimatmuseum, Ballgasse 1, Rathaus
  *Funde aus der frühgeschichtl. Höttinger Kultur*

Innsbruck
: Tiroler Landesmuseum Ferdinandeum, Museumsstr. 15
  Prämonstratenser Chorherrenstift Wilten, Klostergasse 7

Kitzbühel
: * Heimatmuseum, Hinterstadt 32, Alter Getreidekasten
  *Fundstücke des frühgeschichtl. Bergbaus auf der Kelchalm*

Klagenfurt
: Landesmuseum für Kärnten, Museumgasse 2

Kleinengersdorf
: * Museum »Der Bisamberg und der Weinviertler«, Haus Nr. 70 u. 31

Krems
: Museum der Stadt

Kufstein
: Heimatmuseum, Burg Kufstein

Langenlois
: * Heimatmuseum der Stadt, Rathausstr. 13

Lengenzersdorf
: * Heimatmuseum, Hauptplatz 1, Gemeindeamt

Lavant
: Ruinenstätte, am Kirchbichl
  *Reste einer spätröm.-frühmittelalterlichen Fliehburg; Hausanlage keltischer Zeit*

Lienz
: Osttiroler Heimatmuseum, Schloß Bruck
  *Frühgesch. Funde aus Aguntum und Lavant*

Linz
: Oberösterreichisches Landesmuseum, Museumstr. 14 und Schloß
  Stadtmuseum, Hauptplatz 8

Maria Saal
: Kärntner Freilichtmuseum

Mattsee
: * Heimatmuseum

Mautern
: * Museum der Stadt, Frauenhofgasse 55/56

Mauthausen
: * Heimatmuseum, Schloß Pragstein

Melk
: * Heimatmuseum, Linzer Str. 5
  *Ur- und frühgeschichtl. Funde aus Willendorf*

Mistelbach
: * Städt. Heimatmuseum, Museumsgasse 4

Mödling
: * Stadtmuseum, Museumsplatz 2

Mondsee
: Heimatmuseum Mondsee, Klosterbibliothek
  *Pfahlbaufunde der Mondseekultur*

Oberzeiring
: Schaubergwerk und Museum, Schaubergwerk
  *Funde aus illyrisch-kelt. Zeit*

Ottmanach
: Museum der Ausgrabungen Magdalensberg, Magdalensberg
  *Restauriertes antikes Repräsentationshaus, Grundmauern eines Tempels, Tribunal, Werkstätten, Händlerquartier und Privathäuser sowie Ton, Schmuck, Münzen und Gerät*

Petronell
: Freilichtmuseum Carnuntum
  *Hausanlagen, Straßen, Heizungen und öffentliche Anlagen der römischen Zivilstadt Carnuntum*

Pinkafeld
: * Ortsmuseum, Hauptplatz 1

Pischeldorf
: * Heimatmuseum

Pöchlarn
: * Heimatmuseum, Regensburger Straße

Poysdorf
: * Heimatmuseum Poysdorf, Berggasse 3

Purgstall
: Heimatmuseum, Rathaus

| | |
|---|---|
| Radkersburg | * Heimatmuseum, Emmenstr. 9 |
| Rankweil | Freilichtmuseum Römische Villa |
| | *Konservierte Ruinen des Hauptgebäudes einer römischen Villa* |
| Rennweg | Dorfmuseum, St. Peter |
| Salzburg | Museum Carolino Augusteum, Museumsplatz 6 |
| | *Funde aus dem Gebiet von Juvavum, d. Kupferbergbau-Gebiet Mühlbach-Bischofshofen, Paß Lueg (Hallstattzeit), Hallein (Latènezeit)* |
| St. Pölten | Stadtmuseum, Prandtauer Str. 2 |
| | Diözesan-Museum, Domplatz 1 |
| | *Römische Keramik (insbes. Terra-sigillata-Waren aus Lezoux), Münzen, Medaillen und Siegel* |
| Schärding | * Städt. Museum, Schloßgasse |
| Schwanenstadt | * Heimatmuseum, Stadtplatz 54, Rathaus |
| | *Römische Funde aus den Grabungen Tergolape* |
| Seekirchen | Heimatmuseum, Markt 73 |
| Spital am Pyhrn | * Heimatmuseum, Stift Spital |
| Stegersbach | Landschaftsmuseum Südliches Burgenland |
| Stillfried | * Ur- und Frühgeschichtliches Museum |
| Tamsweg | Lungauer Heimatmuseum, Tamsweg 133 |
| Tieschen | * Heimatmuseum |
| Traismauer | * Heimatmuseum, Florianplatz 13 |
| Tulln | * Heimatmuseum, Wiener Straße 24/26 |
| Villach | Museum der Stadt, Widmanngasse 38 |
| Villach-Warmbad | * Archäologische Sammlung, Im Kurhaus |
| Vöcklabruck | * Heimathaus, Hinterstadt 19 |
| Wattens | * Heimatmuseum, Schulhaus |
| | *Fundstücke vom Urnenfeld Volders und einer latènezeitl. Niederlassung auf dem »Himmelreich«* |
| Weikendorf | * Heimatmuseum, Im Pfarrhof |
| Wels | * Stadtmuseum, Pollheimer Str. 17 |
| Wien | Niederösterreichisches Landesmuseum, Herrengasse 9 |
| | Römische Baureste Am Hof, Am Hof 9 |
| | Römische Ruinen unter dem Hohen Markt, Hoher Markt 3 |
| | Historisches Museum der Stadt Wien, Karlsplatz |
| | Post- und Telegraphenmuseum, Mariahilferstr. 212 |
| | *Antike Staatspost* |
| Wiener Neustadt | Stadtmuseum, Wiener Straße 63 |
| Wieselburg | * Stefan-Denk-Sammlung, Hauptplatz 26 |
| Zwentendorf | * Ortsmuseum, Amtshaus |

## Schweiz

| | |
|---|---|
| Aarburg | * Heimatmuseum, im Städtli |
| Allschwil | * Heimatmuseum, Basler Str. 48 |
| Appenzell | Heimatmuseum Appenzell, Hauptgasse, Rathaus |
| | *Funde aus der Burg Clanx* |
| Arbon | * Historisches Museum, Schloß Arbon |
| Attiswil | * Heimatmuseum, Dorfstraße |
| L'Auberson | * Musée de Sainte-Croix, Avenue des Alpes 10 |
| Augst | Römerhaus und Museum, Rheinsprung 20 |
| | *Grabungsfunde der Römerstadt Augusta Raurica: Bronzestatuetten, Keramik, Hausgerät und spätröm. Silberschatz aus dem 4. Jahrh.* |
| Avenches | Musée romain |
| | *Römische Funde aus Aventicum* |

| | |
|---|---|
| Baden | Historisches Museum, Landvogteischloß |
| Basel | Historisches Museum Basel, Steinenberg 4 |
| Bellinzona | Museo civico, Castello |
| Bern | Bernisches Historisches Museum, Helvetiaplatz 5 |
| | Schweizerisches Post-, Telefon- und Telegrafen-Museum, Helvetiaplatz 4 |
| | *Post- und Verkehrsgeschichte seit der Römerzeit* |
| Biel | Museum Schwab, Seevorstadt 50 |
| Boudry | * Musée de l'Areuse, Ave du Collège 18 |
| Brugg | * Vindonissa-Museum |
| | *Funde aus dem röm. Legionslager Vindonissa* |
| Chur | Rätisches Museum, Hofstraße 1 |
| Delemont | * Musée jurassien, Grand-Rue |
| | *Material aus dem Gräberfeld bei Bassecourt* |
| Dietikon | * Ortsmuseum, Obere Reppischstr. 17 |
| | *Urgesch. Funde aus dem Limmattal* |
| Estavayer-le-Lac | Musée d'Estavayer, 86, Rue de Chavannes |
| Fleurier | * Musée régional |
| Frauenfeld | Museum des Kantons Thurgau, Schloß Frauenfeld, Luzernerhaus, Freie Straße 24 |
| Freiburg | Museum für Kunst und Geschichte, 227, rue Pierre Aeby |
| | Anatomisches Museum, 1, rue Gockel |
| | *Osteologische Sammlung zur Ur- und Frühgeschichte im Kanton Freiburg* |
| Genf | Musée d'Art et d'Histoire, Rue Charles Galland 2 |
| Le Grand Saint-Bernard | * Musée de l'Hospice |
| | *Funde aus dem Gebiet der römischen Paßstraße* |
| Hallau | * Heimatmuseum, Kirchschulhaus |
| Herzogenbuchsee | Ortsmuseum, Kirchgasse |
| Hitzkirch | * Urgeschichtliche Sammlung, Lehrerseminar |
| | *Urgeschichtl. Funde, insbes. neolithische und bronzezeitl. Materialien aus den Ufersiedlungen des Baldeggersees* |
| Horgen | * Ortsmuseum, Alte Sust |
| Küßnacht am Rigi | * Heimatmuseum, Spritzenhaus bei der Kirche |
| Le Landeron | * Musée, Hôtel de ville |
| Langenthal | * Heimatmuseum, Bahnhofstr. 11 |
| Laufen | * Heimatmuseum des Laufentales, Rathaus Laufen |
| Lausanne | Musée cantonal d'archéologie et d'histoire, Palais de Rumine, place de la Riponne |
| | *Röm. Funde aus Avenches und Vidy* |
| | Musée historique de l'ancien évêché, Place de la cathédrale 2 |
| | * Musée romain de Vidy, Chemin du Bois-de-vaux |
| | *Römische Funde aus dem vicus lousonna, insbes. Inschriften, Keramiken, Werkzeuge, Münzen und Bronzestatuetten* |
| Lenzburg | Heimatmuseum, Aavorstadt 18 |
| Liestal | Kantonsmuseum Basel-Land, Rathausstr. 2 |
| Locarno | Museo civico, Castello |
| Lugano | Museo storico-archeologico, Villa Saroli |
| Luzern | * Historisches Museum Luzern, Rathaus |
| | * Naturhistorisches Museum, Alte Kaserne |
| Moudon | * Musée du Vieux-Moudon, Château de Rochefort |
| Neuchâtel | Musée cantonal d'archéologie, 7, ave Du Peyron |
| Nyon | Musée historique, Château |
| | *Funde aus der röm. Kolonialsiedlung Nyon* |
| Oberriet | * Museum Monthingen, Schulhaus |
| | *Melauner, Hallstatt- und Latène-Funde aus der Station Monthinger Berg; röm. Funde* |

| | | | |
|---|---|---|---|
| Olten | Historisches Museum, Konradstr. 7 | Steckborn | Heimatmuseum, Turmhof |
| Orbe | Pro Urba – Mosaïques romaines, Boscéaz près d'Orbe *7 römische Mosaiken* | Thun | Historisches Museum, Schloß |
| | | Uznach | * Heimatkundliche Sammlung, Tönierhaus |
| Payerne | * Musée, Place du tribunal | Wetzikon | * Ortsmuseum, Farbstr. 1 |
| Pfäffikon | * Ortsmuseum am See, Kehrstraße | Wil | Stadtmuseum, Im Hof |
| Rapperswil | * Heimatmuseum, Am Herrenberg, Brenyhaus *Röm. Funde aus dem Vicus Kempraten* | Wohlen | * Sammlung der Historischen Gesellschaft Freiamt, Bremgartenstraße *Funde aus Hallstatt- und Latène-Gräbern in Wohlen und Boswil* |
| Reigoldswil | * Historische Ortssammlung, Realschule *Grabfunde aus Chilchli-Reigoldswil* | | |
| | | Zofingen | * Museum, General-Guisan-Str. 18 |
| Reinach | * Ur- und Frühgeschichtl. Sammlung, Bezirksschulhaus | Zug | Kantonales Museum für Urgeschichte, Aegeristr. 56 *Fundkomplexe der Baarburg, Siedlungen Cham-Grindel und Steinhausen-Hinterberg* |
| Rheinfelden | * Fricktaler Museum, Marktgasse 12 | | |
| Rorschach | Heimatmuseum, Kornhaus, am Hafen | | |
| St. Gallen | Historisches Museum, Museumstr. 50 | Zürich | Schweizerisches Landesmuseum, Museumstr. 2 *Funde aus allen Schweizer Kantonen* |
| St. Moritz | * Museum engia dinais, Badstraße | | |
| Sarnen | Heimatmuseum, Brünigstraße | | |
| Schaffhausen | * Museum zu Allerheiligen | Zürich-Altstetten | * Ortsmuseum, Dachslernstr. 6 *Römische Funde* |
| Schönenwerd | * Bally-Museums-Stiftung, Oltener Str. 80 | | |
| Scuol/Schuls | * Museum, Plaz 66 | Zurzach | * Messe- und Bezirksmuseum, Im »Höfli« |
| Seengen | Schloß | | |
| Seon | * Heimatmuseum, Waltihaus | Liechtenstein: | |
| Sion/Sitten | Musée cantonal de Valère | | |
| Stampa | * Ciasa Granda | Vaduz | * Liechtensteinisches Landesmuseum |
| Stans | Historisches Museum, Stansstader Straße | | |

# Anhang

## Anmerkungen

1 W. Kuhnert, zit. bei Alfred Tode, »Mammutjäger vor 100 000 Jahren«, Braunschweig 1954, S. 103.

2 dto., S. 71.

2a und 3 Karl J. Narr, briefl. Mitteilungen.

4 Karl J. Narr, briefl. Mitteilungen.

5 Der Homo erectus zählt zu den Archanthropinen und ist ein Zweig der Gattung Homo. Er wurde früher auch als Pithecanthropus oder Sinanthropus bezeichnet und als eigene Unterfamilie der Hominiden betrachtet.

*Hominiden:* Familie der Menschenartigen, unterteilt in *Australopithecinen* (Prähomininen) und *Homininen* (Eu-Homininen).

*Homininen* (auch Eu-Homininen): echte Menschen. Unterfamilie der Hominiden mit einer einzigen Gattung Homo. Die Gattung Homo ist aufgegliedert in

    Archanthropinen (homo erectus)

    Paläanthropinen (Neandertaler)

    Neanthropinen (homo sapiens)

*Australopithecinen:* Unterfamilie der Hominiden, auch Prähomininen genannt. Sie werden aufgegliedert in

    Australopithecus-Typ

    Paranthropus-Typ

    Zinjanthropus

Dazu Karl J. Narr: »Die Bezeichnung ›Homo‹ kann nicht ohne weiteres mit Mensch im allgemeinsprachlichen Sinne gleichgesetzt werden. Zwar sind Fossilien, denen die Bezeichnung ›Homo‹ zugebilligt wird, wohl auch im allgemeinen Sinne Menschen, aber man kann das nicht umgekehrt für die Fossilien sagen, die man als Homo zu bezeichnen pflegt. Die Bezeichnung ›Homo erectus‹ ist erst in jüngerer Zeit üblich geworden und eigentlich ein Verstoß gegen die zoologischen Nomenklaturregeln; die Fossilien wurden früher ›Pithecanthropus‹ genannt. Das gleiche gilt für die Artbezeichnung ›sapiens‹, denn es besteht kein Grund zu der Annahme, daß etwa die Neandertaler ›insapientes‹, also keine vernunftbegabten Wesen gewesen seien.« Briefl. Mitteilg.

Ab Dezember 1974 untersuchte Mary Leakey die Gegend von Laetolil, 25 km südlich von Olduwai. »Es liegen nun zwei Unterkiefer des Menschen sowie eine Anzahl von Einzelzähnen vor, die zusammen von nicht weniger als elf Individuen stammen müssen« (R. v. Koenigswald, FAZ 20. 11. 75). Am wichtigsten sind die beiden Unterkiefer, die von einem Erwachsenen und von einem Kind stammen. Professor Curtiss von der Universität in Berkeley/Kalifornien lieferte absolute Daten für die Schichten von Laetolil: die oberen sind 3 350 000, die unteren 3 750 000 Jahre alt. »Wir haben somit hier die ältesten bisher bekannten (und datierten) menschlichen Reste« (v. Koenigswald).

6 Rudolf Virchow, »Untersuchung des Neandertalschädels«, Zeitschrift für Ethnologie, Berlin 1872.

6a Karl J. Narr, briefl. Mitteilung.

7 Philip Lieberman, »On The Origins of Language«, New York 1975.

8 Karl J. Narr, »Beiträge der Urgeschichte«, in »Neue Anthropologie«, Band 4, S. 29f., Stuttgart 1973.

9 Die Sprache unterscheidet den Menschen vom Tier. Doch ist über ihre Anfangsformen nicht allzuviel zu sagen. Die heute gesprochenen Sprachen, auch die primitiven, sind bereits zu weit von der ursprünglichen Form entfernt, als daß sie eindeutige Rückschlüsse auf die Entstehung der Sprache schlechthin zuließen.

In Amerika versucht man, das Problem anders anzupacken. Man brachte Affen das Sprechen bei – doch selbst die berühmte Äffin Vicky schaffte nur vier Wörter. Affen fehlen die notwendigen Mechanismen zur Erzeugung und Kontrolle bestimmter Laute.

Seit 1966 geht man einen anderen Weg. Das Psychologenehepaar Gardner begann sich in der Taubstummensprache mit Schimpansen zu verständigen. Die Äffinnen Lucy und Washoe verständigen sich mit ihren Pflegeeltern durch Ameslan, eine Zeichensprache, in der ein Wort durch eine Geste ausgedrückt wird, die wiederum aus grundlegenden Zeicheneinheiten besteht. Die Schimpansin Washoe hatte nach fünf Jahren nicht nur ein Repertoire von einhundertsechzig Wörtern, die sie sinnvoll anwendete, sie konnte darüber hinaus kräftig fluchen.

10 Ilse Schwidetzky, »Über die Evolution der Sprache«, Conditio humana, Frankfurt/Main 1973.

11 Karl J. Narr, briefl. Mitteilung.

12 Anfang 1952 begannen Wissenschaftler des Landesmuseums für Geschichte und Volkstum in Braunschweig unter der Leitung des Landesarchäologen und Direktors des Museums, Alfred Tode, in Salzgitter-Lebenstedt ein Jägerlager aus der Steinzeit auszugraben. Sie bargen kistenweise Knochen von Beutetieren und Steinwerkzeuge. Als Adolf Kleinschmidt später die Knochenfunde bearbeitete, fand er Menschenknochen! Es handelt sich um zwei Fragmente vom Hinterhaupt eines Neandertalers. Außerdem wurden Feuerschwämme erkannt, Knochengeräte und – als besondere Novität – erstmals geflügelte Knochenspitzen, die ältesten, die wir aus dem Paläolithikum kennen. Aus diesen geflügelten Knochenspitzen wurden im Laufe der Zeit Harpunen mit wirkungsvollen Widerhaken.

Mit der zeitlichen Einordnung des Jägerlagers gibt es noch Schwierigkeiten. Es ist wahrscheinlich 50 000 bis 70 000 Jahre alt, bestand also zu Beginn der letzten Eiszeit (Franz Niquet, »Vor- und Frühgeschichte des Braunschweigischen Harzvorlandes«, Braunschweig 1976). Man kann mit einiger Spannung abwarten, was die neuen Grabungen, die demnächst im »Ruhrgebiet« Niedersachsens beginnen, bringen werden!

–  Eine der wichtigsten Grabungen der letzten Jahre fand Mitte der sechziger Jahre in der Niederrheinischen Bucht statt. Damals begann Gerhard Bosinski vom Institut für Ur- und Frühgeschichte der Universität Köln erste systematische Ausgrabungen in Rheindahlen, die später Hartmut Thieme weiterführte. Die archäologischen Arbeiten in Rheindahlen sind einmalig für die Bundesrepublik. Hier erforschten die Wissenschaftler zum erstenmal vier verschiedene altsteinzeitliche (mittelpaläolithische) Komplexe an ein und derselben Stelle.
Zunächst nahmen sie die obere Schicht, den »Patina-Komplex«, in Angriff. Dieser Abschnitt ist ungefähr 40 000 Jahre alt und stammt aus der Zeit des Neandertalers. Das jedenfalls schließen die Wissenschaftler aus den verstreut umherliegenden Werkzeugen. In der zweiten Schicht fand sich ein Lagerplatz, der vor ca. 80 000 Jahren benutzt wurde. Bosinski untersuchte 1484 Artefakte. 150 000 Jahre alt ist der sogenannte Osteckenkomplex aus der Mitte der vorletzten Eiszeit. Hier lagen auf 105 Quadratmetern gleich 10 000 Steinstücke, davon 150 Werkzeuge oder Bruchstücke von Werkzeugen. Aus der vierten Lage, die vom Anfang der vorletzten Eiszeit (Riß-Eiszeit) stammt und die vorsichtig geschätzt 200 000 Jahre alt sein dürfte, kamen nur einige wenige Feuersteingeräte ans Licht.
Um ganz sicher zu sein, daß steriler Boden erreicht war, daß es also keine frühere Besiedlung mehr gegeben hatte, gruben die Archäologen probeweise noch ein Stück tiefer. Hartmut Thieme faßt das, was er hier fand, in zwei lapidaren Sätzen zusammen: »Zu erwähnen sind noch zwei grobe Geräte aus Liedberg-Quarzit, die von der Basis des Lößpakets stammen. Sie belegen die Anwesenheit des Menschen in Rheindahlen in sehr früher Zeit.« Diese Fundschicht muß wesentlich älter als 200 000 Jahre sein, älter also als der Frauenschädel von Steinheim. Allerdings: Die Altersangaben sind mit Vorsicht zu genießen, weil die Auswertung noch nicht abgeschlossen ist.

13  Als die französische Prähistorikerin Arlette Leroi-Gourhan Bodenproben aus einem Neandertalergrab im Irak untersuchte, entdeckte sie unter dem Mikroskop eine Unmenge Blütenstaubkörner. Überrascht stellte sie fest, daß sich die Pollen an bestimmten Stellen des Grabes häuften. Hier lagen vor mehr als 50 000 Jahren Sträuße aus Kreuzkrautarten, Traubenhyazinthen und Flockenblumen, Schafgarbe und Zweigen des Ephedrastrauches, der unserem Ginster ähnlich ist, auf einer Schicht aus Eichen-, Fichten- und Wacholderzweigen. Zuletzt streuten die »wilden Kerle« offenbar duftende Malvenblüten. War hier Schönheitssinn im Spiel oder die Kenntnis von der Heilkraft dieser Pflanzen?

14  André Leroi-Gourhan, »Prähistorische Kunst«, Ars Antiqua, S. 262, Freiburg 1973.

15  Joachim Hahn, »Die altsteinzeitliche Menschendarstellung aus dem Hohlenstein-Stadel«, in »Antike Welt«, 2. Jg., Heft 4, Zürich 1971.

16  dto., S. 38.

17  Joachim Hahn, »Eine jungpaläolithische Elfenbeinplastik aus dem Geißenklösterle bei Blaubeuren«, in »Archäologisches Korrespondenzblatt«, S. 167 ff., Heft 3, Mainz 1975.

18  Joachim Hahn, s. »Antike Welt« und »Eiszeithöhlen im Lonetal«, Stuttgart 1973.

19  Die Zitate von Professor Bosinski sind einem Gespräch entnommen, das am 29. 7. 1976 zwischen ihm und der Autorin auf der Grabung in Gönnersdorf/Neuwied stattfand.

20  dto.

21  dto.

22  dto., s. auch Gerhard Bosinski und Gisela Fischer, »Die Menschendarstellungen von Gönnersdorf der Ausgrabung von 1968«, Wiesbaden 1974.

23  Hans Findeisen, »Schamanentum«, S. 93, Stuttgart 1957.

24  Hermann Müller-Karpe, »Geschichte der Steinzeit«, S. 245, München 1974.

25  Karl J. Narr, »Handbuch der Urgeschichte«, Bd. 1, S. 164, Bern 1966.

26  Hans Findeisen, s. o.

27  Einkorn (triticum monococcum), Weizenart mit einkörnigen Ähren, auch Blicken genannt.
Emmer (triticum dicoccum), auch Zweikorn genannt.
Funde von Kulturpflanzen reichen bisher nicht aus, um festzustellen, welche Pflanzenart zuerst domestiziert wurde.
Gersten mit Domestikationsmerkmalen wurden wahrscheinlich bereits um 7 000 v. Chr. vom Jordantal bis Anatolien angebaut.
Emmer erscheint etwa zeitgleich wie die Zweizeilgerste (hordeum distichum), etwa im selben Gebiet.
Einkorn ist im 7. Jahrtausend v. Chr. (abgesehen von einer früheren, in Syrien belegten Wildform) in Anatolien und am Rande des Zagrosgebirges zu finden.

28  »An den gleichen Fundstellen wie die frühen Getreide finden sich auch domestizierte kleine Horntiere, und selbst das Vorkommen von deren Wildformen überschneidet sich mit dem der Getreide beträchtlich.« Das ist allerdings noch kein Beweis dafür, daß Getreide und kleines Hornvieh im Zusammenhang domestiziert wurden.
Wann und wo das Rind domestiziert wurde, ist unbekannt. Generell nimmt man an, daß es im späten 6. Jahrtausend v. Chr. im Nahen Osten bereits Rinderzucht gab (Karl J. Narr, »Handbuch der Urgeschichte«, Bd. 2, S. 71 ff., Bern 1976).

29  Sobald feuchter Ton auf mindestens 400° erhitzt, also gebrannt wird, erstarrt er zu einer festen Masse. Gebrauchsgefäße könnten durch Zufall entstanden sein. Vielleicht hat man zunächst Behälter aus Korb- oder Binsengeflecht mit Ton verschmiert; geriet so ein Gefäß in Brand, blieb der harte Überzug. Ganz sicher aber beobachtete man, daß der Ton, mit dem man Gruben auskleidete, durch Feuer gebrannt wurde.

30  Rudolph Kuper u. a., »Bagger und Bandkeramiker, Steinzeitforschungen im rheinischen Braunkohlengebiet«, Köln 1975.

31  Franz Niquet begann in den Jahren 1956–58 bei dem kleinen Dorf Eitzum am Elm (Kr. Wolfenbüttel) einen Siedlungsplatz der frühen Bandkeramik auszugraben. Leider konnte die Arbeit nicht fortgesetzt werden. »Das Ergebnis der Untersuchungen ist trotzdem wichtig genug«, schreibt Niquet (»Vor- und Frühgeschichte des Braunschweigischen Harzvorlandes«, S. 19 f., Braunschweig 1976). »Das Eitzumer Getreide, Weizen und Gerste, die Haustiere, Rind, Schaf/Ziege, gehören ebenso wie die Keramik zu den ältesten Funden dieser Art in Mitteleuropa.« Am Hetelberg bei Gielde/Kr. Goslar wurde der Grundriß eines bandkeramischen Gebäudes aufgedeckt, verkohlte Getreidekörner gab es außerdem vom Glockberg in Helmstedt. Gräber fand man bisher nicht, das mag daran liegen, daß man sie übersah, beziehungsweise, daß die Funde nicht gemeldet wurden. Die frühe Anwesenheit der Bandkeramik im Braunschweigischen bringt Niquet zu dem Schluß: »Die scheinbar so einleuchtende Meinung einer Übernahme der neuen Wirtschafts- und Kulturform von älteren Bauerkulturen in der donauländischen Tiefebene und einer Ausbreitung nach Westen donauaufwärts zum Rheingebiet, nach Norden über Mähren nach Schlesien und elbaufwärts nach Mitteldeutschland bis in das nördliche Harzvorland wird durch neue Funde in Rumänien zweifelhaft, die denen von Eitzum überraschend ähnlich sind. Daraus müßte man schließen, daß sich die frühe Bandkeramik entweder gleichzeitig in ihrem späteren Verbreitungsgebiet entwickelt oder sich überraschend schnell von ihrem Entstehungsgebiet verbreitet hat. Beide Annahmen aber befriedigen nicht.«

32  Die Computer-Ergebnisse müssen nicht unbedingt zutreffen, weil das darinsteckende Verfahren der Seriation eigentlich Dinge voraussetzt, die bewiesen werden sollten. In anderen Bereichen der Bandkeramik sieht es anders aus, zum Beispiel im Süden der Niederlande, in Limburg.

33  R. Kuper, a. a. O., S. 23 ff.

34  dto., S. 129.

35  Waren die linienbandkeramischen Siedlungen ursprünglich unbefestigt, so tauchen ab 4000 v. Chr. in zunehmender Zahl befestigte Wohnplätze auf. Einer davon wurde in den Jahren 1929–34 in Köln-Lindenthal ausgegraben. Weitere Grabungen: Gerlin-

gen/Kr. Ludwigsburg: Hausgrundriß eines altbandkeramischen Hauses (1972); Müddersheim/Kr. Düren: linienbandkeramische Siedlung (1955–59).

36 Otto Kunkel, »Die Jungfernhöhle, eine neolithische Kultstätte in Oberfranken«, in »Neue Ausgrabungen in Deutschland«, S. 63, Berlin 1958.

37 Otto Kunkel berichtet vom offenbar östlichsten vergleichbaren Höhlenfund aus der südlichen Mandschurei, der der »chinesischen Bandkeramik« zuzurechnen ist, auch von Neuguinea sind Mädchenopfer mit Kannibalismus im Fruchtbarkeitskult bezeugt. Ob diese Beispiele den Vorgängen in der Jungferleshöhle entsprechen, sei dahingestellt.

38 Gespräch zwischen Hartmut Rötting und der Autorin am 8. 8. 1976 in Wittmar/Braunschweig.

39 Hartwig Zürn, »Eine jungsteinzeitliche Siedlung bei Ehrenstein, Kr. Ulm/Donau«, in »Neue Ausgrabungen in Deutschland«, S. 84, Berlin 1958.

40 Die Scheiben wurden offenbar an einer Schnur oder einem Lederriemen getragen, das beweisen die zum Teil abgewetzten Stege zwischen den beiden Löchern. Die konzentrierte Lage der Kalksteinscheiben an bestimmten Stellen läßt eventuell Hinweise auf Fensterlücken in den Häusern zu. »Man gewinnt den Eindruck, als ob die Werkplätze unter Fensterlücken in den Hauswänden gelegen haben.« (Hartwig Zürn, »Verzierte Kalkscheiben aus dem neolithischen Dorf Ehrenstein«, in Römer-Illustrierte, Bd. 2, Köln 1975).

41 Weitere Fundstellen aus der Jungsteinzeit: Die Grabungen auf dem Goldberg am Westrand des Nördlinger Rieses galten als »Markstein der deutschen Archäologie«. Dort untersuchte Gerhard Bersu zwischen 1911 und 1929 in 12 Grabungskampagnen die Hochfläche des Süßwasserkalkklotzes. Er fand mehrere neolithische und metallzeitliche Siedlungen. Die älteste davon, Goldberg 1, bestand aus ungefähr 20 Wohnhäusern. Das kleine Dorf war durch einen Palisadenzaun geschützt und brannte nieder. Bersu ordnete das Dorf zunächst der Rössener Kultur zu. Das ist heute jedoch fraglich geworden.
– In der Zeit zwischen 3800 und 3600 v. Chr. entstand das Erdwerk Urmitz, das zwischen Andernach und Koblenz im Neuwieder Becken ausgegraben wurde.
Ähnliche Anlagen sind im Rheinland aus dem 5. Jahrtausend v. Chr. bekannt:
– die Anlagen von Plaidt (Kr. Koblenz-Mayen) und Langweiler 3 (Kr. Jülich) sind der Bandkeramischen Kultur zuzuschreiben
– die Erdwerke von Bochum und eines von Langweiler 12 (Kr. Jülich) gehören zur Rössener Kultur
– das Erdwerk Urmitz stammt wie die Anlagen von Miel (Kr. Bonn), Mayen (Kr. Koblenz-Mayen), Wiesbaden-Schierstein und Michelsberg (Kr. Bruchsal) aus der Zeit der Bischheimer und der Michelsberger Kultur. Um diese Zeit »gab es in nahezu ganz Europa, von Westfrankreich bis in die Ukraine und von Britannien bis Griechenland, Anlagen ähnlicher Bauart«. Offenbar waren diese Erdwerke – wenigstens zum Teil – zunächst nur sporadisch genutzte Plätze und wurden später zu befestigten Siedlungen, als die Zeiten unruhiger wurden.
(U. Boelicke, »Kultur im Bimsgebiet«, Römer-Illustrierte, Bd. 2, S. 49, Köln 1975).

42 Friedrich Behn, »Aus europäischer Vorzeit«, S. 26, Stuttgart 1957.

43 Karl J. Narr, »Handbuch für den Geschichtsunterricht«, Bd. I/1, »Von der Urzeit bis zum Ausgang des Mittelalters«, S. 121, Weinheim 1975.

44 Die Megalithbauten werden immer wieder mit der Astronomie in Zusammenhang gebracht. Eines der berühmtesten Monumente dieser Art ist Stonehenge in Wiltshire/England. Die Nordost-Südwest-Achse deutet möglicherweise auf den Sonnenkult hin. Stonehenge gehört zu den wenigen archäologischen Denkmälern, bei denen der Versuch einer astronomischen Datierung einigen Erfolg brachte. Bei der astronomischen Datierung geht man davon aus, daß ein bestimmtes Objekt nach astronomischen Gesichtspunkten angelegt wurde. Da sich die »Himmelsmechanik« verschiebt, kann man anhand der Fehlorientierung den Zeitpunkt des Errichtens feststellen. Das bedeutet allerdings, daß man voraussetzt, daß die astronomische Orientierung tatsächlich beabsichtigt war – und das läßt sich so gut wie nie beweisen. Erst vor kurzem wollte man bewiesen haben, daß Stonehenge ein Observatorium zur Berechnung von Sonnenfinsternissen gewesen sei – diese Behauptung wurde bisher nicht akzeptiert. Ebenso unbewiesen ist die Annahme, die Megalitherbauer hätten ein eigenes Längenmaß gekannt, die »megalithische Elle«, die angeblich rund 83 cm betragen haben soll.

44a In Schleswig-Holstein gibt es die meisten Großsteingräber und Kammertypen, das hängt mit den starken Impulsen aus Dänemark zusammen.
*I. Dolmen*
1. allseitig geschlossener Dolmen oder auch Urdolmen, er liegt meist auf einem Landhügel, stets parallel zur Längsachse, ursprünglich nur für eine Bestattung gedacht. Länge zwischen 1,75 und 2,4 m, 0,8 m breit. In der Regel ein Deckstein, an der Langseite mehr als ein Träger nötig.
Mit Aufkommen der Kollektivbestattung »wurde auch der im Langbett parallel zur Längsachse liegende Urdolmen an einer Schmalseite geöffnet«. Der hohe Endstein wurde durch den »Eintrittstein« ersetzt. Diese Form (»Parallellieger«) ist 2,2 m bis 2,6 m lang und 1,0 bis 1,8 m breit.
2. Rechteckdolmen, stets an einer Schmalseite geöffnet, liegt im Langhügel, quer zu dessen Achse. Immer häufiger tauchen Rundhügel auf. Diese Kollektivgräber (die nach der Art der Schmalseitenöffnung noch unterteilt werden) sind zwischen 2 und 3 m lang, 0,9 bis 1,5 m breit. Dieser Typ ist in Schleswig-Holstein am verbreitetsten.
3. Polygonaldolmen, charakterisiert durch Auswinkeln der Langseitenträger. Der Grundriß ähnelt meist einem gleichschenkligen Sechseck (ca. 2 × 2 m), die Kammer erhält die Gestalt eines »Runddolmens«. Es gibt indes auch längliche Polygonaldolmen von 2,5 × 1,8 m. Älteste Beigaben stammen aus der Übergangsphase vom Früh- zum Mittelneolithikum.
*II. Ganggräber*
Hauptunterschied zwischen Dolmen und Ganggrab: beim Dolmen liegt der Gang an der Schmalseite, beim Ganggrab an einer Breitseite, so daß Gang und Kammer eine T-Form bilden.
1. Nordgruppe mit kleinen Polygonalkammern, wenn sie größer werden, entsteht das ovale Ganggrab (Wenningstedt/Sylt, größte Grundfläche mit 5,25 × 3 m, drei Decksteine und dem längsten mit Platten belegten 5,25 m).
Kammern vom Typ 3 haben einen annähernd rechteckigen Grundriß (Archsum/Sylt, Ganggrab von Missunde/Kr. Eckernförde).
Die Funde der Nordgruppe reichen im Osten von der Flensburger Förde bis über die obere Eider hinaus, im Westen auf Sylt und Mündungsgebiet von Treene und Eider beschränkt.
2. Die Südgruppe ist durch eine stets rechteckige Kammerform charakterisiert (»Holsteiner Kammer« oder »norddeutsche Langkammer«). Doppelt so häufig wie die Nordgruppe. Diese Gräber sind recht einheitlich. Die Länge schwankt zwischen 3,0 und 8,5 m, die Breite zwischen 1,0 und 2,25 m, meist drei, aber auch vier bis sechs Decksteine. Gang bzw. Kammeröffnung nicht nur in der Mitte (bei langen), sondern auch am Ende einer Langseite. Die Südgruppe ist auf ein Gebiet südlich der Eider beschränkt, wird nur in Richtung auf die Eckernförder Bucht überschritten (E. Aner, »Die Großsteingräber Schleswig-Holsteins«, in »Führer zu vor- und frühgeschichtlichen Denkmälern, Schleswig, Haithabu, Sylt«, S. 46ff., Mainz o. D).

45 Der niederländische Archäologe Egges van Giffen wies nach, daß man tonnenschwere Findlinge im Winter recht leicht mit einem einfachen Schlitten über vereisten Boden ziehen kann.

46 John Coles, »Erlebte Steinzeit«, S. 83, München 1976.

47 Otto Uenze, »Neue Zeichensteine aus dem Kammergrab von

Züschen«, in »Neue Ausgrabungen in Deutschland«, S. 102, Berlin 1958.

48 Menhir bedeutet im Keltischen soviel wie »langer Stein«. Die einzelnen aufrechtstehenden Steine lassen sich meist nur schwer datieren. Besonders in Nordwest-Deutschland gibt es einige bearbeitete Steine (z. B. den »Süntelstein« bei Vehrte/Kr. Osnabrück und den »Rillenstein«, der heute im Museum Bad Rothenfelde zu besichtigen ist). Diese Steine zeigen Spuren einer Bearbeitung oder eingehauene Zeichen. Zumindest einige könnten aus der Jungsteinzeit und der älteren Bronzezeit stammen. Ihre Bedeutung ist unbekannt – ebenso wie die der »Schalensteine«, auf denen sich Hunderte von eingetieften »Schälchen« eingegraben sind. Bei der Deckplatte eines Großsteingrabes von Bunsoh/Dithmarschen kommen sie gemeinsam mit dem Abbild eines Rades und je zwei Hand- und Fußdarstellungen vor. Die zeitliche Einordnung ist schwierig. Sie existierten offenbar bereits in der jüngeren Steinzeit, die Sitte hielt sich bis in die Bronzezeit, stellenweise offenbar auch sehr viel länger. »Interessant ist auch die Nachricht, daß noch im 18. Jh. in Schweden Butter und Honig für Elfen und andere Fabelwesen in Schälchen geschmiert worden sind« (Jürgen Hoika, »Opfer für die Elfen«, Römer-Illustrierte Bd. 2, S. 65, Köln 1976).

49 Als »Dolmengottheit« werden oft schematische menschliche Darstellungen an Felsen- und Megalithgräbern bezeichnet. Diese Bezeichnung ist jedoch recht willkürlich gewählt und besagt wenig. Die Darstellungen reichen von einer einfachen Zeichnung aus zwei Augen, Brüsten und einem Halsband bis hin zur Menhirstatue in Frankreich. Die Bedeutung ist unbekannt.

50 H. Hingst, »Hammaburg«, Vor- und Frühgeschichte aus dem niederelbischen Raum, S. 35, NF 2, Hamburg 1974.

51 Burchard Sielmann, »Archäologischer Wanderpfad Fischbeker Heide«, S. 30, Hamburg 1975.

52 Ludwig Wamser hält für möglich, daß beide Friedhöfe gleichzeitig belegt waren, daß es sich vielleicht um engverwandte Gruppen mit unterschiedlichem Totenbrauchtum handelte. Offenbar bestanden überdies enge Beziehungen zur mitteldeutschen Schnurkeramik.

53 Auszug aus einem Brief des Tübinger Anthropologen A. Czarnetzki vom 30. 6. 1976 an die Autorin.

54 Karl J. Narr, »Handbuch der Urgeschichte«, Bd. 2, S. 674, Bern 1975.

55 L. R. Palmer, »Achaeans and Indo-Europeans«, 1955, zitiert in Stuart Piggott, »Vorgeschichte Europas«, S. 122, München 1972.

56 Karl J. Narr, a. a. O., S. 678, Bern 1975.

57 dto., S. 691.

58 Ernst Wahle, »Ur- und Frühgeschichte im mitteleuropäischen Raum« (»Handbuch der deutschen Geschichte«, Bd. 1, dtv), S. 81, München 1971.

59 dto., S. 83.

60 Karl J. Narr, a. a. O., S. 702, Bern 1975.

61 Gerhard Körner/Friedrich Laux, »Vorgeschichte im Landkreis Lüneburg«, S. 19, Lüneburg 1971.

62 Julian Huxley, »Journal of Neuropsychiatry«, 3. Supplement 1, 1962.

63 K. W. Struve, »Kupfer wird entdeckt – ein neues Zeitalter beginnt«, in Römer-Illustrierte 2, S. 61, Köln 1975.

64 Fritz Felgenhauer, »Einführung in die Urgeschichtsforschung«, S. 124, Freiburg 1973.

65 René Wyss, »Bronzezeitliches Metallhandwerk«, S. 3, Bern 1967.

66 Das Gießen von Bronze erforderte »eine handwerkliche Spezialisierung, die zur Herausbildung eines traditionsgebundenen Standes der Schmiede bzw. der Bronzegießer führte«. Bronzezeitliche Gießereiwerkstätten wurden bisher nur selten gefunden. Nach Ausgrabungen der Uferdörfer an den Schweizer Seen zu urteilen, gab es in jeder größeren Ansiedlung eine solche Werkstatt. Rohmaterial kam in Barrenform oder als Gußkuchen aus Verhüttungszentren, zudem wurde Altmetall verarbeitet.

67 John Coles, a. a. O., S. 144.

68 Bernstein heißt auf griech. elektron, lat. sucinum und im Germa-nischen ursprünglich »Glas« (glaesum laut Plinius und Tacitus). Glasaria, das »Glasland«, wurde als Herkunft des Bernsteins genannt.

69 Ernst Wahle, »Ur- und Frühgeschichte im mitteleuropäischen Raum«, S. 118, Stuttgart 1973.

70 D. Ellmers, »Bronzezeit«, in »Führer zu vor- und frühgeschichtlichen Denkmälern, Schleswig, Haithabu, Sylt«, S. 37, Mainz o. D.

71 D. Ellmers, »Schiffahrt«, S. 88, »Führer zu vor- und frühgeschichtlichen Denkmälern, Schleswig, Haithabu, Sylt«, Mainz o. D.

72 K. W. Struve, »Kultur der Bronzezeit«, S. 35, Neumünster 1968.

73 Hans Jürgen Eggers, »Einführung in die Vorgeschichte«, S. 126, München 1974.

74 Karl J. Narr, briefl. Mitteilg. Und: Friedrich Laux aus Lüneburg rekonstruierte »eine für das Lüneburgische typische Tracht der hiesigen Edelfrauen«. In diesem Gebiet nämlich sind deutlich Unterschiede gegenüber dem sogenannten Nordischen Kreis, der Holstein und Skandinavien umfaßt, zu erkennen. Im Verlauf der Älteren Bronzezeit gleicht sich das Lüneburgische immer mehr jenem großen Gebiet an, das ganz Mitteleuropa umfaßt und unter den Begriff Hügelgräberkultur fällt.

75 Karl W. Struve, »Kultur der Bronzezeit«, S. 15, Neumünster 1968.

76 Karl Schlabow, »Gewebtes Leinen in urgeschichtlicher Zeit«, in »Die Kunde«, NF 23, S. 11, 1972.

77 Pflugspuren gibt es auch schon unter Hügeln der späten Jungsteinzeit, in England reichen sie bis zum Beginn des 3. Jahrtausends v. Chr. zurück.

78 Fritz Felgenhauer, a. a. O., S. 128.

79 Fr. Laux, a. a. O., S. 58.

80 Chr. Peschek, »Ein Fürst wird begraben«, in Römer-Illustrierte 2, S. 69, Köln 1975.

81 Fr. Laux, a. a. O., S. 58.

82 Karl W. Struve, a. a. O., S. 23.

83 Gespräch zwischen Hajo Hayen und der Autorin am 16. 10. 1976 im Großen Moor am Dümmer.

84 Hajo Hayen, »Rad und Wagen in der Urzeit«, Hildesheim 1973.

85 Hajo Hayen, »Wege, Wagen, Menschen, Götter«, aus »Vergangenheit und Erinnerung«, S. 33.

86 Zweitausend Jahre lang bestatteten Menschen unterschiedlicher Kulturen ihre Toten auf der Fischbeker Heide. Die Trichterbecherleute hinterließen ihre Großsteingräber, die Schnurkeramiker Hügelbestattungen. Die Erdhügel wurden in der Bronzezeit höher, man setzte die Toten in Baumsärgen bei. Ab 1100 v. Chr. bettete man Urnen oft in den Mantel älterer Hügelgräber. Ab 500 v. Chr. gibt es regelrechte Urnenfriedhöfe. 1976 legten die Archäologen vom Helms-Museum auf der Fischbeker Heide einen riesigen Hügel aus der mittleren Bronzezeit frei – von über 60 m Länge.

– Manfred Blechschmidt, Bodendenkmalpfleger aus Gießen, erforschte im Sommer 1976 auf dem Hochwartgelände bei Gießen das Grab einer adligen Frau, die um 1300 v. Chr. dort unter einem Hügel von 11,80 m Durchmesser bestattet wurde.

– Im Spätsommer 1976 fand ein Landwirt in Dötlingen/Oldenburg eine Urne. Dieter Zoller, Dezernent für Bodendenkmalpflege beim Verwaltungspräsidenten, und der Grabungstechniker Diedrich Oldmanns bargen die Scherben. In der Urne befanden sich Knochenreste und Scherben eines kleineren Beigefäßes. Etwas später fand der Bauer nochmals eine Urne – diesmal war sie unbeschädigt und in eine Packung aus Feldsteinen gebettet. Die Steinpackung bewahrt noch die Erinnerung an die frühere Sitte der Baumsargbestattung, als man über die Toten Steine packte, um sie vor Raubtierfraß zu schützen.

– Einen regelrechten »Kiesgruben-Schatz« baggert seit 1964 die Firma »Lahn-Kies« bei Heuchelheim/Kr. Gießen frei, an die 100 Gegenstände: ein versteinerter Tannenzapfen ist über eine Million Jahre alt, rund zehntausend Jahre alt sind Knochen von Riesenhirschen und Rentieren, achttausend Jahre alt ist ein Knochenbeil. Bronzeschmuck, ein keltisches Schwert, »Regenbogenschüsselchen« samt Rohlingen und »Prägestöcken«, römische Tonkrüge und Kanonenkugeln aus dem Dreißigjährigen Krieg gehören in die Sammlung. Alles in allem könnten die Funde darauf hindeuten, daß im Kiesgrubengebiet eine Siedlung lag beziehungsweise mehrere Siedlungen, die sich über den Zeitraum von ca. 2000 v. Chr. bis ins Mittelalter erstreckten.

87 Karl J. Narr, briefl. Mitteilg., S. 3.
88 Bei der Saubohne (vicia faba) handelt es sich nicht etwa um eine Bohne minderer Sorte, die von einfachen Leuten gegessen wurde. Die Saubohne ist die einzige altweltliche Bohnenart. Alle übrigen Bohnen (phaseolus) stammen aus Amerika.
89 Elfriede Gené, »Der Schliemann Hallstatts«, in MERIAN »Oberösterreich an Traun und Enns«, Heft 11/XXV, S. 71 ff., Hamburg o. D.
90 Karl J. Narr, »Handbuch für den Geschichtsunterricht, Bd. I/1, S. 150, Weinheim 1975.
91 Am Außenrande eines Steinkranzes fand man im Spätherbst 1962 auf der Markung Hirschlanden/Kr. Ludwigsburg die steinerne Stele eines Kriegers in Lebensgröße. Die Unterschenkel fehlen. Unter dem Hügel lagen 16 Gräber, zwei davon zentral und übereinander gelegen, von den übrigen Bestattungen in einem inneren und einem äußeren Kreis umgeben. Das zentrale Grab auf der Hügelbasis stammt wohl aus dem 6. Jahrhundert v. Chr., die übrigen Gräber sind jünger und werden ins frühe Latène datiert.
(Hartwig Zürn, »Die hallstattzeitliche Kriegerstele von Hirschlanden«, Römer-Illustrierte 2, S. 78, Köln 1975).
Eine weitere Steinfigur stammt vom Fuß eines Grabhügels bei Tübingen-Kilchberg. Im 6. Jahrhundert wurde dort unter einem an die zweihundert Jahre älteren Grabhügel ein Toter beigesetzt. Der Leichenbrand der älteren Bestattung war offenbar gestört worden, der zweite Tote wurde nicht mehr verbrannt, sondern in einer Grube beigesetzt, die mit Steinbrocken zugepackt war. In diesem Steinmantel lagen auch kleinere Stelenfragmente.
Die Statuen von Hirschlanden und Tübingen-Kilchberg, ebenso die Stelenfragmente, sind um so wichtiger, als die Hallstattzeit als ausgesprochen bilderfeindlich gilt und nur wenige Plastiken aus gesicherten Fundzusammenhängen bekannt sind.
(A. Beck, »Die Grabstele von Tübingen-Kilchberg«, in Römer-Illustrierte 2, S. 79, Köln 1975).
92 Wolfgang Kimmig, »Die Heuneburg an der oberen Donau«, S. 192 in »Ausgrabungen in Deutschland«, Teil 1, Mainz 1975.
93 Die griechische Keramik stammt vermutlich nicht direkt aus Griechenland, sondern aus griechischen Werkstätten in Italien.
94 Egon Gersbach, »Ein Fürst baut wie am Mittelmeer«, S. 71 in Römer-Illustrierte 2, Köln 1975.
95 Daß die Heuneburg ein Herrensitz war, beweisen die großen Grabhügel ganz in der Nähe. Der älteste, der Große Hohmichele, hat einen Durchmesser von 50 Metern und ist 13,5 Meter hoch. »Die Wahrscheinlichkeit ist nicht gering, daß wir hier die Bestattung jenes Mannes vor uns haben, dem die Errichtung der ersten Befestigung auf der Heuneburg zu danken ist.« Die Hauptkammer wurde bereits in vorgeschichtlicher Zeit geplündert, doch die Reste verraten – ebenso wie die Funde im »Grafenbühl« –, daß hier eine herausragende Persönlichkeit die letzte Ruhe fand. Insgesamt rund dreißig Hügel gruppieren sich um den Großen und den Kleinen Hohmichele, jüngere Grabhügel liegen abseits dieser Gruppen.
Die Heuneburg wurde zu Beginn des 6. Jahrhunderts v. Chr. ausgebaut und in der Folgezeit ständig umgebaut, wobei »das Schema der Befestigungsanlage als Holz-Erde-Konstruktion« im wesentlichen erhalten blieb. Im frühen 5. Jahrhundert v. Chr. kam dann eine Wehranlage hinzu, »die nach dem heutigen Stand der Forschung in Mitteleuropa ein Unikum darstellt, weil bei ihr die Bauweise mit luftgetrockneten Ziegeln eingeführt wurde, wie sie im Mittelmeergebiet üblich und nach verbreiteter Ansicht für das nordalpine Klimagebiet wenig geeignet war«.
Zweifellos bestanden enge Handelsbeziehungen zum Mittelmeerraum – die Funde bezeugen es. Fürstengräber aus dieser Zeit mit südlichen Importwaren gab es »um die obere Donau, den oberen Neckar und Oberrhein, im Schweizer Mittelland, am oberen Doubs und an der unteren Saône und Seine. Die Verbindungen dieses Bereiches gingen offensichtlich vor allen Dingen in die heutige Provence, zumal nach Marseille«. Im 5. Jahrhundert v. Chr. führten »kriegerische Auseinandersetzungen bei der griechisch-etruskischen Macht- und Handelskonkurrenz« zum Niedergang von Marseille. Die Schwerpunkte des Handels verlagerten sich deutlich auf die Alpenwege, die früher längst nicht in diesem Ausmaße benutzt wurden. Etruskische Handelswaren kommen jetzt nach Mitteleuropa, allerdings nicht mehr in die alten Gebiete, sondern in »nördlichere Bereiche im Mittelrhein-Mosel-Gebiet und im Bereich der Marne. Die Parallelität der Ereignisse nördlich der Alpen und der Verlagerung der Vormachtstellung und der Handelsschwerpunkte zwischen Westgriechen und Etruskern sind zu augenfällig, als daß es sich hier um einen Zufall handeln könnte«.
– Ein weiterer Grabkomplex der Hallstattzeit liegt in der Nähe von Villingen. Der Magdalenenberg gehört zu einer Gruppe eisenzeitlicher Großgrabhügel in Südwestdeutschland, die in den Beginn der Späthallstattzeit fallen. Konrad Spindler erschloß das Monument zwischen 1970 und 1973.
96 L. Pauli, »Großes Gräberfeld im Süden«, S. 99 in Römer-Illustrierte 2, Köln 1975.
97 In den Jahren 1964/76 wurde der »Grafenbühl« ausgegraben – ein großer, heute sehr flacher Grabhügel (ca. 40 m Durchmesser) ostsüdöstlich vom Hohenasperg im Kreise Ludwigsburg. Die hölzerne Grabkammer wurde schon bald nach der Bestattung geplündert, doch alles in allem reiht der Befund den »Grafenbühl« »in die Gruppe späthallstattzeitlicher Fürstengrabhügel ein, wie wir sie in dem benachbarten ›Kleinaspergle‹ oder in den Hügeln um die Heuneburg kennen«.
Die hölzerne Grabkammer war aus Bohlen zusammengefügt, die flache Decke wurde von einem Mittelpfosten abgestützt. In einer Ecke der Kammer lagen durcheinandergeworfene Skelettteile. Die anthropologische Untersuchung ergab, daß es sich um einen Mann von ca. 30 Jahren gehandelt haben muß. Allein die Reste, die die Grabräuber zurückließen, verraten, daß hier ein wohlhabender und sicherlich auch mächtiger Mann begraben lag. Die Grabbeigaben waren u. a. griechischen und hethitischen Ursprungs. Die Funde vom »Grafenbühl« weisen den hier Bestatteten als einen jener Späthallstatt-Fürsten aus, wie wir sie von der Heuneburg an der oberen Donau und dem Mont Lassois in Ostfrankreich kennen. Demnach wäre der Hohenasperg dann ein bedeutender Fürstensitz im mittleren Neckargebiet gewesen. Die Funde auf der Heuneburg und vom Mont Lassois wiesen schon darauf hin, daß die Beziehungen zum Mittelmeer sich nicht auf den Austausch von Handelsgütern beschränkten, »die Funde vom Grafenbühl aber zeigen, daß es sich hier vielleicht um Staatsgeschenke, vielleicht sogar um Heiratsgut handelt«. Neben der zentralen Grabkammer wurden noch 33, zum Teil stark zerstörte Nebengräber entdeckt, es müssen früher jedoch wesentlich mehr gewesen sein (Hartwig Zürn, »Der Grafenbühl, ein späthallstattzeitlicher Fürstengrabhügel bei Asperg«, in »Ausgrabungen in Deutschland«, S. 216ff., Mainz 1975).
98 »Die Kelten als ethnische Einheit und auch ihre materielle Kultur sind wohl aus dem Kerngebiet der früheisenzeitlichen Hallstatt-Kultur des 8.–6. Jahrhunderts v. Chr. nordwestlich der Alpen hervorgegangen, deren Träger ebenfalls bereits intensive Handelskontakte mit der griechischen und römischen Welt pflegten« (W. Meier-Arendt, »Mitteleuropa während der späten Eisenzeit«, in Römer-Illustrierte 2, S. 86, Köln 1975).
Das Keltische zählt zur Sprachgruppe der Indogermanen, es wird unterteilt (geographisch) in Festlandkeltisch (von Spanien bis Galatien) und in Inselkeltisch (Britannien und Bretagne) sowie (linguistisch) in P-Keltisch (z. B. Bretonisch) und Q-Keltisch (z. B. Schottisch-Gälisch, Irisch).
99 Karl J. Narr, »Handbuch der Geschichte«, a. a. O., S. 159.
100 Im Sommer 1962 kam im Zuge von »Erdbewegungen im Zusam-

menhang mit Wildwasser- und Lawinenverbauungen auf der rechten Talseite über Erstfeld im Reusstal, am Weg über den Gotthard« in neun Metern Tiefe ein Schatz ans Licht: vier mit Figuren verzierte Hals- und drei Armringe aus hochwertigem Gold (93–94,5% Gold, der Rest Silber). Die Ringe wiegen zusammen 639,8 Gramm. Nach Technik und Motiv zu urteilen, entstanden alle Ringe in ein und derselben Werkstatt – sie waren vielleicht die Musterkollektion eines Händlers. Die Figuren stellen Fabelwesen dar, eigenartige Mischwesen, halb Mensch, halb Tier. Die Motive sind wohl der keltischen Mythologie entlehnt. Impulse aus dem Mittelmeergebiet sind nicht zu übersehen. Schmuckstücke dieser Art waren dem Adel vorbehalten. Werkstätten hat man bisher allerdings weder nördlich noch südlich der Alpen entdeckt, eine Datierung ist nur durch Vergleichsfunde möglich. Die Stücke des Erstfelder Fundes haben starke Ähnlichkeit mit den Ringen aus Reinheim/Kr. St. Ingbert (Saar) und Rodenbach/Kr. Kaiserslautern. Thematik und Stil sind identisch – das bedeutet allerdings nicht, daß die Stücke aus den Zentralalpen und dem Saarland aus ein und derselben Werkstatt stammen. Bis heute läßt sich nur sagen, daß die Ringe von Erstfeld zwischen 450 und 350 v. Chr. entstanden sein müssen. Der Goldschatz von Erstfeld zeigt, daß die Alpenübergänge doch nicht so bedeutungslos oder unpassierbar waren, wie häufig angenommen wurde. »Als wichtigste Nord-Süd-Verbindungen aus dem Rhônetal seien der Große Sankt Bernhard mit 2473 m Scheitelhöhe, Simplon und Albrun aufgeführt« (René Wyss, »Der Goldschatz von Erstfeld«, in »helvetia archaeologica«, S. 2 ff., 7/1976–25).

101 H.-E. Nellissen, »Das Grab einer keltischen Fürstin von Reinheim/St. Ingbert«, in Römer-Illustrierte 2, S. 91, Köln 1975.

102 »Enzyklopädie der Technikgeschichte«, S. 517, Stuttgart 1967.

103 Als vor dem Zweiten Weltkrieg bei Manching, 8 km südöstlich von Ingolstadt, ein Militärflugplatz angelegt wurde, stieß man bei Baggerarbeiten auf Bodenverfärbungen. Erst 1955 wurden die Grabungen vom Deutschen Archäologischen Institut unter Leitung von Werner Krämer wieder aufgenommen. Manching ist wohl »die größte geschlossene Ansiedlung im prähistorischen Europa«, mit einer Ausdehnung, die ungefähr dem mittelalterlichen Köln entspricht. »Bei Manching in Bayern umschloß ein nahezu kreisrunder, mehr als 7 km langer Befestigungsring in der Konstruktion des ›murus gallicus‹ ein ›oppidum‹ der Vindeliker, das in der mittleren Latènezeit angelegt wurde und einen Durchmesser von 2,4 km hatte. Nimmt man ein Minimum von zehn Balkenlagen an, so benötigte man nicht weniger als 300 Tonnen eiserner Nägel« (Stuart Piggott, »Vorgeschichte Europas«, S. 277 ff., München 1972).
In Manching fand man mehr als eine Million Scherben, unzählige Schmuckstücke, Bronzeteile und Eisenstücke. Die Archäologen fanden ein Glasbläserviertel, das eindeutig beweist, daß die gläsernen Armreifen und Ringperlen – meist in der damaligen Modefarbe Blau – nicht nur aus dem Mittelmeergebiet importiert wurden, sondern auch von den Vindelikern selbst hergestellt werden konnten. Es gab Töpfereien, Schmiedewerkstätten, eine Bronzegießerei und eine Prägestätte für die »Regenbogenschüsselchen« (Werner Krämer, »Zwanzig Jahre Ausgrabungen in Manching«, in »Ausgrabungen in Deutschland«, S. 287, Mainz 1976).

104 Wann ein Chirurg zum erstenmal den Schädel eines Patienten öffnete, weiß niemand. Auf jeden Fall war die Trepanation bereits im Neolithikum (vor allem in Frankreich) bekannt. Wir kennen einen trepanierten Schädel aus der Nähe von Stuttgart-Bad Cannstatt, der an die 5000 Jahre alt sein dürfte. Offenbar gab es während der Jungsteinzeit und der Bronzezeit in Europa regelrechte Trepanations-Zentren. H. D. Kahlke, ein Archäologe aus der DDR, untersuchte Trepanationen bei Schnurkeramikern im sächsisch-thüringischen Gebiet. Er kam zu einem erstaunlichen Ergebnis: Die Genesungsrate der am Schädel operierten Patienten lag bei 88%. Ein Gutteil der mehr als vierhundert Trepanationen, die aus Europa bekannt sind, entstanden allerdings auf andere Weise: durch Nagetiere, Witterungseinflüsse usw.

Ganz sicher kann man Trepanationen nicht einfach als Kult und Magie abtun – die »Chirurgen« verstanden sich auf ihr Handwerk, und in einigen Fällen läßt sich noch nachweisen, daß der Patient tatsächlich an einem Abszeß oder Tumor litt, wie zum Beispiel jener Mann aus Wechmar bei Gotha, an dessen Schädel zwei Trepanationen vorgenommen wurden« (H. D. Kahlke, »Ausgrabungen in aller Welt«, Leipzig 1972).

105 Stuart Piggott, a. a. O., S. 296.

106 Die sogenannten Viereckschanzen (auch Temenē genannt) scheinen weder Gutshöfe, Viehpferche noch Wehrbauten zu sein, sondern Keltenheiligtümer. Grabungen in Holzhausen im Landkreis München (1957–1963) stützen diese Annahme. In einem sechs Meter tiefen Schacht stand ein 2,3 m langer Pfahl, dessen Achse auf die Mittagshöhe der Sonne am 21. Juni zielte. Außerdem deponierte man in diesem ganz bestimmten Schacht – das ergab die chemische Untersuchung – stickstoffhaltige organische Substanzen (Blut und Fleisch). Die Zeremonien hingen wohl mit dem Feuer zusammen, das die Sonnenkraft symbolisiert (Klaus Schwarz, »Die Geschichte eines keltischen Temenos im nördlichen Alpenvorland«, in »Ausgrabungen in Deutschland«, S. 325, Mainz 1975).

107 Jürgen Driehaus, »Als Europa keltisch war«, in Westermanns Monatshefte, Braunschweig Januar 1974.

108 Ph. Filtzinger, »Soldaten erobern und sichern das Land – Römische Provinzen auf deutschem Boden«, in Römer-Illustrierte 2, S. 104, Köln 1975.

109 Sigmar von Schnurbein, »Ein Bleibarren der 19. Legion aus dem Hauptlager von Haltern«, in »Germania« 49, S. 132, Berlin 1971.

110 Ein römisches Pfund berechnet man zu 327,45 g, und zwar beruht der Wert auf Münzgewichten. Die Gewichte allerdings, die außerhalb des Münzwesens benutzt wurden, weichen erheblich ab. »Legt man für unseren Barren dennoch das Münzgewicht zugrunde, so entspricht der antiken Gewichtsangabe von 213 Pfund von 66,472 kg gegenüber dem tatsächlichen heutigen Gewicht von 64 kg.« S. v. Schnurbein a. a. O.

111 Sigmar von Schnurbein, a. a. O., S. 135.

112 G. Fingerlin, »Der Aufmarsch der römischen Heere am Rhein«, in Römer-Illustrierte 2, S. 109, Köln 1975.

113 Vier römische Militärlager längs der Lippe waren bekannt:
1. Holsterhausen bei Dorsten, ein ca. 55 ha großes Marschlager, 34 km vom Rhein entfernt
2. Haltern, 18 km von Holsterhausen entfernt
3. nach weiteren 32 km kommt das große Lager von Oberaden und
4. das kleine Lager Beckinghausen.
Von dort aus sind es noch 70 km bis zum neu entdeckten Lager Anreppen/Kr. Büren. Wie Haltern und Holsterhausen scheint auch dieses Lager ein »Quartierraum« gewesen zu sein, ein Platz, der zu verschiedenen Zeiten belegt wurde, und zwar war Anreppen – so das Ergebnis der Münzenbestimmung – in einer für Westfalen relativ späten römischen Phase belegt (10–3 v. Chr.). Nach den Scherbenfunden zu urteilen, errichteten die Römer das Lager über einer spätlatènezeitlichen Siedlung. »Es bleibt jedoch vorläufig offen, ob der Platz zur Zeit des Lagerbaues bereits wüst gelegen hat oder noch von Germanen bewohnt gewesen ist.« Man hat angenommen, daß die tägliche Marschleistung der römischen Soldaten bei 18 km lag – und das paßt zur Verteilung der Lager. »Jedenfalls fällt auf, daß die eingangs genannte Distanz von etwa 18 km in der Strecke Oberaden–Anreppen gut aufgeht. Drei Anlagen müssen nach dieser Arbeitshypothese zwischen den beiden Plätzen noch im Boden verborgen sein. Die Entfernung zwischen Anreppen und den Lippequellen entspricht ebenfalls dieser Tagesleistung. Aber auch schon jetzt, noch ohne Zwischenglieder, bezeugt das neue Lager, daß die Lippe bis zu ihrem Oberlauf tatsächlich eine Leitlinie der römischen Feldzüge gewesen ist« (Hans Beck, »Ein römisches Lager an der oberen Lippe bei Anreppen/Kr. Büren«, in »Germania« 48, S. 60 ff., Berlin 1970).

114 Dieter Timpe, »Arminius-Studien«, S. 80, Heidelberg 1970.

115 Rhein und Donau, ehemals Operationsbasis der Germanenkriege (12 v. – 16 n. Chr.), werden zur Grenze des römischen Reiches – Rhein- und Donaulimes. »Die Markierung trockener Grenzen durch ›limites‹ und der Ausbau eines Grenzverteidigungssystems werden erst seit der Zeit der flavischen Kaiser (69–96 n. Chr.) praktiziert. ›Limes‹ bedeutet ›einen Weg, eine Bahn, die etwas durchquert‹.« Seit dem letzten Viertel des 1. Jahrhunderts n. Chr. wendet man die Bezeichnung Limes für die Reichsgrenze an. »Wo Flüsse fehlen, werden künstliche Grenzbahnen als Begrenzung des Reichsgebietes angelegt.«
In Obergermanien und Raetien markierte eine fortlaufende hölzerne Palisade die Grenze, an den Grenzübergängen waren Durchlässe, die von den Besatzungen der Limestürme bewacht wurden. Die Türme waren zunächst aus Holz, später, im 2. Jahrhundert n. Chr., aus Stein. Der obergermanisch-raetische Limes war 548 km lang und konnte bis zur Mitte des 3. Jahrhunderts n. Chr. (259/60) verteidigt werden, dann ging das gesamte rechtsrheinische Gebiet an die Alemannen verloren. Der niedergermanische Limes fiel im selben Jahr unter dem Ansturm der Franken. 291 sollten die Rhein-Donau-Grenze wieder befestigt werden: Der Donau-Iller-Rhein-Limes wird durch Kastelle und Wachttürme geschützt, die Straßen verbinden. Der Rheinlimes existierte teilweise bis ins 5. Jahrhundert n. Chr. (Ph. Filtzinger, »Limites in Deutschland«, S. 108 in Römer-Illustrierte 2, Köln 1975).

116 P. Noelke, »Die Truppe benutzt und entwickelt das Land«, in Römer-Illustrierte 2, S. 135, Köln 1975.

117 H. Hellenkemper, »Das Kanalnetz der CCAA/Köln«, in Römer-Illustrierte 2, S. 164, Köln 1975.

118 Der Name »terra sigillata« stammt daher, daß die feine, meist rötliche Tafelkeramik mit dem Namen des Töpfers gestempelt wurde. Diese Keramik wurde in einer Formschüssel, der Negativform, hergestellt.

119 Otto Doppelfeld, »Die Blütezeit der Kölner Glasmacherkunst«, S. 4 ff., Stuttgart 1966.

119a In Ägypten stellte man um 1500 v. Chr. die ersten Schmucksteine und Glasgefäße her, die Griechen kannten es, doch erst die Römer betrieben die Glasherstellung auf breiter Basis. Zwar gibt es kaum archäologische Beweise dafür, aber offenbar brachten bereits die Römer die Grundsubstanzen des Glases in Keramikschmelztiegeln mit einem Fassungsvermögen zwischen 50 und 100 Liter »in einem eigens gebauten Ofen durch den Vitrearius (Glasschmelzer) auf die Schmelztemperatur«. Das markanteste Erzeugnis der römischen Glasproduktion war das »Diatret-Glas«. Das Wort »Diatret« kommt aus dem Griechischen und bedeutet »durchbrochen, durchbohrt«.

120 Walter Sölter, »Römische Kalkbrenner im Rheinland«, S. 40, Düsseldorf 1970.

121 Günter Ulbert, »Der Auerberg«, in »Ausgrabungen in Deutschland«, S. 409, Mainz 1975.

122 Alfons Kolling, »Grabungen im römischen Schwarzenacker«, in »Ausgrabungen in Deutschland«, S. 434 ff., Mainz 1975.

123 Die einstige römische Militär- und Handelsstadt Carnuntum, 50 km von Wien, dicht an der tschechischen Grenze, wird seit einiger Zeit erforscht, eine Menge Funde aus der Zeit bis zum 4. Jahrhundert n. Chr. kam zum Vorschein. Beim Bau einer Umgehungsstraße stießen Arbeiter im Sommer 1976 auf einen Steindeckel von etwa einem Quadratmeter Größe. Darunter lag ein sechs Meter tiefer Schacht – der Einstieg zu einer intakten Wasserleitung aus der Römerzeit.
»Bis jetzt konnten wir einen halben Kilometer dieser Wasserleitung lokalisieren«, berichtet die Archäologin Herma Stiglitz. »Das Gefälle ist ziemlich stark, und das kristallklare Wasser, das besser schmeckt als das, was wir heute gewohnt sind, fließt zehn bis fünfzehn Zentimeter hoch in einen Fischteich.« Die Wasserleitung läuft unter Getreidefeldern hindurch und versorgte einst im 3./4. Jahrhundert n. Chr. die dreißig- bis vierzigtausend Einwohner der Stadt Carnuntum. Die Wasserleitung ist – so schätzen Experten – zehn bis fünfzehn Kilometer lang.

124 Tacitus, »Germania«, Kapitel 2, Reclam, Bd. 726, Stuttgart 1959.

125 Prof. Dr. Curt Woyte, in Tacitus, »Germania«, S. 50, Stuttgart 1959.

126 Im südniedersächsischen Bergland gibt es eine ganze Reihe ur- und frühgeschichtlicher Befestigungsanlagen. Die Pipinsburg bei Osterode am Rande des Westharzes ist die einzige, die bisher gründlich untersucht wurde. Man entdeckte dabei zwei Phasen intensiver Besiedlung: in der frühen Eisenzeit und im frühen Mittelalter. Die Besiedlung begann indes offenbar schon im Neolithikum, es gibt auch Funde aus der späten Bronzezeit.
Die Pipinsburg war offenbar eine Kontaktzone »zwischen den großen Kulturbereichen Süd-, Mittel- und Norddeutschlands«, wobei die Beziehungen zum Norden gewissermaßen zögernd und verhältnismäßig spät in Erscheinung treten. »Sie gipfeln schließlich, will man es mit aller gebotenen Vorsicht im Hinblick auf den ethnischen Zusammenhang formulieren, in der Fragestellung nach der Auseinandersetzung zwischen keltischer und germanischer Zivilisation während der Mittellatènezeit« (Martin Claus und Wolfgang Schlüter, »Die Pipinsburg bei Osterode am Harz«, in »Ausgrabungen in Deutschland«, S. 253 ff., Mainz 1975).

127 Hans Hingst, »Die Heimat«, S. 121, 83. Jg., Heft 4/5, Neumünster 1976.

128 Tacitus, a. a. O., Kpt. 16.

129 Hans Hingst, »Kochen und Backen in vorgeschichtlichen Siedlungen«, S. 107, 82. Jg., Heft 4/5, 1975.

130 Tacitus a. a. O., Kpt. 5.

131 Reinhard Meier, »Ur- und frühgeschichtliche Denkmäler und Funde aus Ostfriesland«, S. 53, Hildesheim 1974.

132 A. Bantelmann, »Zur Besiedelungsgeschichte der schleswig-holsteinischen Marschen«, in »Führer zu vor- und frühgeschichtlichen Denkmälern, Schleswig, Haithabu, Sylt«, S. 101, Mainz o. D.

133 W. Haarnagel, »Das freie Germanien zur Zeit der Römer«, S. 197 in »Ausgrabungen in Deutschland«, Mainz 1975.

134 dto., S. 198.

135 Rafael von Uslar, »Germanische Sachkultur«, S. 103, Köln 1975.

136 W. Haarnagel, »Die Ergebnisse der Grabung auf der Wurt Feddersen Wierde bei Bremerhaven in den Jahren von 1955–1957«, in »Neue Ausgrabungen in Deutschland«, S. 220, Berlin 1958.

137 G. Kossack, »Archsum«, in »Führer zu vor- und frühgeschichtlichen Denkmälern, Schleswig, Haithabu, Sylt«, S. 228, Mainz o. D. und in »Die Heimat«, 4/1974 S. 109.

138 Tacitus, a. a. O., Kpt. 11.

139 Tacitus, a. a. O., Kpt. 12.

139a F. Döbler, »Die Germanen«, S. 233.

140 Alfred Dieck, »Moorleichen«, S. 13, Hannover o. D.

141 Als die Römer weite Teile Germaniens besetzen – um das Jahr Null herum –, herrscht Kaiser Augustus (31 v. Chr. – 14 n. Chr.) über 80 Millionen Menschen. In Baalbek beginnt man mit dem Bau des Jupitertempels, in Alexandria wird der Leuchtturm als Weltwunder bestaunt. Bei Nîmes entsteht ein großer Aquädukt, der Pont du Gard, in ganz Europa setzen sich Kornmühlen durch, die bisher nur den Griechen bekannt waren.

142 Tacitus, a. a. O., Kpt. 38.

143 K. W. Struve, »Opfer oder Sühne«, in Römer-Illustrierte 2, S. 93, Köln 1975.

144 Hajo Hayen im Gespräch mit der Autorin am 7. 11. 1976 im Staatlichen Museum für Naturkunde und Vorgeschichte, Oldenburg.

145 Einer der interessantesten Moorfunde stammt aus Oberbayern. Arbeiter stießen im Juli 1957 beim Torfabbau auf einen Bohlensarg, in dem eine guterhaltene weibliche Leiche lag. Die Frau trug ein Wollkleid, leinenes Unterzeug, ein kunstvoll gearbeitetes Haarband und guterhaltene lange Schaftstiefel. Die Frau war ca. 152 cm groß, hatte einen kräftigen Körperbau und war ganz offensichtlich kurz nach der Geburt eines Kindes gestorben. Die Leiche wurde ungewöhnlich gründlich untersucht. Es stellte sich heraus, daß die Frau sechs bis acht Stunden vor ihrem Tode nichts mehr gegessen hatte, in früheren Jahren überstand sie eine Lungenentzündung und eine Entzündung im Dickdarm. Kohle-

pigmentablagerungen in den Lymphknoten der Lungenwurzel stammen wohl vom ständigen Einatmen der rauchreichen Luft eines offenen Herdfeuers. Die Frau litt an Karies, drei Zähne fehlten. Sie war höchstens 25 Jahre alt, als sie im frühen Mittelalter, um 1000 n. Chr., starb.
(Karl Schlabow, »Der Moorleichenfund von Peiting«, Neumünster 1961.)

146 Alfred Dieck, a. a. O., S. 14.

147 Tacitus, a. a. O., Kpt. 19.

148 K. W. Struve, »Germanen machten sich Bilder von Göttern«, in Römer-Illustrierte 2, S. 88, Köln 1975.

149 Herbert Jankuhn, »Moorfunde«, in »Neue Ausgrabungen in Deutschland«, S. 243, Berlin 1958.

150 K. W. Struve, a. a. O., S. 89.

151 In den zentralen Kultplätzen innerhalb einer Siedlungskammer, wie Thorsberg und Nydam, opferte man in der Regel keine Menschen, sondern Gegenstände.

152 Karl Schlabow, »Der Thorsberger Prachtmantel«, Neumünster 1965.

153 Herbert Jankuhn, »Nydam und Thorsberg«, S. 31, Neumünster 1975.

154 Tacitus, a. a. O., Kpt. 44.

155 Herbert Jankuhn, »Nydam und Thorsberg – Moorfunde der Eisenzeit«, S. 6, Neumünster 1975.

156 Tacitus, a. a. O., Kpt. 40.

157 Tacitus, a. a. O., Kpt. 10.

158 H. Borger, »Die Archäologie erforscht das Mittelalter«, Römer-Illustrierte 2, S. 208, Köln 1975.

# Literaturverzeichnis

Alimen, M.-H./Steve, M.-J.: *Vorgeschichte*, in »Fischer Weltgeschichte«, Frankfurt/Main 1966.

Altner, G.: *Kreatur Mensch*, München 1973.

*Anthropology Today*, Del Mar 1971.

*Ausgrabungen in Deutschland*, 4 Bde., Mainz 1975.

Bachofen, J. J.: *Das Mutterrecht*, 2 Bde., Frankfurt/Main 1975.

Bandi, J.-G., u. a.: *Die Steinzeit*, Baden-Baden 1964.

*Bonner Jahrbücher*, Bd. 166, Köln 1966.

Bray, W./Trump, D.: *Lexikon der Archäologie*, München 1973.

Coles, J.: *Erlebte Steinzeit*, München 1976.

*Dokumentation zur Archäologie Niedersachsens in Denkmalpflege und Forschung*, Hannover 1975.

Eggers, H. J.: *Einführung in die Vorgeschichte*, München 1974.

*Enzyklopädie der Technikgeschichte*, Stuttgart 1967.

Febvre, L./Braudel, F.: *Epochen der Menschheit*, Düsseldorf 1960.

Felgenhauer, F.: *Einführung in die Urgeschichtsforschung*, Freiburg 1973.

*Festschrift zum 70. Geburtstag von K. H. Jacob-Friesen*, Hildesheim 1956.

Findeisen, H.: *Schamanentum*, Stuttgart 1957.

Fischer, U.: *Aus Frankfurts Vorgeschichte*, Frankfurt/Main 1971.

Földes-Papp, K.: *Vom Felsbild zum Alphabet*, Stuttgart 1966.

Gadamer, H.-G./Vogler, P.: *Neue Anthropologie*, 7 Bde., Stuttgart 1973.

*Geschichte der frühen Kulturen der Welt*, Köln 1975.

Graziosi, P.: *Die Kunst der Altsteinzeit*, Stuttgart 1956.

Hilgers, W.: *Deutsche Frühzeit*, Berlin 1976.

Honoré, P.: *Es begann mit der Technik*, Reinbek 1970.

Howell, F. C.: *Der Mensch der Vorzeit*, Reinbek 1975.

Jacob-Friesen, K. H.: *Einführung in Niedersachsens Urgeschichte*, Hildesheim 1959.

Jankuhn, H.: *Archäologie und Geschichte*, Bd. 1, Berlin 1976.

Kahlke, H.-D.: *Ausgrabungen in aller Welt*, Leipzig 1972.

v. Lehe, E.: *Geschichte des Landes Wursten*, Bremerhaven 1973.

Leroi-Gourhan, A.: *Prähistorische Kunst*, Freiburg 1975.

Libby, W. F.: *Altersbestimmung mit der C-14-Methode*, Mannheim 1969.

Mirimanov, W. B.: *Kunst der Urgesellschaft*, Dresden 1973.

Müller-Karpe, H.: *Geschichte der Steinzeit*, München 1974.

*Nachrichten aus Niedersachsens Urgeschichte*, Hildesheim 1975.

Narr, K. J.: *Handbuch der Urgeschichte*, 2 Bde., Bern 1966/75.

Narr, K. J., u. a.: *Von der Urzeit bis zum Ausgang des Mittelalters*, Reihe »Handbuch für den Geschichtsunterricht«, Bd. I/1, Weinheim 1975.

*Neue Ausgrabungen in Deutschland*, Berlin 1959.

Piggott, St.: *Vorgeschichte Europas*, München 1972.

Pörtner, R.: *Bevor die Römer kamen*, München 1971.

Potratz, J. A. H.: *Einführung in die Archäologie*, Stuttgart 1962.

Renfrew, C.: *Before Civilization*, London 1973.

Rust, A.: *Werkzeuge des Frühmenschen in Europa*, Neumünster 1971.

Schwarz, G. Th.: *Archäologische Feldmethode*, Thun 1967.

Schwarz, G. Th.: *Archäologen an der Arbeit*, Bern 1965.

Schwidetzky, I.: *Über die Evolution der Sprache*, Frankfurt/Main 1973.

Scollar, I.: *Luftbild und Archäologie*, Düsseldorf 1962.

Scollar, I.: *Einführung in neue Methoden der archäologischen Prospektion*, Düsseldorf 1970.

Sigerist, H. E.: *Anfänge der Medizin*, Zürich 1963.

Timpe, D.: *Arminius-Studien*, Heidelberg 1970.

Unesco: *Unterwasserarchäologie*, Wuppertal 1973.

v. Uslar, R.: *Germanische Sachkultur*, Köln 1975.

Wahle, E.: *Ur- und Frühgeschichte im mitteleuropäischen Raum*, München 1973.

Wunderlich, H. G.: *Die Steinzeit ist noch nicht zu Ende*, Reinbek 1974.

# Bildnachweis

Archäologischer Dienst des Kantons Bern, Bern 66 (2)

Archäologisches Institut der Universität Tübingen, Joachim Hahn 43

Badisches Landesmuseum, Karlsruhe 117

Bärenreiter-Verlag, Kassel 111

Bernisches Historisches Museum, Bern 114

Federsee-Museum, Bad Buchau 86

Feist, Joachim, Pliezhausen 129

Fitzau, Margot, Köln 169

Fürst zu Solms-Braunfels'sche Rentkammer, Braunfels 74

Hau, Wolfgang, Braunschweig 58, 59 (2), 62 (2)

Haut, Wolfgang, Nidderau 92

Heimatmuseum Mondsee, Mondsee 65

Historisches Museum der Pfalz, Speyer 108

Institut für Ur- und Vorgeschichte der Universität Köln, Gisela Fischer 20, 35 (2), 37, 38

Kreisverwaltung Uelzen 90

Krüger, Jens-Peter, Oldenburg 166

Kulturinstitut Worms 48, 68

Landesmuseum für Kärnten, Ulrich P. Schwarz, Klagenfurt 132, 135

Landesmuseum für Vorgeschichte, Halle/Saale 154, 164

Loose, Helmut N., Köln 24, 25, 32, 52, 53, 56, 61, 100/101, 104, 109 (2), 136, 137, 140 (2), 141 (2), Titel; alle Objekte befinden sich im Röm.-German. Museum, Köln

Mania, Dieter 15

Mineralogisch-Petrologisches Institut der Justus-Liebig-Universität Gießen, G. Strübel 19

Musée Cantonal d'Archéologie, Neuchâtel 153

Musée Romain, Avenches 168

Naturhistorisches Museum Wien, Präh. Abteilung 111, 112, 145

Niederösterreichisches Landesmuseum, Wien 88

Niedersächsisches Landesinstitut für Marschen- und Wurtenforschung, W. Haarnagel, Wilhelmshaven 149 (2)

Niedersächsisches Landesmuseum, Hannover 49, 57 (Lieselotte Brattig)

Prähistorische Sammlungen, Ulm 16, 21 (2)

Prähistorische Staatssammlung, Museum für Vor- und Frühgeschichte, München 33, 39, 82, 89, 116, 118

Preußischer Kulturbesitz, Bildarchiv, Berlin 28, 29, 73, 102, 105, 113, 143, 157

Rheinisches Landesmuseum, Bonn 18, 60, 62, 63 (2), 134, 138, 139, 161 (2)

Römerhaus Obernburg 160

Römisch-Germanisches Museum, Köln 131, 133

Römisch-Germanisches Zentralmuseum, Mainz 124, 158

Saalburgmuseum, Bad Homburg v. d. H. 167

Schleswig-Holsteinisches Landesmuseum für Vor- und Frühgeschichte, Schleswig 71, 97, 144, 146, 147 (2)

Schweizerisches Landesmuseum, 8 Bern, René Wyss, Funde der jüng. Eisenzeit 115

Schweizerisches Landesmuseum Zürich 83 (2), 89, 91 (2)

Staatliche Kunstsammlungen, Kassel 70

Staatl. Museum für Naturkunde und Vorgeschichte, Oldenburg 95, 96 (2), 98, 99

Taubenkraut, Ellen, Trier 168

Teuffen, Hans Dietrich, Bielefeld 64

Ullstein-Bilderdienst, Berlin 127

Westfälisches Landesmuseum für Vor- und Frühgeschichte, Münster 128 (2), 130

Wiegmann, Bernhard, Eckernförde 70 (2), 71

Wingert, Erdmann, Hamburg 36 (2), 41

Zucht, Monika, Hamburg 69

# Register